U0162358

A NEW EXPLORATION OF GRAPH DATA

APPLICATION IN THE ALLOCATION OF EMERGENCY RESOURCE

图数据的新探索

——在应急资源配置中的应用

张克宏　著

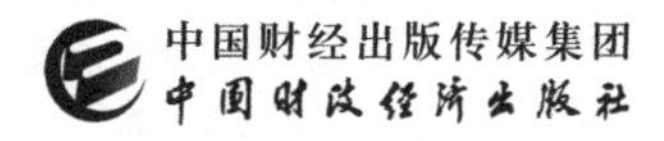

图书在版编目（CIP）数据

图数据的新探索：在应急资源配置中的应用 / 张克宏著. --北京：中国财政经济出版社，2023.6

ISBN 978 -7 -5223 -2216 -2

Ⅰ.①图… Ⅱ.①张… Ⅲ.①图像数据处理 Ⅳ.①TN911.73

中国国家版本馆 CIP 数据核字（2023）第 089752 号

责任编辑：贾延平　　　　责任校对：胡永立
封面设计：陈宇琰　　　　责任印制：刘春年

图数据的新探索

TUSHUJU DE XINTANSUO

中国财政经济出版社 出版

URL：http：//www. cfeph. cn

E - mail：cfeph@ cfeph. cn

（版权所有　翻印必究）

社址：北京市海淀区阜成路甲 28 号　邮政编码：100142

营销中心电话：010 - 88191522　编辑部电话：010 - 88190957

天猫网店：中国财政经济出版社旗舰店

网址：https：//zgczjjcbs. tmall. com

北京财经印刷厂印刷　各地新华书店经销

成品尺寸：170mm × 240mm　16 开　17. 75 印张　300 000 字

2023 年 6 月第 1 版　2023 年 6 月北京第 1 次印刷

定价：56. 00 元

ISBN 978 - 7 - 5223 - 2216 - 2

（图书出现印装问题，本社负责调换，电话：010 - 88190548）

本社质量投诉电话：010 - 88190744

打击盗版举报热线：010 - 88191661　QQ：2242791300

前言 Preface

图论是一门以图为研究对象的科学，它通过对图形结构的研究和分析揭示事物之间的关系和规律，可为科学研究和实际应用提供有力的支持，已受到越来越多领域的关注和应用，成为数据分析和研究的重要工具之一。

图数据是图论发展到大数据时代的新阶段，它以结构化的图形数据为研究对象，涉及存储、处理、分析和应用等领域。目前，图数据已经成为一个独立的学科，包括知识图谱、图模型和图算法、图数据库、路径优化等不同方面。通过对这些领域的深入研究，可以更好地理解图数据的本质特征和应用价值，从而为数据科学的发展提供新的思路和方法。然而，随着人工智能、物联网、云计算等新兴技术的快速发展，图数据将面临新的挑战和机遇，需要不断地适应和创新，不断地探索新的应用领域和技术方法，以便为科学领域创造更大的经济价值，为新兴学科注入了新的活力。

近年来，大规模突发公共卫生灾害时有发生，对中国乃至全球人民的健康和社会经济发展造成了严重的冲击。突发公共卫生事件具有极其复杂的特征，如突发性、传播迅速、危害严重、影响范围广、可控性较差等，甚至可能引发国际的风险。在此背景下，优化应急资源配置成为防控突发公共卫生事件的重要手段之一。如果资源配置不当，可能会造成资源浪费和灾害扩散等严重后果。为确保区域经济社会的健康、快速和有序发展，我们必须具备快速应对突发公共卫生事件的能力。因此，在突发公共卫生事件中，基于人工智能时代的大背景，建立智能化的应急资源优化配置与决策理论显得尤为重要。

本书是作者多年以来教学科研成果的积累，也是在长期研究图数据理论的基础上，结合应急管理和智慧物流后培育的成果。本书根据甘肃省的空间布局、交通状况、医疗资源，结合知识图谱技术和甘肃省的医疗卫生实际，构建了基于知识图谱的突发公共卫生事件应急资源配置决策理论，并在此基础上，针对应急资源配置路径查询中所面临的复杂属性、不确定性和大数据量等因素造成的各种挑战，探讨了路径的可达性、最优化和 TOP - K 路径。

本书共分为 12 章：第 1 章是图数据概述，主要讲述了图数据的基本理论。第 2 章是图数据优化应急资源配置概述，介绍了图数据优化资源配置的意义以及科学决策、高效配送的作用。第 3 章是突发公共卫生事件应急相关理论与应用，主要从理论基础、应急资源及其特征、突发公共卫生事件决策模式、应急知识图谱及其应用分析和突发公共卫生事件应急资源知识图谱的挑战等方面进行了讨论。第 4 章是突发公共卫生事件应急资源配置，重点阐述了应急资源配置和突发公共卫生事件应急资源配置，并在此基础上分析了我国和甘肃省应急资源配置的不足。第 5 章是突发公共卫生事件应急资源分析与配置，主要分析了甘肃省突发公共卫生事件应急资源现状和甘肃省应急医疗资源配置优化策略的重点难点，并对甘肃省建设应急医疗资源配置体系进行了探讨。第 6 章是突发公共卫生事件应急资源知识图谱构建，主要分析了构建应急资源知识图谱的策略和知识要素体系，并详细描述了突发公共卫生事件应急资源知识图谱的构建过程。第 7 章是突发公共卫生事件应急资源配置优化策略，主要从应急资源配置的功能、供应商的遴选策略、供应链的分析与构建和应急医疗资源仓储中心的选择方面进行了探讨。第 8 章是突发公共卫生事件应急资源配置路径概述，主要以图数据为基础介绍了应急资源配置路径的理论、现状以及面临的挑战。第 9 章是复杂多属性应急资源配置图的可达性查询研究，主要围绕多属性路径的评价和应急资源配置路径可达性查询的优化展开研究。第 10 章是复杂多属性应急资源配置图的最优路径查询，重点介绍了影响应急资源配置路径的混合属性和纯语言值等两种情况的最优路径优化技术。第 11 章是复杂多属性应急资源配置图的 TOP - K 路径，根据应急资源配置路径属性的取值有确定值和不确定值的情况，对混合属性、模糊属性和犹豫模糊语言属性三种情况进行讨论。第 12 章是应急资源配置图数据的展望与路径，主要对本书的内容进行了总结并对未来的研究方向进行了展望。

本书成稿过程中得到了兰州财经大学智慧物流团队老师和学生的大力支持。其中，王敏同学协助查阅了文献，进行了数据分析处理，整理了各种资料，并参与了后期文稿的校对，在此表示衷心的感谢。

在本书的撰写过程中，笔者参考了大量的中外文文献，分别附在每章的末尾处，在此向有关文献的作者表示感谢，对于因疏漏而未列入参考文献的，恳请作者指出并得到谅解。

感谢甘肃省重点人才项目（2021RCXM051）、甘肃省社科规划项目（2021YB079）、甘肃省科技计划软科学项目（20CX9ZA057）、甘肃省高等学校创新基金项目（2023A－075）、甘肃省高等学校人才培养质量提高项目、兰州财经大学给我们的相关研究提供了充足的经费资助。由于笔者的水平有限，资源获取能力有限，本书的论述中难免有不足之处，敬请各位读者批评指正。

本书可作为图数据处理、知识图谱、应急管理和路径优化等方面的参考书，能帮助读者快速掌握图数据的具体应用，对相关领域高年级的大学生、研究生的实践能力培养有一定的帮助。

张克宏

2023 年 3 月

目录

Contents

第1章　图数据概述

图论是一门以图为研究对象的科学，它的研究对象是由顶点和边构成的图形结构。图论最早由欧拉于18世纪提出，随着现代科技的不断发展，图论在数据分析、人工智能等领域得到了广泛的应用。通过对图形结构的研究和分析，图论能够揭示事物之间的关系和规律，为科学研究和实际应用提供强有力的支持。因此，图论已成为当今世界数据分析和研究的重要工具，受到越来越多领域的关注和应用。而图数据科学是以图数据为研究对象，涉及图数据的存储、处理、分析和应用等领域。因此，可以说图论是图数据科学的基础理论之一，为图数据科学的研究和应用提供了理论基础和方法论支撑。

在图数据科学中，图论的相关知识可以帮助我们更好地理解和分析图数据的结构和性质。例如，图论中的最短路径算法和网络流算法等可以应用于图数据的路径分析和流量分析[1]。此外，图论中的图匹配和聚类算法等也可以应用于图数据的节点分类和聚类分析等任务中。

随着图数据科学技术的迅速发展，为科学领域带来了巨大的经济价值，并为新兴学科注入了新的活力。目前，图数据科学已经成为一个独立的学科，它研究图数据和图技术，并将其应用于各个领域。该学科的研究领域包括图模型和图算法、图数据库、图可视化、图机器学习等方面。通过对这些领域的深入研究，可以更好地理解图数据的本质特征和应用价值，从而为数据科学的发展提供新的思路和方法。

未来，随着人工智能、物联网、云计算等新兴技术的快速发展，图数据科学将面临新的挑战和机遇。在这样的背景下，图数据科学需要不断地适应和创新，不断地探索新的应用领域和技术方法，以便更好地满足人们的需求，提升经济效益。

1.1 图数据的理论起源与发展

科学技术的发现和重大突破往往与当时的社会环境和时代背景密切相关。图数据技术的出现也不例外，它是在当代信息技术快速发展、数据规模不断增大、数据结构日趋复杂的背景下逐步形成的。同时，图数据技术的出现还与计算机科学、人工智能、数据科学等多个领域的交叉融合密不可分。这些因素的相互作用和影响，共同推动了图数据技术的发展和应用。因此，只有深入了解当代社会环境和研究背景，才能更好地理解和应用图数据技术，推动其不断发展和创新[1]。

2012 年，Google 首先推出了知识图谱，以图的形式来表达客观世界实体及其关系。2017 年，Neo4j 推出了首个图数据平台，旨在帮助世界更好地理解数据的意义，从而让组织能够更有效地利用数据价值。以 Google 和 Neo4j 为典型的业界代表的出现，不仅为图数据科学的应用领域带来了新的可能性，而且也促进了技术的融合。Neo4j 的联合创始人 Emil Eifrem 曾表示，图和图数据库技术的引入为数据的有效利用提供了全新的可能性，使数据不再是孤立的存在，而是可以在创新的层面上发挥作用。图数据的出现可以帮助用户更好地理解和管理数据，从而获得更好的见解和价值，这将推动数据科学的发展和应用。因此，可以说，图和图数据库的出现是数据领域的一次革命，它为数据的应用和创新带来了全新的机遇和挑战。Neo4j 首席产品经理和数据科学家 Alicia Frame 指出，拥有更多的数据并不能提高准确度，减少误报。许多传统的数据科学模型已经无法有效地捕捉到数据中最具预测性的联系和结构等元素。图模型和图分析技术的出现为图数据科学的发展提供了新的思路。而知识图谱实现了知识表示和图谱分析的技术互补，从而实现了知识的数据化和数据的知识化。随着图论、数据库、数据挖掘、知识工程技术和机器学习等技术的日益发展和应用，图数据库已经成为知识图谱存储的重要载体，为现代数据分析提供了新的有力工具。

2014 年 8 月，Lise Getoor 在 PARC 论坛上提出了大图数据科学。该领域以图数据为基础，引出了一系列有用的推理，引导着数据科学的发展。通过人工智能的机器学习，图数据分析具备更强的相关性和可解释度，使我们能够更好地理解信息，从而避免被淹没在大量数据中。随着数据驱动技术的发展，图数据分析方法现已成为计算机科学的研究重点，不仅可以用于路径查询、图模式匹配、查询语言等，还可以用于社区发掘、频繁子图发掘、影响力最大化等研究，从而更好地满足用户需求。这些先进的图处理和分析技术正在推动图数据科学技术的进步。

2019年5月，Mark Needham和Amy Hodler利用Neo4j图数据科学库，为读者展示了一些图算法及其应用案例，这些案例注重图数据分析和图增强机器学习的行业应用领域。图数据科学利用图来提取知识，并通过图统计、图数据分析和图学习等技术来改善预测结果。数据分析科学家正在将图运用于统计、数据分析和机器学习的实践中，以期获得更好的结果。随着图统计和图分析技术的不断蓬勃发展，它们已经成为人工智能进入新阶段的关键技术，为机器学习提供了强大的支持。因此，图数据技术将成为新一代人工智能和机器学习开发的重要助推器，为创新提供了有力的支持。

2020年10月，华东师范大学王伟教授提出了走向复杂图数据科学时代的见解。他指出，图数据已经越来越普遍，而图分析也越来越有价值，图数据科学已成为一个新兴的研究领域。从数据管理的角度来看，图存储、图查询、图计算和图引擎已成为图数据库的研究热点。从数据分析的角度来看，图机器学习、图神经网络和图嵌入已成为图数据分析的研究焦点。从数据可视化的角度来看，大数据图可视化技术成为图数据可视化的研究重点。此外，图数据科学还涉及同质图与异质图、知识图谱、时空图等研究领域。聚焦于图数据的获取与集成、管理与分析、计算与可视化，图数据科学的研究领域将日益拓展。

当今世界，数据与分析技术的发展已经发生了巨大的变化，图分析作为一种具有革命性意义的分析技术，已经成为数据与分析领域的重要趋势之一。据Gartner研究显示，2019年图被公布为十大数据与分析技术的趋势之一，2020年“关系构成了数据和分析价值的基础”的理念被提出，2021年他明确指出“图将一切关联起来”。图技术不仅可以帮助科学家深入探索实体之间的内在联系，而且可以为领导者提供更多的洞察力，从而更好地指导他们作出正确的决策。在复杂业务中，图技术的应用越来越广泛，它不仅可以帮助快速回答复杂的业务问题，还能够帮助团队快速作出决策。预计到2025年，图数据将被用于80%的数据和分析创新。随着图技术的迅猛发展和普及，它为数据科学带来了更加灵活和适应的解决方案，为数据分析和决策提供了更多的可能性。

1.1.1 图数据的研究发展

图数据科学的发展是一个漫长而复杂的过程，经历了从理论到实践、从科学原理到应用领域、从产业发展到科技融入的多个阶段。最初，这门学科以图数据处理为基础，主要围绕图论展开，研究图的基本性质和应用，由计算机科学、人工智能等学科分化而来，成为一门独立的学科。随着互联网和大数据时代的到来，图模型和图数据库系统逐渐成为研究热点，相关技术也得到了广泛应用，为图数据科学的发展提供了重要的支撑，是图数据科学的底层应用。如今，图数据分析成为一个新的领域，这是一种将知识图谱、数据挖掘等学科理论有机融合起来的高级应用，具有重要的意义。目前，人们已经开始利用图数据进行社交网络分析、金融风险分析、医疗数据分析等应用。借助图数据库系统、知识图谱和大图数据分析等基础理论，图数据科学已经发展为一门新兴的、独立的系统学科，为社会经济发展提供强大的支持，于是图数据科学进入了一个新的发展阶段。

所有这些发展都是由图数据科学的理论和技术发展的变革以及业界的推动才得以实现的。未来，图数据科学还将继续快速发展，逐步应用于更多领域，成为推动数字化时代发展的重要技术之一。

1.1.2 图数据的理论起源

图数据科学的理论研究可以从理论基础和基本理论两个方面来具体分析。理论基础包括图论、图形模型、概率图模型、信息论等学科的基础理论，这些理论为图数据科学提供了必要的数学和计算工具。基本理论则包括图数据结构、图数据表示、图数据挖掘、图数据分析、图数据可视化等方面，这些理论是图数据科学研究的基础和核心。在实际研究中，理论基础和基本理论相互促进，相互支持，共同推动图数据科学的发展。

图论的确是图数据科学的重要理论基础，它的发展历史可以追溯到 18 世纪初。当时欧拉提出了图的概念，并建立了一些基本概念和定理，如图的连通性、欧拉回路和欧拉通路等，奠定了图论的基础。此后，数学家们在此基础上不断深化和发展，以图为对象，为图数据科学的发展打下了扎实的根基。图数据科学的理论基础是多方面的，包括数学、计算机科学、人工智能、应用领域相关知识等。这些理论基础为图数据科学的发展提供了强大的推动力和支撑。在实际应用中，图数据科学的理论基础需要与各领域知识相结合，才能更好地应用于特定业务场景。同时，图的结构十分复杂，包括连通图与非连通图、循环图与非循环图、有权图与无权图、有向图与无向图等理论，为哈密顿回路、图的染色问题、网络流等的图论发展奠定了坚实的基础。

图建模是将实际问题转化为图模型的过程，是图数据科学的重要起点，可以通过图论预测分析方法，例如图遍历或图搜索（具体算法包括广度优先搜索和深度优先搜索）或者途径发现（如最短路线、最少权重生成树和两两最短路径），深入探究图数据科学。

图建模不仅可以解决传统的数学问题，还可以处理大量的实际问题，如应急物流规划、社会网络、生物信息学、金融风险分析等。图建模的优点在于它可以将问题简化为节点和边的关系，从而更容易解决搜索和查询问题。近年来，随着大数据和人工智能的发展，图建模的应用范围不断扩大，成为解决复杂问题的一种重要工具。

因此，可以说图论是图数据科学的重要理论基础，而图建模是图数据科学的重要起点，两者共同推动了图数据科学的发展和应用。

1.1.3　图数据库推动数据科学领域的发展

图数据库是一种新兴的数据库类型，它们使用节点和边来表示数据之间的关系，能够非常有效地处理大规模图形数据。随着应急物流规划、社交网络、物联网和知识图谱等领域的发展，图数据库的应用范围也在不断扩大，成为数据库系统发展最快的应用领域之一。同时，图数据库系统、知识图谱和图的大数据分析是图数据科学的核心理论。图数据库是采用图模型的 NoSQL 数据库，其中包括两类：一类是 Neo4j、JanusGraph 和 TigerGraph 等图数据库管理系统，另一类是 Apache Jena - TDB、RDF4J 和 4store 等 RDF 存储。随着图数据库理论的不断发展，图数据库已作为知识图谱的首选数据库系统。知识图谱涉及基于图的知识表示、图数据存储、知识抽取、融合、推理、问答等，还涉及图算法和知识分析等研究，从而推动了图数据科学的发展。随着知识图谱的发展，图的大数据分析将作为现代数据处理和分析方法的重要基础。

全球知名数据库排行网站 DB - Engines 的数据显示，图数据库系统正在迅速发展，已成为数据库系统发展最快的应用领域之一。这得益于图数据库在处理大规模图形数据方面的优势，以及在社交网络分析、推荐系统、物联网和知识图谱等领域的广泛应用。

未来，图数据库将继续推进图数据科学的发展，成为数据管理技术的先驱。它们将为我们提供更加高效、灵活和可扩展的数据管理和查询方案，推动人工智能、机器学习和大数据分析等领域发展。

1.1.4 图数据是数据科学的深度发展

大数据时代，数据的意义源于它们的进化和演变。大数据关注的是数据的规模和类型，利用图结构来表示图数据，是一种新的大数据。因为图数据更加关注数据的质量和完整性，具有丰富的数据关联价值，所以是一种深度数据。图数据不仅可以从非结构化数据中获取更多的价值，还可以从数据关联中获取更高的价值，从而完成数据资源到数据资产的升级。

由此可见，图数据科学是一种深入研究图数据的学科专业，它不仅可以帮助我们更好地理解和分析图，还可以为我们提供更多的信息，从而推动大数据时代的发展。

随着人工智能的不断发展，图数据科学的进展也是突飞猛进。机器学习、深度学习和神经网络等技术的应用，对于提高图数据分析的效率和准确性具有重要作用。其中，图嵌入算法和图神经网络算法是应用得较为广泛的方法。图嵌入算法是将图中的节点映射到低维向量空间中，从而实现对节点之间相似性的度量，并完成节点分类、聚类等任务。这类算法包括因子分解、随机游走和深度学习等。图神经网络算法是将神经网络应用到图数据上，通过卷积、注意力机制、自编码器等方式实现对图数据的处理和分析。这类算法包括图卷积网络、图注意力网络、图自编码器、图生成网络和图时空网络等。图数据具有独有的关联性结构，在数据发掘和分析方面，图数据能够实现大规模快速图形数据检索和分析。应用在图增强的机器学习中，图数据可以改进预测效果，提升洞察能力，从而让机器学习成为推动图数据科学的途径，图数据科学成为加速机器学习的关键技术。

近年来，图数据驱动的人工智能技术的研究已获得了巨大的进展，图算法、图注意、图补全、图卷积、图嵌入、图核、图学习、图神经等技术的研究已经变成当今科学研究领域的热门项目。随着AI/ML科技的不断发展，图数据科学技术也在迅速发展，并且不断推动AI/ML实现了跨越式发展。大数据、人工智能等新兴技术的发展，为图数据的查询处理、挖掘和分析等研究提供了强大的支撑，使图数据成为一门充满创新性和活力的学科，具有明显的数智化特征。

未来，随着应急物流规划、社交网络、物联网和知识图谱等领域的发展，图数据的应用范围将会进一步扩大。图数据库将成为数据管理技术的先驱，推进图数据科学的发展，为我们提供更加高效、灵活和可扩展的数据管理和查询方案，推动人工智能、机器学习和大数据分析等领域的发展，具有极大的社会意义。

1.1.5 知识图谱是数据知识化的体现

1.1.5.1 从图数据库系统转向知识图谱

在这个转向中，需要将数据转化为专业知识。这个转变是一种趋势，但也是一项挑战。从数据到图，再到知识图谱，我们可以实现从数据驱动到知识驱动的转变。图是一种强大的数据表示方式，将数据作为原材料，并将实体和关系作为元素，再加上标签或属性，我们就可以构建出知识图谱。

知识图谱是一种包含大量实体和关系的图数据，这些实体和关系通过语义关联连接在一起，形成了一个具有丰富知识的网络结构。知识图谱是一种强大的工具，可以帮助我们更好地理解和分析大量信息，还可以广泛应用于各大领域的高级应用系统中。这些应用领域包含金融风险管理、新药研究、社交网络、推荐信息系统和问答信息系统等。

1.1.5.2 从图到知识图谱，是一段充满挑战的旅程

在构建知识图谱的过程中，需要对数据进行清洗、抽取、转换和加载等一系列操作，同时需要进行知识建模、语义标注和关联分析等复杂的处理过程。这些工作涉及多个领域的知识和技术，包括自然语言处理、语义网技术、机器学习、数据库技术和图算法等。

从数据到知识图谱的转变过程中存在一定的挑战性，不仅涉及图数据的收集和处理，还涉及图数据的分析、预测、决策等多个方面，但为图数据管理和分析提供了重要的起点，为图数据库融合知识工程提供了有力的支撑，为图数据科学提供了新的理论、技术和应用领域，也为知识工程实践提供了重要的支持。

从图数据的生命周期看，通过结合业务管理和知识图谱来分析图数据，挖掘出相关信息，为机构和个人提出决策支撑。图数据科学既具有技术性，又具有管理性，不仅涉及技术方法问题，还涉及决策问题，通过采用图数据库对知识图谱进行构建，为专家和学者提供实践性的解决方案，可以帮助行业更好地实现目标。

目前，知识图谱的应用越来越广泛。随着智能决策的不断深入，知识图谱可以更准确地估计各种复杂的数据，解决包括节点分类、链接预测、聚类及可视化等问题。此外，图数据工程技术还可以将更重要的新特征储存到图数据库中，以便为更多领域提供更为有效的数据管理和智能分析。

未来，图将嵌入图网络中。图网络是一种新型的图数据科学方法，它利用图原生学习来完成全图学习和多任务预测，这种方法可以在不浪费业务数据信息的情况下，快速获取更充分、更具可解释性的预测结果。图嵌入和图网络的应用已经成为图数据科学领域的一个重要的研究方向，且会继续推动该领域的发展。

1.2 图数据库概念和架构

数据库是计算机应用得最广泛的技术，传统的关系型数据库以“表格化结构”的方式进行建模，其一直占据着数据库行业的主导地位。随着数据量的快速增长，数据类型的进一步扩展，部分研究指出，非结构化数据占据了总数据量的85%。随着NoSQL数据库的发展，它以其无模式、可水平扩展的架构以及更加宽松的基本原则等特点，迅速占据了市场。一般来说，NoSQL数据库系统应该分成四类：key - value数据库系统、列式数据库系统、文档数据库系统和图数据库系统。随着数据分析技术的发展，各行业对深入挖掘数据间的内在联系的需求也越来越大。此时，图数据能够更清晰地展示其关系结构，在实时关系查询中，图算法能够提供更高效的解决方案[2]。

图数据库系统的发展可以分为两个阶段：Graph 1.0 和 Graph 2.0。在 Graph 1.0 阶段，图数据库系统采用原生图的底层存储方法，例如 Neo4j 的 1.0 版本，与关系型数据库相比，图数据库在查询复杂关联数据时具有更高的效率和可靠性。在 Graph 2.0 阶段，图数据库产品不仅支持单机部署，而且还能够支持分布式大规模图存储，例如 JanusGraph 和 OrientDB 等的产品。通过支持硬件上的水平扩展，分布式图数据库可以更好地存储大量相关数据，并且可以支持实时查询。近年来，TigerGraph 将其产品定义为原生大规模并行处理的第三代图数据库，通过内置丰富的算法库和特有的数据存储结构，可进一步提升图数据库在复杂场景下的查询表现和可扩展性[3,4]。

1.2.1 图数据库概念、架构及分析

1.2.1.1 图数据库概念

图数据库是一种经过优化的管理系统，它可以有效地存储、查询和更新图结构数据，并且支持对图模型的增删查改。图数据库基于数学中的图论理论，以图模型为特征，主要有属性图、RDF 和超图三种。其中，属性图模型在图数据库领域被广泛采用，它可以有效地提高存储效率，提升查询和更新的准确性，从而更好地满足图数据库管理的需求[5]。

随着图数据科学的发展，属性图引起了人的关注。属性图为数据模型的图数据库研究，属性图模型通常以四元组的形式描述，属性图表示为 G，是由包含节点集合 V、属性集合 P、关系（边）集合 E，标签集合 T 组成，即 $G=\langle V, E, P, T\rangle$。其中，节点表示图中实体信息，它们可以包含一个或多个属性，并且通过关系来建立连接；用于连接节点的是关系，它们可能由一个或多个属性组成，节点之间可以有多个甚至递归的关系；属性是一种命名值，名称（或键）通常是字符串，能够被索引和约束，可以根据多个属性创建复合索引；表示将节点分组的是标签，单个节点可能拥有多个标签，在图数据库中可以将这些标签加上索引，以进一步提高查找速度。

1.2.1.2 图数据库基本组成架构

图数据库的架构主要采用了分层设计的方式，由三个部分组成：接口层、

计算层和存储层。

（1）接口层作为顶层架构，负责提供外部服务，包括用户使用图数据库所需要的直接操作的各种接口和组件，提供了直接的数据信息展示方式和良好的交互模式，可以通过如下几个方法来实现。

查询语言接口：提供除该图数据库原有查询语言之外的，如Cypher、Gremlin、GSQL等主流图查询语言接口。

API：提供了多种接口，包括ODBC、JDBC、RPC和RESTful，可以与应用端进行交互。

SDK：是一种通过库函数调用图数据库接口的编程工具，它可以在Python、Java、C++等主流编程语言中使用，从而实现对图数据库的有效管理和分析。

可视化组件：通过可视化组件，用户可以通过图形化界面清晰地看到数据模型，并且可以轻松地与用户进行交互操作。

（2）计算层作为一个桥梁，负责连接上下层数据，并对操作进行处理和计算。通常来说，它实现了以下功能。

语法解析：通过语法分析，可以检查输入语法，并将其转换为数据。

查询引擎：提供了一系列便捷的功能，用于查询语法解析后的内容。

优化器：可以通过优化查询和计算内容来提升效率和性能。

事务管理：旨在确保事务的原子性和可串行性。

任务调度：通过有效的任务调度管理，可以有效地提高查询效率，实现多项任务的高效完成。

图算法：可以通过图数据库产品本身实现，也可以通过提供图数据处理引擎接口来实现，从而更有效地处理图数据信息。

（3）存储层负责提供图数据结构、索引逻辑方面的管理，以确保数据的安全性和完整性。

1.2.1.3 图数据库特点

（1）实际关系的建模方式。图模型可以更加直观地展示复杂的实体关系，使用者能够更容易地理解数据，从而更好地掌握现实世界中的信息。

（2）建模易扩展。图数据库提供了灵活的数据模式，可以根据业务变化和场景需求，快速调整数据模型。使用者无须在设计初期就把所有内容填充完毕，而是可以根据需要随时调整模型，从而降低了巨大的资源花费，大大提高了工作能力和准确度。

(3) 针对关联数据的快速查询。属性图模型提供了内置的索引数据结构和对应的图查询算法，可以有效地优化查询结果，它不需要针对给定查询而添加或接触任何不相干的数据，从而避免了局部数据查找引起的全局数据读取。此外，“点—边—点”的连接方式可以实现对深度关联数据的实时响应，从而更好地提升查询效率和准确性。

(4) 支持 ACID 事务完整性。图数据库不仅能够提供快速的数据访问和更新，而且还能够保持数据的原子性、一致性、隔离性和持久性，使数据管理更加安全可靠。

1.2.1.4　图数据库与关系型数据库的比较分析

(1) 建模方式。关系型数据库以表格化结构的方式对实际中的联系建模，并且在处理结构化数据方面发挥着重要作用。但其建模约束较严格，导致它不能满足动态的数据结构关联，关系型数据库需要通过“外键”连接的方式对表格进行操作。相比之下，图数据库采用图建模方式更为贴切地描述了实际世界中的实体及关系。以社交关系为例，通过图建模，可以更直观地表达人与人之间的关联关系，能够更好地描述人与人之间的密切关系，并且更容易理解网络结构。

(2) 查询效率。在现代大数据时代，数据的管理和处理变得越来越复杂，因此需要使用不同的技术和工具来处理不同类型的数据。关系型数据库和图数据库是两种常见的数据库类型，它们在数据处理和管理方面具有不同的特点和优势。

在查询效率方面，图数据库和关系型数据库之间尚未形成统一的测试基准方法和数据集。为了解决这个问题，研究人员提出了各种方法来比较和评估这两种数据库类型之间的性能。总体来讲，关系型数据库在以 group by、sort 等为基础操作组成的查找中具有明显的优点，而图数据库在多表连接、路径识别等复杂查找中表现出更高的特性，尤其在处理复杂的关系型数据时，图数据库通常比关系型数据库具有更高的查询效率和计算效率。

1.2.2　图数据库的查询介绍

图数据的查询语言可以分为命令式和声明式两种，通过应用场景可以分为实时查询和离线数据分析，用以推断出复杂网络系统的结构形态和动态性，从而更好地掌握网络系统的运行状态[6,7]。

1.2.2.1 命令式查询语言

命令式查询语言是一种编程范式，用于描述计算机所需做出的行为，它可以按照用户指定的顺序执行，从而提高查询效率，但需要用户具备一定的编程技能。一般来说，命令式查询语言常用于对业务性能要求较高的搜索任务。在图数据库技术领域，Gremlin 和 Neo4j Java API 提供了强大的命令式功能，可以有效地支持多种应用。

1.2.2.2 声明式查询语言

声明式查询语言允许客户清晰地指定要检索的数据，而系统会优化实施流程，从而使客户作业更为快捷、高效。在图数据库技术中，声明式查询语言是常用的查询方法，它可以帮助用户更快地找到所需的数据，并且可以提高图数据的易用性。Cypher、Gremlin 和 GSQL 是声明式查询语言的典型代表，在图数据库领域广泛应用。这些语言提供了丰富的查询功能，使用户可以使用简单的语法轻松地完成复杂的查询任务，从而更加高效地处理图数据。

1.2.2.3 实时查询

实时查询一般是对数据进行局部查询，主要是对图数据进行遍历搜索、过滤、迭代计算和统计等内容进行查询。图数据库为实时查询提出了两个常见的图算法：图搜索算法和路径发现算法。

图搜索算法是指在图结构中寻找特定目标的方法，通常用于解决图中的路径问题。常见的图搜索算法包括深度优先搜索（DFS）和广度优先搜索（BFS)。深度优先搜索是从起点开始，沿着一条路径一直往下搜索，直到找到目标或者不能再继续搜索为止；广度优先搜索则是从起点开始，先搜索所有相邻的节点，然后再搜索与这些节点相邻的节点，直到找到目标或者搜索完整个图为止。

路径发现算法是指在图数据结构中寻找一条路径的方法，通常用于解决图中的路径问题。与图搜索算法不同，路径发现算法通常要求找到路径具有的特征或约束条件。其中，最短路径算法用于寻找两个节点之间最短的路径，常见的算法包括 Dijkstra 算法和 A * 算法；最小生成树算法则用于寻找连接所有节点的最小成本路径，常见的算法包括 Prim 算法和 Kruskal 算法；最大流算法和最小割算法则用于寻找网络流中的最大流和最小割，常见的算法包括 Ford - Fulkerson 算法和 Edmonds - Karp 算法。在实际应用中，路径发现算法被广泛应用于各种领域，如物流路径规划、社交网络分析、生物信息学等。

1.2.2.4 离线分析

除了实时查询，离线分析也是图数据库的常见应用场景之一。离线分析可以从海量数据中提取有价值的信息，但时间较长、算法较复杂。图挖掘算法是基于图的数据挖掘，用于发现数据中的模式，可以帮助用户或上层应用者更好地挖掘数据中的潜在信息。典型的图挖掘算法包括频繁子图和三角形计数等。频繁子图算法用于发现图中频繁出现的子图，可以帮助用户找到一些特定模式或结构，例如社交网络中的共同兴趣爱好；三角形计数算法则用于计算图中三角形的数量，可以帮助用户分析节点之间的关系和连接度，如推荐系统中的用户相似性分析。这些算法可以帮助用户更好地探索和分析图数据，从而发现其中有价值的信息[8,9,10]。

随着机器学习和图神经网络技术的不断发展，图算法的研究已经取得了长足的进步，从而为同构、异构、动态网络等多种类型的图特征挖掘提供有效的解决方案，而且这些方案的效率也得到了显著的提升。

1.3 知识的抽取与知识图谱的应用

随着科学技术的不断发展，人类社会经历了多次生产力革命，其中最近的一次是由 Web 信息技术引起的网络信息革命。Web 科学技术的不断进步，使人们正在迈向一个基于知识互联网的新时代“Web3.0”。在这个新时代中，知识图谱成为一个重要的概念。知识图谱是一种将实体之间的关系表示出来的图，揭示实体之间关系的语义网络，并且通常采用资源描述框架 RDF 来描述这些知识[11]。

随着时间的推移，知识图谱的概念被广泛接受，并被应用于应急管理、医药、教学、金融服务、电子商务等领域，从而带动新一代人工智能从感知智能转变为认知智能，取得了跨越式成长。知识图谱已经迅速涌现出来，国外代表性的项目有 YAGO、DBpedia、NELL、Probase 等；而国内也出现了开放知识图谱项目 OpenKG，以及 CN - DBpedia 和 zhishi. me 等。

知识图谱的全生命周期涉及三个关键技术：(1) 从样本源中提取有用数据，并将其转换为结构化的知识抽取与表示技术；(2) 将不同来源的知识进行融合，以提升知识整体性的知识融合技术；(3) 利用已有的知识进行推理和质量评估，以提高知识的可用性。

1.3.1 知识的抽取与表示

知识图谱的核心挑战在于如何从海量数据中抽取有价值的信息，并将其有效地表示和存储。这就需要采用知识抽取和表示技术，也称为信息抽取。信息抽取是一种从数据源中提取特定类型的信息，如实体、关系和属性信息，将这些信息以特定形式表达出来并进行储存，便可更好地理解和记忆抽取过程。

通常，知识图谱采用 RDF 来描述知识内容，它将有效信息表现为三元组（主语、谓语和宾语）的结构，有时也会表示为（头实体、关系和尾实体）。按照信息抽取的不同类型，知识抽取可以分为实体提取、关系提取和属性提取。实体提取是从文章中识别出具有实体意义的词语或短语，并将其转化为知识图谱中的实体；关系提取是从文本中提取出实体之间的关系，并将其转化为知识图谱中的关系；属性提取是从文本中提取出实体的属性，并将其转化为知识图谱中的属性。

1.3.1.1 实体抽取

实体抽取也称为命名实体识别，主要目标是从样本源中识别出命名实体。实体是知识图谱最基本的元素。实体抽取的完全性、准确性和召回率对于知识图谱的质量来说至关重要。实体抽取方法大致分为三种：(1) 基于规则和词典的方法，通常需要为目标实体编写相应的规则，然后在原始语料中进行匹配。(2) 利用统计机器学习技术，通过数据对模型进行分析训练，然后再利用训练好的模型去识别实体的方法。这种方式可以更准确地认识实体，并且可以更好地预测实际情况。(3) 面向开放域的抽取方法，通过分析已知实体的语义特性来识别命名实体，并提出实体聚类的无监督开放域聚类算法。

1.3.1.2 关系提取

通过实体抽取而获取的实体之间的关系往往是离散且无关联的。通过关系抽取，能够帮助我们建立实体之间的语义联系。关系提取方法一般包括三种：(1) 根据模板的关系提取。这种方法能够使用模板通过人工或者机器学习的方法来提取实体之间的关系，但是它也有一定缺陷，比如不适用于大规模数据集，召回率较低，维护起来也比较困难。(2) 通过采用监督学习中的关系抽取方法，将大量人工标记的数据进行训练，并利用本体知识库训练模型，在开放数据集中对关系进行提取，从而获得了极高的准确率。(3) 基于半监督或无监督学习的关系抽取，即基于少量人工标注数据或者无标注数据，使用最大期望等算法的半监督关系抽取方法进行关系抽取，然后采用多示例学习的方法，将具有相似关系的语句组合成样例包，并根据样例包的特点加以关联划分，从而实现对句子间的关联性的有效提取。近几年的研究采用了强化学习技术来解决句子级噪声，将远程监督的标签视作事实，从而高效地提升标签级降噪的性能。标签去噪的核心是在策略网络系统中，根据需要设计一套策略，以获得潜在标签，而且能够选择性地采用远距离监督标签或者从抽取网络系统中预测标签的操作，从而实现高效的标签去噪。

1.3.1.3 属性抽取

属性抽取的目标是实现对实体数据信息内容的补全，可以从样本源中抽取出实体属性信息内容或属性值。实体属性可以被看作属性值与实体间的一种关系，因而可以通过关系抽取的解决思路来获得。还可以利用百科类网站的半结构化数据，训练抽取模型，之后将抽取模型应用在非结构化数据中抽取属性；在属性抽取中，也可以利用张量分解的关系抽取方法，有效地帮助我们更好地识别实体的属性值，并且可以利用关于实体种类相关领域的知识来更准确地获取实体缺少的属性值。

1.3.2 知识的融合

通过有效的抽取和表示知识，我们已经初步获得了大量形式化的知识。由于来源的多样性，知识的质量存在差异，有时会出现冲突或重叠，从而影响知识的有效性和完整性。通过应用知识融合技术，我们可以大幅提升初步建立的知识图谱的数量和质量，同时也可以丰富知识的存量。早期的知识融合是通过传统的数据融合方法完成的，随着知识图谱技术的不断发展，一系列改良后的知识融合方法不仅可以有效地实现知识的融合，而且还可以更好地满足复杂的数据融合需求。

1.3.2.1 实体消歧

在知识图谱中，每一种实体都应该有明显的指向，即代表某种特定的真实世界中的事物。然而，由于数据来源的复杂性，还有着同名异义的实体，比如“乔丹”这个名字可能指美洲知名篮球运动员、葡萄牙足球运动员或者某些运动品牌，因此，在构建知识图谱时，应该考虑到这些实体之间的差异，以便更好地理解它们之间的关系，并将它们有效地应用到实际情况中。为了确保每个实体都有明确的定义，可采用实体消歧技术来区分不同的实体。

研究人员将维基百科当作背景知识，能够更精确地测量实体间的差异，从而有效地消除语义上的歧义，这种方法能够充分利用已有的知识库和知识图谱中隐含的信息，如社会关系等，从而更有效地实现实体消歧的目的。例如：一是利用知识库中的文本数据，再通过了解共有实体组来消除实体之间的分歧，最终达到更好的学习效果；二是可以根据文本语义相似性的集合消歧方法，利用在知识库知识子图中随机游走得到的概率分布来表达实体和文本之间的语义关系，并利用迭代贪婪逼近计算和学习排序技术来实现实体消歧任务，从而有效地解决集合消歧问题；三是采用给新的命名实体消歧方式，即通过上下文和知识图谱中实体信息词之间的语义相似度来识别实体之间的差异，这种方式可以有效地消除实体之间的歧义，或是将目录以嵌入向量的方式表现起来，主要思想是候选实体和上下文单词间应存在语义联系，从而更有效地选择出正确的实体。

另外，还有一种实体消歧方法就是给出一种使用时间的实体消歧方法。这种方法能够透过统计实体的时序特性来与输入的命名实体的上下文进行对比，即便这些信息不够完整，也能够有效地达成实体消歧任务。

对比了采用近似度特征的随机森林模型、XGBoost、逻辑回归和神经网络，发现随机森林模型具有极高的准确度和召回率，而且不受超参数的直接负面影响，在实体消歧任务中表现出色。

1.3.2.2　实体对齐

在日常生活中，一个事物可以有多种称谓，如“中华人民共和国”和“中国”都对应于同一个实体[11]。在知识图谱中，也有各种各样的实体，根据实体对齐，我们可以将它们归结为同一个客观事物。例如，苏佳林等[12]提出了一种基于决策树的自适应属性选择实体对齐技术，通过联合学习将实体嵌入表示在某个向量空间中，利用信息增益来确定最优约束属性并训练模型，以测算出最优约束属性的相似度和实体的语义相似度，从而实现具体的对齐。

全自动的实体对齐架构包括候选实体生成器、选择器和清理器，可以根据搜索引擎用户的搜索信息内容和浏览记录，测算出实体之间的相似度，从而实现实体对齐的各项任务。基于 MapReduce 架构的一种大规模相似性模型，可以部署大约 2000 亿个从网络上获取的词汇，以统计 5 亿 terms 的相似度矩阵，以实现实体对齐任务。而新的同义发现架构也可以将实体相似关系当作输入，产生一种符合简单自然属性的同义词，而且给出了两个新的相似性度量法。经过在 bing 体系上的实践，我们认为这两种方法能够有效地鉴别同义词，从而提高鉴别的准确性和效率。利用深度学习的实体对齐方式，将这些方法分类，分别组合设计空间中属性嵌入、属性相似度表示和分类方法等多种技术，实体对齐架构可以有效地解决实体对齐问题。

1.3.2.3　知识合并

通过实体消歧和实体对齐，可以更加关注知识图谱中的实体，并从实体层面上利用多种方法来提升知识图谱的质量，从而更好地满足用户的需求。知识合并是一种从知识图谱整体层面上将多种知识融合在一起的技术，它可以帮助机构或组织更好地理解和利用现有的知识库和知识图谱拓展知识图谱的规模，增加知识的丰富性。使用知识合并技术可以有效地消除知识的重复和错误，从而更好地满足机构或组织的需求。通过知识图谱的合并，可以有效地解决数据层和模式层的问题，但是也可能会出现来自两个数据源的同一实体属性值不同的情况，这种情况被称为知识冲突，它会影响知识图谱的整体结构，从而影响知识的准确性和完整性。为了解决知识冲突问题，我们可以采用冲突检测、消解和真值发现等技术，将来自不同来源的知识有机地结合起来，构建一个完整的知识图谱，以便更好地解决这一问题。

1.3.3 知识的推理

通过运用知识推理技术，可以大幅提高知识图谱的完整性和准确性。传统的推理方法虽然能够提供极高的准确性，但却无法满足大规模知识图谱的需求。针对大规模图数据的复杂性，知识图谱主要有三种知识推理方式：基于逻辑规则的知识图谱推理、基于嵌入表示的知识图谱推理、基于神经网络的推理[11]。

1.3.3.1 基于逻辑规则的知识图谱推理

基于逻辑规则的知识图谱推理是在知识图谱上运用逻辑规则及特征，推理得到新的知识。该方法能很好地利用知识的符号性，具有精确性高和对知识推理结果提供显式解释的能力。根据知识图谱推理过程中所关注的图数据特征的不同，又可将基于逻辑规则的知识图谱推理方法分为基于逻辑的推理、基于统计的推理以及基于图结构的推理。

（1）基于逻辑的推理是直接使用一阶谓词逻辑、描述逻辑等方法对相关专家制定的规则进行表示及推理，这类方法具有精确性高、可解释性强的特点。根据规则依托的表示方式的不同，基于逻辑的推理方法又可细分为基于一阶谓词逻辑的推理和基于描述逻辑的推理。

（2）基于统计学推理的关键在于利用机器学习方法，从知识图谱中自动挖掘出隐含的逻辑规则，并将这些规则用于推理。该方法摒弃了专家定义规则的模式，可利用挖掘的规则解释推理结果。基于统计的推理方法又细分为基于归纳逻辑编程的推理和基于关联规则挖掘的推理。

（3）基于图数据结构的推理利用图谱的结构作为特征完成推理。其中，知识图谱中最为典型的结构是实体间的路径特征，对知识图谱推理具有重要作用。基于图数据结构的知识图谱推理具有推理效率高且可解释的优点。根据关注特征粒度的不同，基于图数据结构的推理方法又可细分为基于全局结构的推理以及加入局部结构的推理。

1.3.3.2 基于嵌入表示的知识图谱推理

嵌入表示是机器学习中一种非常重要的技术手段，通过嵌入表示可以将复杂的数据结构转化为向量化的表示，为后续工作的开展提供便利。对于知识图谱推理，嵌入表示的技术优势同样明显。通过将图数据结构中隐含的关联信息映射到欧氏空间，可以使原本难以发现的关联关系变得显而易见。因此，基于嵌入表示的推理是知识图谱推理技术的重要组成部分[3]。

（1）张量分解方法是将关系张量分解为多个矩阵，利用这些矩阵可以构造出知识图谱的一个低维嵌入表示。通过对基本张量分解算法进行改进和调整，并加以应用，这类模型能够快速训练出一个知识图谱的嵌入表示。

（2）距离模型将知识图谱中的各种关系看作从主体向量到客体向量的一个平移变换。通过最小化平移转化的误差指标，可将知识图谱中的实体和关系类型映射到低维空间。

（3）语义匹配模型是以相似度目标函数为基础，在低维向量空间匹配不同实体和关系类型的潜在语义，其定义基于相似性的评分函数，可度量一个关系三元组的合理性。该类模型认为图数据训练集中存在的关系三元组应该有较高的相似度，而图数据训练集中没有的关系应该有相对较低的相似度。

1.3.3.3 基于神经网络的推理

基于神经网络的知识图谱推理，充分利用了神经网络对非线性复杂关系的建模能力，能够深入学习图谱结构特征和语义特征，实现对图谱缺失关系的有效预测。知识图谱推理的神经网络方法主要包括 CNN 方法、图神经网络方法等。利用神经网络技术，可以将知识图谱中的事实元组转换为矢量形态送入神经网络中，并训练神经网络来提高事实元组的表现，最后根据输出的分数来选取候选实体进行逻辑推理。神经网络在知识图谱推理方面具有实现自学习功能、计算速度快、准确性高的优势。

神经网络的推理方法已被广泛评估和研究，也取得了不错的成绩，但此类模型缺乏可解释性仍然是一个不可避免的问题。相比之下，基于逻辑的推理方法的特点是可解释性和准确性高，但严重依赖逻辑规则。所有这些都限制了知识推理技术的发展。

1.3.4 知识图谱的应用分析

随着知识图谱信息技术的出现，它以强劲的语义处理、开放互联的特性以及简洁灵活的表达方式等优势，受到了广泛关注。这种发展得益于人工智能、互联网等技术的进步，而且，完善的知识图谱方法也能够运用到自然语言处理、智能决策管理系统、智能推荐管理系统等方面，推动这些方法发展，并进一步被广泛使用于应急管理、医药、金融服务、电子商务等行业和领域，提升其效率和竞争力。

知识图谱的技术应用主要有三种：第一，建立完整的知识图谱可以为自然语言理解技术的发展提供有力支持；第二，通过利用知识图谱中的知识，智能问答系统可以有效地回答用户的问题；第三，知识图谱可作为外部信息整合至推荐系统中，提高推荐系统的推理能力，从而更好地满足用户的需求。利用知识图谱中的实体和关系信息，许多研究者通过嵌入正则化技术，大大提高了推荐的准确性和可靠性。

随着技术的发展，知识图谱已经成为一种重要的工具[12]。它不仅能够给出更为准确、完善的行业数据，还能够给出更多样的表达方式，使非专业相关人员能够更快捷、更直观地获取所需的知识，从而提高服务水平。利用知识图谱技术，金融领域可以有效地检测数据的不一致性，从而发现潜在的欺诈风险；知识图谱技术还能够分析金融报告，建立公司与人物之间的关系，并基于此进行更深入的研究和更优秀的决策。

阿里巴巴在电子商务方面取得了巨大成功，就是借助应用知识图谱，构建了产品之间的关联性信息，为用户带来了更加全方位、智能的产品信息和推荐，从而极大地提高了用户的购买感受和服务质量。知识图谱现已被应用于教学、科学研究、军事等领域，为人们提供了更多的信息和科学知识。

1.3.5 知识图谱面临的挑战与展望

自谷歌（Google）明确提出知识图谱概念至今，知识图谱已引起了全球范围内的热烈讨论和关注。随着深度学习和自然语言处理技术的进步，知识图谱的研究受到了越来越多的关注，已成为一个热门话题。随着知识图谱技术的不断发展，知识融合、知识推理等技术及它们在实际应用中仍然存在许多挑战。

知识融合技术是一种重要的工具，可以将新的知识与已有的信息结合起来，从而构建出一个完整的知识图谱。在确保知识图谱准确性的前提下，有效地引入新知识是知识融合的关键。然而，这一过程中存在着一些挑战，其中最重要的是：（1）要确保知识图谱的准确性，必须加强知识评估的能力，以便更好地实现知识融合。目前，许多知识评估方法都侧重于静态知识的评估，而缺乏动态知识评估的能力，这是一个令人担忧的问题，也是当前知识评估面临的一大挑战。（2）为了解决自然语言中存在的知识冗余和缺失问题，我们需要采取有效的措施。如果知识图谱无法准确地将同义异名的实体对齐或将同名异义的实体消歧，就会造成知识图谱中存在大量的信息缺失或者冗余，从而影响图谱的完整性和准确性。（3）自然语言具有复杂性，所以，在单一语言的环境中，实体对齐和实体消歧的准确性仍有待进一步提升，而在多语言环境中，实体对齐或消歧的准确性更是一项极具挑战性的任务。

知识推理是构建知识图谱的重要组成部分，它可以帮助我们从已有的知识中提取出新的知识，从而更好地完善知识图谱。知识推理的挑战在于：（1）大多数情况下，需要处理复杂的多元关系，但是将多元关系拆分为二元关系会导致结构信息的损失，因此，如何有效地利用多元关系中的隐含信息，以及如何更好地推理，是知识推理的一大挑战。（2）为了提高逻辑推理效率，现在的知识推理模式通常会采用大批高质量的数据集进行练习，并在对应的测试集上进行模型优化，以达到更好的逻辑推理效果。但数据集获取成本较高，通过数据集训练的模型的泛化能力也极为有限，但是现实世界中人们经过一些样本了解就可以实现逻辑推理，模拟人脑的思维方式。在小规模或零样本的情况下，学习知识和推理能力的提升是一项极具挑战性的任务。（3）知识图谱中的知识可能会受到时间、空间等复杂因素的影响，因此，如何有效地利用这些动态约束信息，以及如何有效地进行动态推理，是知识推理领域一项极具挑战性的任务。

知识的表达、存储和查询是知识图谱应用中始终贯穿的问题，它将成为知识图谱发展的基础和支撑。目前，知识图谱在行业领域的应用面临一些挑战[3]，其中较大的挑战是：（1）由于大部分工作都是针对知识图谱半自动构建的，因此，如何自动构建出高质量的知识图谱，以及如何降低成本，使其能够更好地满足行业需求，是一个值得深入探索的课题。（2）知识图谱可以提供指导性的功能，帮助机器学习更好地理解和利用数据，进而有效地减少数据依赖性，避免数据红利消耗殆尽后的僵局，这是知识图谱应用领域的一大问题。（3）使用人们可理解的符号化知识图谱，可更好地理解机器学习，尤其是深度学习，从而弥补其在可解释性方面的不足，这也是知识图谱应用领域所要面对的一大问题。(4)如何利用知识图谱中的知识，将其作为已知经验，通过训练构建人工智能领域的心智模型，也是一项具有挑战性的任务。

知识图谱是一种基于模仿人类认知方式的技术，它可以帮助机器建立一个完整的知识库，从而实现智能化的认知，并且在大数据时代中发挥重要作用。未来，基于网络数据分析的自动化知识图谱将变成研究领域的主导，且会有巨大的发展机遇[13]。为了提高知识图谱的质量，需要不断改进知识抽取、融合和推理技术，以确保它们能够准确地反映实际情况。同时，还需要提高这些技术的效率，以便在处理大规模数据时能被更好地应用。尽管知识图谱现已得到了广泛应用，但其巨大的潜力仍有待开发，如何将其应用于日常生活中各个方面，将是未来研究的重点，也是一个值得深入探索的课题。

随着技术的发展，越来越多的知识图谱已经被构建出来，但是由于结构和语言上的差异，这些知识图谱的应用比较复杂，因此，制定行业规范，整合各种知识图谱，以及构建一个通用的知识图谱，将是未来知识图谱研究的重要方向。

总之，图数据的跨学科特性和多领域交叉性使它具有广泛的应用前景和发展空间。在实际应用中，图数据科学技术可以被广泛应用于社交网络分析、金融风险控制、医疗健康管理、物流运输规划、智能城市建设等领域，为人们的生活和工作带来更多的便利和效益。

图数据库系统是图数据科学技术的重要组成部分，它具有存储和管理海量图数据、高效查询和分析图数据、支持复杂图算法等多种优势，已经成为众多企业和组织的首选技术。知识图谱作为图数据库系统的重要应用，可通过对实体和关系的建模和推理，提高数据的语义表达和推理能力，为知识发现和智能决策提供重要支持。

图数据是一个具有广泛应用前景和发展空间的跨学科科学技术，它将优良的传统方法与新兴技术有机地结合，为实现数据驱动和智能决策提供了重要支持。随着大数据、人工智能和云计算等技术的快速发展，图数据科学技术将变得越来越重要，且更有价值。

参考文献

[1] 周贞云，邱均平．一门交叉学科的兴起：论图数据科学的构建

[J/OL]. 图书馆论坛 . https://kns. cnki. net/kcms/detail/44. 1306. G2. 20220916. 1659. 003. html.

[2] 刘宇宁，范冰冰 . 图数据库发展综述 . 计算机系统应用 [J]. 2022, 31 (8): 1 - 16. http: //www. c - s - a. org. cn/1003 - 3254/8713. html.

[3] Deutsch A, Xu Y, Wu MX, et al. TigerGraph: A native MPP graph database [J]. arXiv: 1901. 08248, 2019.

[4] Deutsch A, Xu Y, Wu MX, et al. Aggregation support for modern graph analytics in TigerGraph [J]. Proceedings of the 2020 ACM SIGMOD International Conference on Management of Data. Portland: ACM, 2020. 377 - 392.

[5] 李金阳 . 图数据库在图书馆的应用研究 [J]. 图书馆，2020，(11): 109 - 115.

[6] Green A, Guagliardo P, Libkin L, et al. Updating graph databases with Cypher [J]. Proceedings of the VLDB Endowment, 2019, 12 (12): 2242 - 2254.

[7] Angles R, Arenas M, Barceló P, et al. Foundations of modern query languages for graph databases [J]. ACM Computing Surveys, 2018, 50 (5): 68.

[8] 李俊逸，魏凯，姜春宇等 . 图数据库白皮书 [M]. 中国信息通信研究院云计算与大数据研究所，2019.

[9] Robinson I, Webber J, Eifrem E. 图数据库 [M]. 刘璐，梁越，译. 2 版 . 北京：人民邮电出版社，2016.

[10] 李俊逸，王卓，马鹏玮 . 图数据库技术发展趋势研究 [J]. 信息通信技术与政策，2021，47 (5): 67 - 72.

[11] 马忠贵，倪润宇，余开航 . 知识图谱的最新进展、关键技术和挑战 [J]. 工程科学学报，2020，42 (10): 1254 - 1266.

[12] 苏佳林，王元卓，靳小龙等 . 自适应属性选择的实体对齐方法 . 山东大学学报：工学版，2020，50 (1): 14 - 20.

[13] 沈志宏，赵子豪，王海波 . 以图为中心的新型大数据技术栈研究 [J]. 数据分析与知识发现，2020，4 (7): 50 - 65.

[14] 王鑫，邹磊，王朝坤等 . 知识图谱数据管理研究综述 [J]. 软件学报，2019，30 (7): 2139 - 2174.

第2章　图数据优化应急资源配置概述

近年来，大规模的突发公共卫生灾害时有发生，已经对中国乃至全球人民的健康和社会经济发展造成了严重的冲击。例如，到目前为止，新型冠状病毒给我国乃至全球造成的损失是不可估量的，而此次新冠疫情也对人力资源、资金资源、物资资源、信息资源等公共卫生应急资源的合理配置提出了极大的挑战。

从我国当前突发公共卫生事件的救援情况来看，政府在应急资源的管理、组织和调度方面发挥着主导作用，但社会力量的作用发挥不足。因此，不管是在备灾阶段还是在灾后的应急处理阶段，都应将政府和社会力量动员起来，协同合作，以期最大限度地提高应急事件的处理效率。

2.1　图数据优化资源配置的意义

近年来，全球范围内的突发公共卫生事件频发，这些事件给人们的生命和财产安全带来了极大威胁，对社会和经济发展产生了深刻影响。突发公共卫生事件具有极其复杂的特征，可能会突然发生，迅速传播，危害严重，影响范围广泛，不受常规控制，并且可能引发国际的互动。在这样的背景下，优化应急资源配置成为防控突发公共卫生事件的重要手段之一。在突发公共卫生事件中，及时、准确地配置资源，包括医疗资源、社会资源等，是保障人民群众生命健康和社会稳定的重要措施。如果资源配置不当，将会造成资源浪费和疾病扩散等严重后果。为了确保健康、快速、有序发展，各地必须具备快速应对突发公共卫生事件的能力，这种能力的建立需要科学合理的应急资源配置。因此，在各地突发公共卫生事件中，基于人工智能时代的大背景，建立智能化的应急资源优化配置与决策体系显得尤为重要。

首先，随着知识图谱技术的不断发展，知识图谱技术在应急管理领域中的应用也越来越受到关注。知识图谱技术可以将各种应急资源的信息进行整合和联通，形成一个完整的应急资源知识体系。这样，当突发公共卫生事件发生时，就可以通过知识图谱技术快速地进行应急资源配置，提高应急响应的效率和准确性。因此，基于知识图谱技术的应急资源优化配置具有重要的实际意义，值得进一步深入探究和研究。另外，我国人口众多、地域辽阔，面临各种突发公共卫生事件的威胁，建立应急资源的知识图谱，可以帮助政府和救援机构更好地了解和掌握各地区的资源分布情况，以及资源之间的关系和联系。这样，当公共卫生事件发生时，便可以快速地找到合适的应急资源进行配置和调度，提高应急救援的效率和准确性。同时，建立知识图谱还可以为政府和企业提供更准确的决策依据，降低政府投入，提高行业效益。因此，建立应急资源配置的知识图谱在我国有非常重要的价值，也是对应急救援理论的有效补充。

其次，突发公共卫生事件对资源需求、道路状况和救灾点等不确定性给政府决策带来挑战，结合图分析技术、知识推理技术，基于应急资源知识图谱设计出一套科学有效的决策技术，能够为决策者提供科学可靠的依据。同时，在突发公共卫生事件知识图谱中融合人工智能技术，可以对医疗资源的分布情况进行预测和优化，最大限度地保障突发公共卫生事件防控的需要，并最大限度地提高应急资源利用效率。

再次，知识图谱在应急资源配置方案的制订中发挥着至关重要的作用。在应急物资运送的过程中，需要把应急物资运送到灾点，这时候就要根据多种道路因素做出可达性判断，并在此基础上得到最优的运输路径，同时还要考虑道路的动态变化，规划出 K 条路径。因此，综合运用知识图谱和图论算法，能够为突发公共卫生事件的应急救援提供更加科学、高效和可靠的支持，为挽救人民的生命财产损失作出贡献。

综上所述，综合运用知识图谱和图论算法，建立智能化的应急资源优化配置与决策体系，可以提高应对突发公共卫生事件的能力，能够为突发公共卫生事件的应急救援提供更加科学、高效、精准和可靠的支持，缩短救援时间，保障人民群众的生命健康和社会稳定，促进经济社会的可持续发展，最大限度地减少人员伤亡和财产损失。因此，应急资源配置的优化理论对降低公共卫生应急资源成本、保障应急救援效率和保护人民群众生命财产安全等方面具有非常重要的价值，对我国“一带一路”的建设也将产生深远的影响，同时也为“一带一路”建设提供了基本的保障。

2.2 图数据助力应急资源配置的科学决策

应急指挥部门在处置突发事件的过程中扮演着重要角色，对突发事件快速高效地处置，能降低突发事件带来的危害，这就要求应急指挥部门对突发事件整体情况作出准确的判断，从而作出相应的决策。随着新一代人工智能的进步，计算机已经能够模仿人类的思考并进行智能决策[1]，所以，在应急指挥部门的决策过程中，应急领域的知识图谱技术可以将各种应急的数据信息以及应对措施等知识进行整合，形成一个完整的知识体系，应急指挥部门可以通过知识图谱快速地获取各种应急信息，准确判断突发事件的情况，并制订出相应的应急预案和决策方案。

知识图谱是智能决策的底层核心[2]，可以通过融合突发事件、应急资源等各种数据源和知识信息，形成一个完整的知识图谱体系。基于知识图谱的智能决策可以实现对大量数据的自动化分析与处理，从而加快应急决策的速度和准确度，提高应急响应的效率和质量。而基于知识图谱的知识推理可以通过对知识图谱进行逻辑推理和数据挖掘，自动生成一系列应急响应方案，使应急响应管理者能够快速获取各种应急信息，准确判断突发事件的情况，制订出最优的应急响应方案。

此外，通过运用知识图谱的可视化技术，将突发事件和应急资源的信息以图谱的方式展示出来，能够帮助应急响应决策者更好地理解和分析突发事件的情况，包括位置、周边环境和救援资源的布局等，从而更有效地提供决策参考，提高应急决策方案的可解释性，达到改进决策流程、减少人员伤亡和财产损失的目的。因此，基于知识图谱的知识推理和可视化技术，对于应急响应方案的生成和优化有着重要的作用。

图数据管理在资源配置方面具有重要的应用价值，可以帮助应急响应管理者更好地理解和分析实际应急情况，制订出更优的应急响应方案，最大限度地减少生命财产损失。

2.3　图数据优化应急资源配置的路径

在应急救援过程中，应急资源配置路径问题是非常重要的。当应急事件发生后，为了减少生命财产损失，维持事故现场正常秩序，应急救援部门须在最短时间内向灾点提供救援服务，而应急车辆路径选择是其中的关键问题。第一，由于应急配置过程对时间属性要求较高，路径选择不同会引起车辆行驶时间不同，选择合理的应急车辆配置路径决定了救援的成败[3]。第二，应急车辆承载着救援过程所需的应急资源，需要在保证救援质量的前提下，尽可能地缩短运输时间，只有这样，才能最大限度地减少生命财产损失。第三，应急救援过程中对应急站点的选择也非常重要，因为各应急站点的容量存在差别和限定，所以在选择应急站点时要进行综合考虑，包括容量限制、站点位置等因素，确保应急资源能够得到有效的分配和利用。因此，在保证救援时间和救援质量的前提下，要选择合适的应急站点，提高整个救援过程的效率。第四，灾后部分道路路网的中断也是应急救援需要面临的问题。因此，需要进一步探索如何将多种应急资源和多种情况下的路网中断等因素考虑在内，以更好地应对实际应急救援的需要。这也是灾后应急资源配送问题研究的一个重要方向[4]。

应急资源配置的路径问题是一种基于路网的配送问题，因此可以借助图和图数据理论来进行建模和求解。在这个问题中，可以将应急资源配送中心视为图中的一个节点，将需要配送的灾点视为图中的另一个节点，将道路视为图中的边，形成一个图模型，这就可以通过图数据的相关技术来分析和处理应急资源配置的路径问题。另外，在图数据管理中，路径规划是一类基本且重要的研究问题[5]，而现实应用中的应急路径规划往往并不简单，而是具有多种因素约束的优化问题，这些问题都可以在图数据中轻松表示，也就更加方便地在大数据背景下进行应急资源配置分析。

综上所述，图数据理论为应急资源配置提供了一种有效的建模和求解方法，可以为应急资源高效配送问题的研究和应用提供重要的理论支持。

参考文献

[1] 蔡胜胜. 突发事件应急决策与处置平台设计与实现 [D]. 中国人民公安大学, 2020.6.

[2] 陈延雪. 基于知识推理的突发火灾事件应急响应机制研究 [D]. 常州 大 学, 2021.5.

[3] 袁飞. 基于工作流网的交通应急资源配置和路径规划集成问题 [D]. 广东工业大学, 2015.5.

[4] 戴君, 王晶, 易显强. 灾后应急资源配送的 LRP 模型与算法研究 [J]. 中国安全生产科学技术, 2017, 13 (1): 122 - 127.

[5] 张九经. 图数据上的路径分析算法 [D]. 广州大学, 2022.5.

第3章 突发公共卫生事件应急相关理论与应用

3.1 突发公共卫生事件应急理论基础

3.1.1 突发公共卫生事件

突发公共卫生事件主要指的是突发的、已知的（或未知的）、群体性的重大传染疾病、食品或职业中毒等严重影响公共卫生的事件。近些年来，各类突发公共卫生事件日益突出，已然成为构建和谐社会、实现可持续发展的重要安全隐患，如何快速有效应对突发公共卫生事件引起了社会各界的广泛关注。截至目前，国内外关于突发公共卫生事件应急管理的研究主要停留在政策层面和应用层面，而对于与应急管理相关的基础理论的探讨仍然十分匮乏。

突发紧急事件具有随机性，在发生、传播途径、演变规律、灾害程度等方面，对突发公共卫生事件应急资源配置管理提出了更高层次的要求。由此看来，应急资源配置管理必须关注疫情的备灾、灾中救援、灾后恢复的全流程，并掌握突发公共卫生事件的基本规律。具体包括：

（1）运用科学高效的方法认识和分析各类突发公共卫生事件的形成、演变、传播和变异机制；在此基础上，通过建立快速、有效的预警模型，实现对目标的实时预警和监测。

（2）科学管理、调度和协调整个应急管理过程中的人、财、物信息等资源。

（3）在大数据、人工智能等新技术的支持下，设计和开发一套应急管理平台，能够提高处理突发公共卫生事件的效率。

(4) 科学准确的评估突发公共卫生事件对社会、经济和环境造成的影响，为灾害后期的恢复与重建打好坚实的基础[1]。

3.1.2 应急知识图谱

知识图谱能从大量数据资源中抽取、组织和管理知识，希望为用户提供能够读懂用户需求的智能服务，其已经在智能搜索、智能问答和个性化推荐等方面得到了广泛应用。用户能够利用知识图谱将网络上的信息、数据和链接关系等进行整合，从而实现信息资源的计算、理解和评价，进而形成语义知识库[1]。

从知识图谱的覆盖面上看，知识图谱可以划分为行业领域的知识图谱和通用知识图谱两大类。通用知识图谱侧重于广度，侧重于多个实体的融合，主要应用于智能搜索等方面；行业知识图谱一般都是依赖于某一特定行业的数据来建立的，拥有特殊的行业意义。在行业知识图谱中，实体的属性与数据模式往往更多，因此要根据不同的业务环境和使用人员进行分析。

在应急管理领域中，突发应急事件描述复杂，应急灾情数据量大，模型方法耦合复杂，应急任务要求高时效性，实体之间的关联关系复杂、多样，是典型的复杂知识结构。突发应急事件的应急知识图谱就是应急事件、应急任务、应急数据、应急模型方法等核心要素的概念层次关系和以节点、关系为载体的要素及要素之间语义关联关系的总和及其形式化表达。

张海涛等[2]在突发公共健康问题上，以事件为核心构建了环境知识图谱，实质上属于行业知识图谱的范畴。突发公共卫生事件知识图谱以图形结构描述了实体、概念、事件以及它们之间的关系：实体指的是在实际生活中的特定对象，比如建筑物、医院等；概念指的是对房屋、医院、医疗用品等客观物体的概念化的表达；事件指的是客观上发生的事件，比如疫情、食品安全事件等；关系指的是概念、实体和事件之间的一种客观存在的关系。

3.1.3 应急物流及其功能需求研究

3.1.3.1 应急物流

在应对突发性的公共卫生事件时，应急物资如果按照常规的商业物流系统的运作方式流转，紧急救援物资将难以满足突发事件的需要。所以说，完善及时的应急救援物资供应是十分必要的。另外，在突发公共卫生事件中，群众的基本生活、伤员（感染人员）的救治、应急方案的制订和实施等，都迫切需要相关的应急救援物资和人员等能够快速、高效地到位，从而大大降低突发公共卫生事件所造成的损害，这也是突发公共卫生事件灾后救援的关键。

应急物流是指在突发情况发生时，为企业提供相应的应急物资的一项活动，并且以实现企业的时间效益为目的。所以，应急物流在满足一般物流系统的基本特点的基础上，更应具有时间约束的重要特征。也就是说，应急物流应该首先关注时间的约束。

一般的商业物流同时注重物流的效率和效益，而应急物流则注重通过物流效率来实现其效益。应急物流具有突发性、不确定性、非常规性、弱经济性、复杂性和灵活性等特点。由于其产生的原因和运作的环境不同，一般的商业物流与应急物流之间有很大的差别。一般的商业物流以最大限度地降低企业的成本和企业的利益为目的，而应急物流则以降低突发事件所带来的经济损失为主要目的。因此，应急物流是在最小化资源配置时间的基础上，将运输成本最小化的特殊的物流活动。一般而言，商业物流具有长期、中期和短期三个阶段的规划，而应急物流则是在有限的时间范围内制订应急救援计划。

从物流设施的角度来看，应急物流设施具有临时性的特征，而一般的物流配送设施则是按照企业的长期规划而建立的永久性设施；从物资流通的各个环节来看，一般的商业物流都是按照流程规范分步供应的，而应急物流则尽可能地简化了物资的流通，在条件允许的情况下，可以省略掉一些中间环节，直接由供给方向灾点供应应急物资。从外部环境来看，一般物流企业可以在很大程度上掌握外部环境中的相关信息，而在短期内，外部环境中的物流活动很少发生改变。但是在突发公共卫生事件的影响下，外部环境中的应急物流信息会发生剧烈变化，企业很难把握和改变外部环境中的应急物流信息[3]。

3.1.3.2　突发公共卫生事件对应急物流的功能需求

突发公共卫生事件的特征是：未知性、突发性、群体性、传染性和应对协同性。这些特征决定了应急物流要做好对突发公共卫生事件的防范和监控工作，以达到对突发公共卫生事件的迅速响应。当突发公共卫生事件发生时，这些特征将会要求应急物流实现应急救援物资及时高效、迅速安全地送到灾害现场。所以，我们将突发公共卫生事件应急物流功能的需求表现总结为以下几个方面。

(1) 突发公共卫生事件的需求预测。突发公共卫生事件的需求预测，是指根据历史事件的数据记录，对应急资源的需求进行准确的预测，使其能够顺利地进行救援。面对突发公共卫生事件的不确定性的情况下，对突发公共卫生事件进行预测和监测，是确定应急救援规模、合理调动社会资源、合理调配医疗卫生资源的前提。所以，在紧急情况下，预测突发公共卫生事件的应急需求是及时应对突发公共卫生事件的首要功能，如果不能及时作出反应，就会造成供过于求的困难局面。例如，在新冠疫情暴发初期，全球都需要大量的紧急医疗用品，国际社会就面临医疗物资的全面紧急供应问题[4]。

(2) 突发公共卫生事件的供需匹配。突发公共卫生事件供需匹配，是指利用大数据、人工智能等技术，收集应急资源的供需信息，对应急资源配置的供求信息进行精准的匹配。由于突发紧急事件的不确定性、突发性，使应急资源配置供需之间的不对称性问题更加突出，因此需要通过供需的精确匹配来有效地提高应急资源配置的效率。如果不这样做，将会造成应急资源配置的供求关系出现严重的不平衡。比如，在新冠疫情暴发的初期，口罩等医疗资源严重短缺，然而慈善机构却接受了大量的应急物资，这些医疗物资堆满了整个仓库，这与医院医疗物资十分紧缺形成了鲜明对比，这一现象凸显了由于供求信息不匹配而造成的供求矛盾。

(3) 突发公共卫生事件的物资流通效率。物资流通效率是指在发生突发公共卫生事件之后，将应急救援物资以最快速度运送到灾点的能力。由于突发公共卫生事件具有群体性特点，造成了应急救援物资需求量和灾点急剧增多的局面，这就要求物资流通必须提高效率。另外，在突发公共卫生事件发生之后，各地政府部门都要在第一时间采取了相应的防控措施，这些手段措施在一定程度上限制了物资的流通。因此，为了保证灾区能及时获得应急救援物资，物资流通的效率就显得尤为重要。

(4) 突发公共卫生事件资源配置信息的实时监控。资源配置信息的实时监测，是指对应急资源的采购、运输、储存、分配等全过程的监测，保证应急资源的来源可靠、储存可靠、目的地可用，并通过网络平台及时向群众公布应急信息的功能。随着民众意识和媒体素质的不断增强，网络用户不仅是信息的接收者，在突发事件的信息传递中也发挥了越来越大的作用，正确的舆论监督对有效的控制突发事件具有重要意义。

（5）规避突发公共卫生事件的传染风险。有效防范突发公共卫生事件的传播风险，是指保证应急工作人员的生命安全以及能够有效地完成各种应急资源分配工作。突发公共卫生事件可能有极强的传染性，在紧急情况下，应急工作人员随时都有被病毒感染的风险。因此，为了预防疫情的蔓延和继发感染，应急物流应该具有规避感染风险的功能。

通过对这五个方面的功能需求的分析，智慧物流是实现这些功能所必需的手段。智慧物流是将大数据、物联网、人工智能等技术和现代管理手段结合起来，使物流系统的分析决策能力得到了很大程度的提升，进而达到了应急物流的有效调度，实现了高效的应急物流配送[5]。

3.2 突发公共卫生事件应急资源及其特征

应急资源是指在突发公共卫生事件发生时用于疏散、救援、抢救所需的人力、物资、财力、信息等资源。应急物资资源是应急资源配置的核心对象。

3.2.1 应急物资资源

应急物资资源，是指以物质实体形态存在的各种基础设施、设备和应急救援资源等资源，是实施各种管理方案的物质基础。同时，它也是信息资源的物质载体，是突发公共卫生事件应急管理的物质保障。

3.2.1.1 应急物资资源分类

根据国家《应急资源分类及产品目录》的规定，按照用途划分，应急物资资源可分为防护用品类、生命救助类等13大类。每一类别又包括多个子类，具体如表3.1所示。

表3.1 应急物资资源（按用途分类）

应急资源		具体资源形式
1	防护用品	卫生防疫设备、化学放射污染设备、消防设备、爆炸设备

续表

应急资源		具体资源形式
2	生命救助	处理外伤设备、高空坠落设备、水灾设备、掩埋设备
3	生命支持	窒息设备、呼吸中毒设备、食物中毒设备、输液设备
4	救援运载	交通运输设备、空投设备、桥梁设备、水上设备、空中设备
5	临时食宿	饮食设备、饮用水设备、住宿及卫生设备
6	污染清理	防疫设备、垃圾清理设备、污染清理设备
7	动力燃料	发电设备、配电设备、燃料用品、动力燃料、通用燃料
8	工程设备	岩土设备、水土设备、通风设备、起重设备、机械设备
9	工程材料	防水防雨抢修材料、临时建筑构筑物材料、防洪材料
10	器材工具	起重工具、破碎紧固工具、消防工具、声光报警工具
11	照明设备	工作照明设备、场地照明设备
12	通信广播	无线通信设备、广播设备
13	交通工具	桥梁、陆地、水上、空中等各类交通工具

表3.1展示了通用的应急物资分类，经过分析整理，表3.2和表3.3列出了突发公共卫生事件应急所涉及的医疗救护和防疫消杀的物资。

表3.2　　医疗救护分类

作业方式或物资功能		重点应急物资名称
1	防护用品	医用防护口罩；全密封（封闭）防护服；医用防护服（隔离衣、手术衣等）；医用护目镜；乳胶手套或橡胶手套；医用头套；防护鞋套等
2	医疗携行急救设备	伤员鉴别标签；急救背囊（箱）；复苏背囊（箱）；输注药供背囊；心脏除颤器；头部固定器；便携式氧气和复苏箱〔简易呼吸器、多人吸氧器、氧气机（瓶、袋）、便携呼吸机、高效轻便制氧设备等〕；患者运送装备和用品〔颈托、躯肢体固定托架（气囊）、关节夹板、担架、隔离担架、急救车、直升机救生吊具（索具、网）等〕；止血器和螺丝钳等
3	手术器械	基础外科手术器械（重伤员皮肤洗消装置、心肺复苏机、监护仪、输液泵等）；微小、精密和整形外科器械；神经手术和脊髓麻醉工具（麻醉机等）；眼科手术器材（洗眼器等）；耳鼻喉科手术器材（软体高压氧舱等）；口腔科手术器械；心血管和胸外科手术器械；剖腹手术器械；矫形（骨科）外科手术器械；儿科手术器械；妇产科手术器械；注射穿刺器械；开颅手术器械组件；气管切开手术器械等

续表

作业方式或物资功能		重点应急物资名称
4	诊断设备	普通诊察器械（电子测温仪、红外监测仪等）；医用电子生理参数监测仪器设备；中医仪器及设备；医用射线防护用具及装置等
5	消毒供应设备	消毒灭菌设备及器具；病房护理及通用设备（病床、婴儿保温箱等）；低温消毒和消毒剂溶液（气雾剂、双氧水等）；假肢装置及材料等
6	检验设备	医用检验与生化分析仪器（核酸检测设备、核酸检测试剂等）；医用低温、冷疗设备；临床化学与医药标准物质等
7	医用耗材	卫生材料及辅料（脱脂纱布、敷料、静脉血样采血管、输液袋等）；医用缝合材料及凝固材料；医用高分子制品；医用橡胶制品；中医材料等
8	常用应急药品	抗微生物药；抗寄生虫病药；麻醉药；镇痛、解热、抗炎、抗风湿、抗痛风药；神经系统用药；治疗神经障碍药；心血管系统用药；呼吸系统药物；消化系统药物；泌尿系统药物；血液系统药物（血浆、抗毒血清等）；激素及影响内分泌药；抗变态反应药；免疫系统用药；维生素、矿物质类药；调节水、电解质及酸碱平衡药；解毒药；诊断用药；皮肤科用药；眼科用药；耳鼻喉用药；妇产科用药；儿科用药；中成药；人用疫苗（流感疫苗、新冠肺炎疫苗等）等
9	医疗模块化装备	组合式医疗单元（移动 ICU、防疫车、小型移动手术车、手术床等）；医疗箱组等

表 3.3　　防疫消杀分类

作业方式或物资功能		重点应急物资名称
1	消杀设备	喷雾器；喷烟机；喷粉器；垃圾处理设备（垃圾焚烧炉、医用污物塑料袋等）；高强度防渗漏尸体袋；检水检毒箱；高压消毒器；杀菌灯等
2	洗消用品	消毒及消杀药品（预防性消毒药剂、杀虫药剂、杀菌药剂、灭鼠药剂、消毒粉、消毒液、碘制剂、消毒泡腾片、空气清菌片等）；集成式公众洗消站（洗消喷淋器、洗消液均混罐、洗消帐篷等）；单人洗消设备；个人洗消包；洗消器材〔强酸、碱洗消器（剂）、生化细菌洗消器（剂）、移动式高压洗消泵、高压清洗机等〕；防护服清洗干燥设备；环境/设施类洗消器材及设备；洗消剂/粉类（季铵盐类、火碱、生石灰、有机磷降解酶、强酸碱洗消剂、生化细菌洗消粉等）
3	动物防疫	兽用器械（消毒机、动物疫病监测仪器等）；兽用药〔兽用疫苗（禽流感疫苗、口蹄疫疫苗、小反刍兽疫疫苗），兽用消毒药等〕；动物病原检测设备和核酸检测试剂等

3.2.1.2 其他方式分类

除上述方式外，还可以从其他不同角度对应急物资资源进行分类。例如，根据应急物资资源的优先级，将应急物资资源划分为四大类别，即生命救助资源、工程保障资源、工程建设资源、灾后重建资源。这四类资源的优先级依次降低。根据应急物资资源的使用范围将其划分为通用类和专用类；根据应急物资资源使用的紧急情况还可以将其划分为一般级、严重级和紧急级等。另外，还可以使用应急物资资源的重要性、应急物资资源的筹集周期、应急物资资源的时效性、应急物资资源预计需求量大小、应急物资资源筹集成本、应急物资资源的稀缺性等多重评价指标，对应急物资资源进行综合全面的分类[6]。

3.2.1.3 应急物资资源的特点

第一，由于突发紧急事件发生的地点、时间、后果等因素的不确定性，使应急物资资源的数量、种类等也具有不确定的特点。

第二，应急物资资源的利用有其特殊性。应急物资资源只有在应急事件发生时才可使用，比如在疫情暴发后使用的疫苗等。

第三，应急物资资源必须满足时间约束的情况下才能发挥其效用和价值；

第四，只有在灾害发生后，应急物资资源才能被使用，因此，具有滞后性的特点。

3.2.2 应急人力资源

应急人力资源，是指参与应急救援和管理的人力资源和储备。因为其他应急资源都是在人的主导下使用的，所以需要充分认识到人力资源在突发公共卫生事件中的重要性。应急人力资源包括以下几类[7]。

3.2.2.1 应急决策类型

这是应急管理中的决策者，通常具备全面掌握宏观形势、预测突发事件发展趋势的能力，也具有良好的心理素质、专业的应急解决能力。

3.2.2.2 应急指挥类型

这是应急管理中的中层管理者，具有领悟、贯彻和协同能力，在专业背景的支撑下能根据突发事件事态的变化，制订出具有操作性的实施方案。

3.2.2.3　应急操作类型

这类人员是公共部门在现场处理突发事件的专业技术人员，即操作人员，如消防、警察、医务人员等。这类工作人员必须具备快速反应能力、良好的团队协作能力和现场各种资源的整合能力。

3.2.2.4　监督指导类型

在应急事件的管理中，必须要有人对整个事件的处理过程进行记录和跟踪，提高处理的透明度，并对事件的起因、处理、损失和后果进行评价。这一类的管理人员必须具备较强的专业背景、动态跟踪能力、综合评价能力和对政策的把握能力。

3.2.2.5　信息技术类型

这类人才主要从事突发公共卫生事件管理的舆情分析、预警、灾后通报的工作，关键是及时、准确、全面地搜集与突发事件相关的信息，并对信息进行分析、更新和反馈。

3.2.3　应急财力资源

应急财力资源包括用于突发公共卫生事件管理的政府专项资金、社会各界捐赠资金、商业保险金、其他专向拨款等资源。应急财力资源是应急物资资源发挥效能的有益补充，同时也是应急人力资源和应急信息资源的重要保证。一般来讲，可用于应急管理的资金来源主要有四类[8]。

3.2.3.1　财政资金

对于突发公共事件，我国的预算管理有专门的财政支出项目。在预算管理中，政府拨款可分为预算拨款、专项拨款和储备资金。储备资金是应对突发应急事件最常用的财政手段，一般按预算支出的1%～3%提取[9]。突发公共事件发生后，政府不仅需要动用中央预算的储备资金，还需要各级财政部门安排应急处理的专项资金和支出。另外，各种减税措施也陆续出台，这些隐性财政支出，加上中央和地方的各种财政投入，为突发公共事件有效处理发挥了重要作用。

3.2.3.2 保险资金

保险基金是一种防范风险的手段，是对可能发生的风险进行预防和提前准备的资金，它的特征是预见性、分散性。个人或企业会依据自身所面临的风险类型和程度，采取分散灵活的方式，向保险公司投保，保险风险一旦发生，保险公司按照合同规定对其进行相应的赔偿。所以，在整个应急资金体系中，保险资金的事前性能够很好地解决这个问题。一方面，在灾难发生前，将风险进行转移；另一方面，灾后的经济责任也会分散到企业和个人等主体，有助于在更大范围内提高风险管理意识，并且提高灾后救援和恢复能力[10]。

3.2.3.3 银行信贷资金

银行信贷资金最主要的特征是营利性和安全性，在应急管理中通常很难发挥其应有的功能，但是可以应用到灾后的重建中。因此，配置合理的银行信贷资金也能在受灾地区的灾后恢复中发挥重大作用。

3.2.3.4 捐赠资金

捐赠具有自愿、公益和多元化等特征，体现了人性和同情心，是由各种非政府组织负责执行的。所以，尽管其并不是灾害管理的重要筹资渠道，但其分散、灵活、规模小、多样性的特征，使其能够贯穿于灾害管理的整个过程，成为财政资金的一种有效补充。

3.2.4 应急信息资源

应急信息资源，是指在突发事件发生后，与应急相关的信息及其传播的途径和载体的总称。应急信息资源可以帮助政府掌握灾区的实际情况和需要，从而高效地进行资源配置；同时，也能降低政府信息的不对称性，从而关心群众、调动群众[11]。在紧急情况下，突发公共事件的信息资源是否及时、客观、准确，将影响突发公共事件的处理效果。因此，应急信息资源在突发公共事件管理中起着至关重要的作用。从总体上看，突发公共事件的信息具有以下五个特征：第一，突发紧急事件在疫情传播、时空演化、资源需求等方面都显现出动态变化的特征；第二，突发公共卫生事件的信息在获取方面存在多个数据源的特征；第三，突发公共卫生事件发生后，短时间内无法获得全面、准确的灾情信息，因而呈现出不完全性的特征；第四，因为突发公共卫生事件的信息源具有多源的特征，并且传播途径又有所不同，必然导致信息间存在一定的冲突，所以具有冲突的特征；第五，突发公共卫生事件的信息数据标准存在差异，而且不同的信息之间又存在多属性关联的现象，所以具有复杂的特征。

3.3　突发公共卫生事件决策模式研究

3.3.1　突发公共卫生事件应急决策的问题分析

Simon在分析研究管理者的决策过程后，认为决策要素由事实要素和价值要素两部分组成。决策者通过已有的知识经验和事实依据来验证准确性；价值要素是决策者通过价值理念和伦理观念对事物的判断。突发公共卫生事件决策是一种非常规的决策类型，决策的应急信息具有不对称、海量和分散的特点。

突发公共卫生事件决策信息的集成面临诸多约束问题：第一，有限的决策时间和非程序化的决策过程迫使政府必须对应急信息掌握主动权；第二，突发公共卫生事件所需的信息具有碎片化和技术限制，所以导致信息的滞后性和不确定性；第三，突发公共卫生事件的海量多源异构和虚拟模拟演化的要求，导致智能分析技术在决策上的应用迫在眉睫。

3.3.2　多元异构的决策信息分析

突发公共卫生事件决策信息的来源有灾点的实时数据、疾控中心的数据、医疗机构的数据等方面，其具有多种标准和模式。这些海量的数据给应急决策体系的数据融合、分析处理、智能推算带来了挑战。首先，这些信息数据来自多地点、多部门、多层级，所以突发公共卫生事件的信息数据具有分散、动态、多标准、不确定等特征；其次，应急决策面临跨部门、跨机构的实际情况，存在数据在不同标准的准入和共享的难题；最后，突发公共卫生事件应急中很多数据需要考虑隐私问题，存在合法使用和隐私保护的矛盾。

3.3.3 智能化技术助力应急决策

突发公共卫生事件需要对突发公共卫生事件的传播速度、灾点、易感人群、病毒变异等情况进行精准预测和模拟推演，而知识图谱、人工智能、机器学习、大数据等为代表的新技术将助力应急决策的实施。由此，围绕突发公共卫生事件的应急决策需建构一个智能化信息管理决策系统，并使其成为应急管理体系的核心中枢，也是紧急决策机制的重要支撑和协调响应的导航。

3.3.4 突发公共卫生事件决策模式分析与探讨

突发公共卫生事件应急决策需要数据信息的全面性。由此，根据信息的完全与否将应急决策模式分为四种情况：第一，应急信息源和渠道都较为清晰，信息处理机制完善，应急决策部门对应急事件的判断准确，能够制订出合理的应急方案；第二，应急信息来源比较健全，但决策者存在价值误判的可能，信息支撑与决策之间有不协调的情况；第三，信息来源较为分散，但信息沟通渠道不太畅通，决策者价值判断适当，制定的措施能够发挥一定的作用；第四，应急信息来源和应急决策判断均有失误，应急事件处理不及时、不恰当。

3.4 突发公共卫生事件应急知识图谱及其应用

3.4.1 应急知识图谱

突发公共卫生事件应急资源知识图谱作为应急物流智能决策和分析的支撑技术，知识推理是知识图谱在资源应急响应决策过程的关键。知识推理能使应急资源信息的处理更快更全更科学，能够在应急资源决策时大幅减少决策人员的工作量，提供更周全的应急资源决策建议，增强决策建议的可解释性，是紧急资源配置快速生成方案的关键。

例如，甘肃省突发紧急事件应急资源知识图谱的构建必将为甘肃省在备灾前的资源配置、灾后的资源配置的智能决策、路径优化、救灾资源的分类选择、供应商的遴选、各种数据技术标准的制定提供新的选择，也能为人工智能技术助力甘肃省应急资源的配置带来机会，最终将为甘肃省的救灾减灾、减少人民群众的生命财产损失作出贡献。

3.4.2　知识图谱的应用

应急知识图谱的应用可以从面向决策用户和面向应急系统的内部两个方面进行研究。针对决策用户的应用，知识图谱主要是提供智能灾情查询、智能灾情决策分析等快速、精准的应急知识信息服务。在应急系统内部，主要是采用机器学习、深度学习、知识图谱等技术来提高系统的服务功能。具体来说，有以下四个应用方向。

3.4.2.1　智能疫情查询

基于应急知识图谱的查询往往以知识卡片的形式表示，是应急知识的形式化表达。知识图谱可通过对疫情及其实体、地点、范围等因素的联系，对突发事件进行应急知识的语义搜索和查询。

3.4.2.2　智能疫情决策支持

对突发公共卫生事件的应急响应，更多地依赖于计算机的智能决策支持。在应急领域的知识图谱的基础上，可以通过分类、聚类等机器学习算法，结合最短路径、链路预测、中心性分析等复杂网络分析技术，对突发公共卫生事件、承灾载体和应急管理三要素进行关联分析和挖掘，实现智能决策支持。

3.4.2.3　智能疫情学习与问答

人工智能技术在不断发展和完善、深度学习的应用方面能够让机器拥有类似于人类的感知能力，但若要使机器具备人类的认知能力，实现自然语言的交互，与人类进行自然的沟通交流，就一定要有相关知识库的支撑。由于应急知识图谱具有结构化的特点，使其在语义表达和理解能力上，相较于传统的数据库更加强大，是实现应急管理领域智能问答的知识库基础。

3.4.2.4 智能的疫情舆情监控

随着信息技术的迅速发展，媒体的社会化发展也越来越方便，公众可以在社交平台上表达自己的观点。在某些突发公共卫生事件中，错误的话题和观点往往会给政府和公众造成误导，从而加大突发公共卫生事件救援工作的难度。基于知识图谱的监控系统能够对疫情信息进行语义标注，挖掘出有价值的信息，并揭示疫情相关信息之间的联系，从而实现对社会媒体的舆论分析和监测。

3.5 突发公共卫生事件应急资源知识图谱的挑战

在知识图谱的发展中，在应急方面的应用效率和质量有待进一步提高，尤其在突发公共卫生事件应急资源配置的应急图谱构建的自动化、多源异构数据存储、应急应用的质量等方面还需要持续改进提高。

(1) 突发公共卫生事件紧急资源配置知识图谱构建的自动化程度不高，有待进一步提升技术。鉴于突发公共卫生事件的紧急情况，其应急工作需要大量的数据资源和实体关系的精确度，在实体识别、关系抽取等领域还需要大量的专业知识。所以，如何建立应急资源配置的知识图谱，在很大程度上取决于人工建模的方法，但由于受主观因素的影响，该方法的工作效率较低。虽然目前也可以采用机器学习、深度学习等自动化方法创建知识图谱，但其准确性和可靠性还有待进一步提高。

(2) 突发公共卫生事件应急知识图谱在处理海量异构的数据时面临存储和快速构建的困难。通过近几次大规模疫情的数据分析，可以看出海量多源异构的应急数据是实时产生的，使数据库的存储格式、读写能力等方面面临技术的革新，迫使应急知识图谱构建方式要有所改进。所以，需要人工智能等新技术的融合来提高知识图谱的存储和构建能力。

(3) 知识图谱在突发公共卫生事件应急资源领域中的实际应用还存在以下问题：如何及时、准确地掌握突发公共卫生事件的真实情况，为突发公共卫生事件提供大量的信息和应急服务；对各种突发公共卫生事件的信息进行高效的管理；如何加强对突发公共卫生事件发展趋势的预测准确率；如何探索突发公共卫生事件的传播规律和内在机制等方面。这些科学问题都有待进一步分析和研究。

参考文献

［1］曹杰，杨晓光，汪寿阳．突发公共卫生事件应急管理研究中的重要科学问题［J］．公共管理学报，2007（2）：84－93＋126－127.

［2］张海涛，李佳玮，刘伟利，刘雅姝．重大突发公共卫生事件事理图谱构建研究［J］．图书情报工作，2021，65（18）：133－140.

［3］徐增林，盛泳潘，贺丽荣，王雅芳．知识图谱技术综述［J］．电子科技大学学报，2016，45（4）：589－606.

［4］张莉．基于知识图谱的国内公共卫生事件综述［J］．办公自动化，2021，26（8）：27－30.

［5］戎军涛；王莉瑛．面向政府危机决策的知识管理“情景—应对”机制研究．情报杂志，2016，35（5）：188－194.

［6］王宁，郭玮，黄红雨等．基于知识元的应急管理案例情景化表示及存储模式研究．系统工程理论与实践，2015，35（11）：2939－2949.

［7］陈祖琴，苏新宁．基于情景划分的突发事件应急响应策略库构建方法．图书情报工作，2014，58（19）：105.

［8］何鲜利．基于地震灾害突发公共卫生事件的应急物流资源配置研究［D］．燕山大学，2010.

［9］盛进路，王腾腾，王昊彦．应急资源研究综述［J］．中国公共安全（学术版），2019（4）：63－67.

［10］陈桂香，段永瑞．对我国应急资源管理改进的建议［J］．上海管理科学，2006（4）：44－45.

［11］李兵，黄健青，陈希莹．应急物流资源优化配置［J］．中国减灾，2009（1）：23.

第4章 突发公共卫生事件应急资源配置

4.1 突发公共卫生事件应急资源配置的概述

突发公共卫生事件的发生会造成严重的生命和财产损失，对资源应急能力的要求也愈来愈高，而应急资源配置是应急处理能力的关键因素。应急资源配置本质是要解决突发公共卫生事件对应急资源的需求问题，既要满足突发公共卫生事件的时间限制，也要解决备灾、灾后救援和恢复的不同资源的科学合理有效安排的问题，使应急资源可满足成本和不确定等方面的要求[1]。

突发公共卫生事件应急资源配置是一个周期性的问题，需要在备灾、应急监测与预警、应急响应与救援、灾后恢复与重建等方面进行全流程管理，确保应急资源有序和低成本地生产和存储、快速调运、有效使用等[2,3]。

在突发公共卫生事件发生之前，如何依据预测来进行应急资源的调配，以及在事件发生后如何合理地安排可利用的资源，对现有资源进行调配，是应对突发事件的关键。由于突发公共卫生事件的未知性，应急救援物资的供给可能不均衡，经常会出现事件发生时的资源供给超过应急点的需求或者无法提供足够的救援物资。为了确保资源供给平衡，就必须合理、高效地规划和调配应急资源[4]。

4.2 突发公共卫生事件应急资源配置研究

4.2.1 应急资源配置定义及分类

资源配置，是指将有限的资源按目的和用途分析比较后分配给相互竞争的实体或主体等。应急资源配置是指在突发公共卫生事件等紧急情况下，将有限的应急资源科学合理地分配给灾区（或灾点）、感染人员（或受灾人员）、救援相关活动等，以实现救灾减灾的目的。

应急资源配置的分类有几种：按照突发紧急事件是否发生分类，应急资源配置可以分为灾前的应急资源配置和灾后的应急资源配置；按照应急管理的阶段，应急资源配置可以分为准备、响应、减缓和恢复等四个阶段；按照应急管理体系的运行状态，应急资源配置可以分为常态、警戒、战时三种状态；按照应急资源的种类分类，应急资源配置可以分为物资、人力、财力和信息四种。

4.2.2 应急资源配置对比分析与面临的问题

应急资源配置是应急管理体系的核心部分，其应急资源配置的系统与一般资源配置的系统在目标、构成等六方面存在明显不同，如表4.1所示。

表4.1　　应急资源配置系统与一般资源配置系统的区别

系统特征	一般资源配置系统	应急资源配置系统
系统目标	利润最大化或成本最小化	兼顾公平与效率
系统构成	厂方、配送中心、客户	资源汇集点、转运站、资源需求点
设施特性	常设性	临时性
方案规划	分为长期、中期、短期	紧迫性，在最短时间内作出决策
算法效率	侧重结果的优化	强调算法的效率
配送模式	往返式、巡回式	往返式

因此，如何结合应急资源配置的特性和要求，建立更加合理的应急资源配置决策模型，从而制订应急资源决策与配置方案是值得研究的课题。突发公共卫生事件具有时间紧迫、需求（或传播）不确定、社会性扩散等特征，针对这些特征，应急资源配置决策必须考虑以下几个重要问题。

4.2.2.1 应急资源配置的快速科学决策问题

紧急事件的突发性和紧急性决定了应急资源配置决策者要在高强度压力下快速作出有效决策。为了实现快速科学决策，一方面要在决策目标中考虑应急响应时间；另一方面要开发快速有效的算法，实现模型的快速合理求解，将理论模型转化为实际的应急资源配置方案。因此，应急资源配置的快速科学决策需要考虑快速决策和有效决策的关系。当快速决策和有效决策相互协调时，快速决策和有效决策是统一的；而当快速决策和有效决策相互冲突时，需要权衡快速决策和有效决策的利弊。

4.2.2.2 应急资源配置的不确定决策问题

突发紧急事件存在很多不确定因素，例如紧急事件的相关信息不准确，造成突发公共卫生事件的来源不明确。这就要求决策者考虑一个或多个灾情信息的不确定性，如随机性、模糊性等，建立应急资源配置决策的不确定规划模型，进而考虑不确定灾情信息动态更新情况下的应急资源配置问题[5]。

4.2.2.3 基于社会准则的应急资源配置决策问题

突发公共卫生事件等灾害会给整个社会的价值观、行为准则等方面带来严峻的考验，其结果会影响整个社群。这就要求应急资源配置决策要考虑道德准则，特别是公平问题，建立应急资源配置的公平模型。

4.2.2.4 动态、复杂应急资源配置决策问题

紧急事件的扩散性表现在两个方面：一是紧急事件往往会突破地域限制，向更广范围的地理空间扩张；二是紧急事件会引起次生灾害，形成一个灾害的链条。紧急事件的空间扩散性要求应急资源配置决策模型要考虑应急资源配置的路网结构及其复杂性，而突发事件演化的扩散性要求建立动态的应急资源配置模型。

4.2.3 应急物资资源配置

4.2.3.1 应急物资的筹集与采购

应急物资筹集是应急物资资源配置的基础环节。物资筹集与储备的效果关系到应急保障水平和管理目标的实现。筹集应急物资的途径主要有平时储备、战时强制征用、物资采购、组织快速研发生产、社会募捐、国际援助等。一般应急物资采购有种类多、量大和时间有限的要求，此时往往要求相关部门提前

遴选供应商，甚至在合作良好的情况下，可以先紧急供货后付款。

4.2.3.2　应急物资资源配置过程

应急物资资源配置从运作流程的视角出发，可分为四层[6]。图4.1显示了四层应急物资资源体系的操作顺序。

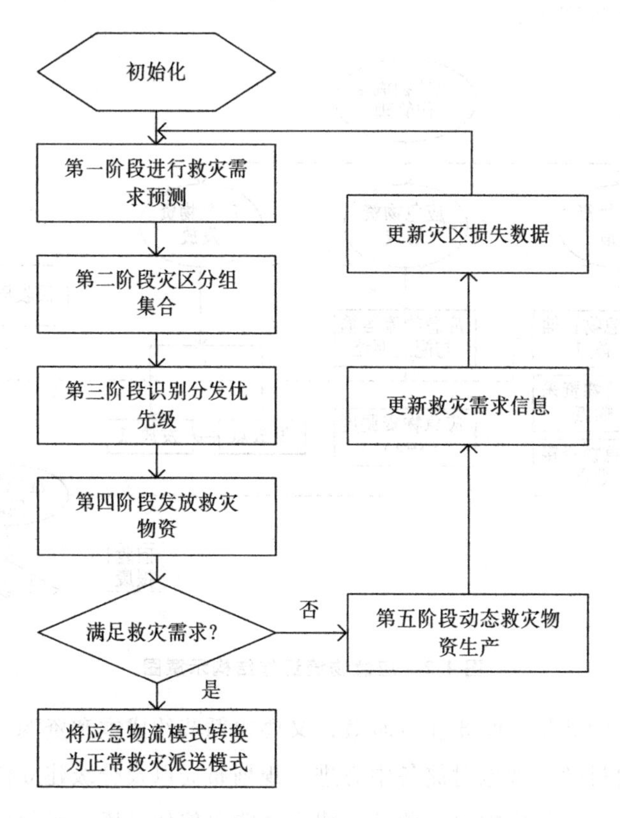

图4.1　四层级应急物资资源体系的操作顺序

首先，来源不同的应急物品被汇集到指定的仓储中心，然后，根据实时应急物资预测值对应急物资资源进行分类、打包、待运，接着，对受灾区域进行分析，确定各种应急物资资源配送的优先级，通过路径优化进行资源的快速配送。此时有两种情况：第一，应急物资资源满足不了灾区的要求，此时需要更新相关的物资需求信息，追加生产或募捐来满足现在的要求；第二，如果应急物资资源满足了灾区的要求，此时就按实际情况进行正常的救灾物资的分发工作。

4.2.3.3 应急资源配置的运作管理

在紧急情况下，应急资源配置的运作管理要综合备灾和应急救援进行。当出现重大的突发公共卫生事件等灾害时，各级部门、单位、企业迅速进入战时状态。按照系统工程的思想，发起应急物资的筹措、运送、发放和回收等运作流程[7]，具体见图4.2。

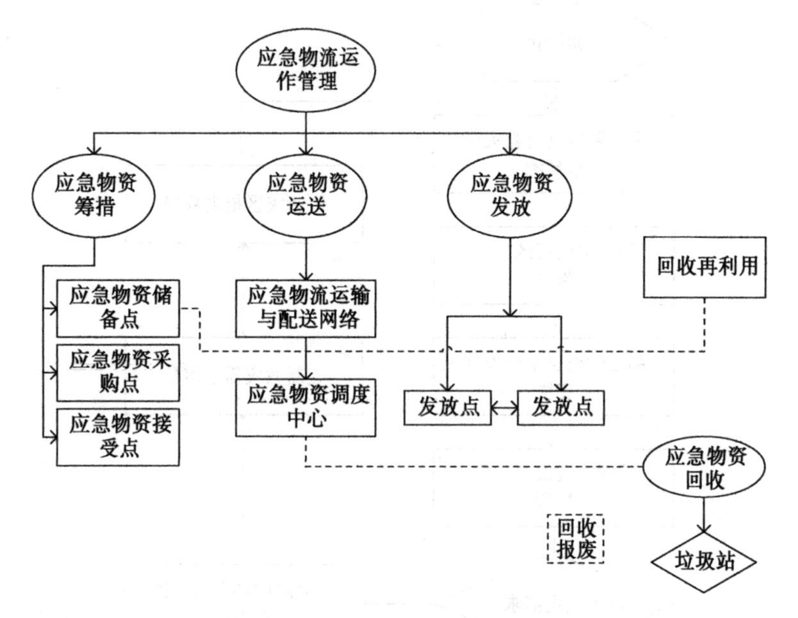

图4.2 应急物流运作结构示意图

应急物资的筹集，既要注重时效，又要遵循节约成本和资源、互惠互利的基本原则，要科学合理地对储备中心进行规划布局以及分级建立储备仓库，做到科学物资生产和供应配比。此外，建立采购单位信息库，确保应急物资的及时送达，使企业的专业化和社会化相结合。应急物资配送要在现有的运输网络的基础上，将干线、支线有机地结合起来，引进物流企业等社会力量，并以保障应急救援为基本原则，与已选定的企业签订战略合作协议，特别是要结合人工智能、物联网等技术打造智慧化应急物流。

4.2.4 应急人力资源配置

突发公共卫生事件发生时的应急救援活动主要依赖人来完成，所以应急人力资源具备的专业素质和能力将对防灾减灾产生巨大的影响。具体的应急管理中的人力资源配置活动如表4.2所示。

表4.2　应急管理中的人力资源配置活动

阶段	人力资源配置活动
减缓	公众教育、奖惩
准备	基础教育、应急资源储备、应急训练、应急演练
响应	疏散、动员资源、搜救、提供医疗支持、实施公共卫生措施、迅速提供救助
恢复	恢复基本服务、咨询项目、长期医疗支持、满足公众诉求

由此来看，应急人力资源的配置更加注重管理的各个方面，其主要有：第一，提高突发公共卫生事件应急管理的人力资源规划水平；第二，培训人力资源的应急管理能力；第三，根据突发公共卫生事件人才需求和管理的特征，建立人才激励和保障机制；第四，建立应急相关人员完善的进修、交流机制[8]。

4.2.5　应急财力资源配置

应急救援离不开财力的支持，应急财力资源配置活动具体如表4.3所示，其配置主要有资金的来源、资金的使用决策、资金的下拨渠道等问题。应急资金来源的重点是财政资金、保险资金、银行信贷资金和捐赠资金的数量与比例结构。资金的使用决策涉及应急资金该不该使用，使用在哪些方面以及使用多少、怎么使用等问题，这都影响解决危机的力度和成败。应急资金下拨渠道决策涉及下拨的渠道、环节、程序和效率，如使用“面对面”拨付方式还是“点对点”拨付方式。

表4.3　应急管理四阶段中的财力资源配置活动

阶段	财力资源配置活动
减缓	保险、奖惩
准备	互助协议、资源储备
响应	动员资源、损失评估、迅速提供救助
恢复	金融支持或帮助

4.2.6 应急信息资源配置

突发公共卫生事件的应急救援需要大量信息资源的支持，应急信息资源配置活动如表4.4所示。应急信息资源配置主要涉及多源信息收集、信息融合分析与处理、信息传输和专业数据库建设。

表4.4 应急管理四阶段中的信息资源配置活动

阶段	信息资源配置活动
减缓	公众教育、公共信息
准备	应急响应计划、预警系统、疏散计划、应急沟通、互助协议、公众教育、公众信息
响应	紧急状态宣布、预警消息、公共信息、注册与跟踪、通知上级机构、激活协调中心、损失评估
恢复	咨询项目、公众信息、满足公众诉求、经济影响研究、评估发展计划

4.2.7 甘肃省应急物资调度分析

目前，我国设立了10个中央救灾物资储备库：西安、成都、武汉、长沙、郑州、哈尔滨、合肥、沈阳、南宁、天津。但是，这些地方对于地处偏远的甘肃来说有点远，有可能出现应急物资调配困难和救灾不及时等问题。同时，在信息不完备的情况下，应急物资的调配也面临环境的改变以及资源的动态分配问题。所以，针对甘肃省应急资源的需求，如何在信息不完善的环境下，根据应急物流自身的特点，结合国家应急储备的实际情况，研究出一套适合甘肃省的灾害应急物资的动态调度方案，并在一定程度上对其进行动态调整，是当前甘肃省突发公共卫生应急物资优化配置研究中的一个亟需解决的问题。

另外，由于应急物资调度是一个复杂的系统工程问题，仅对局部最优问题进行分析，无法确保整个应急物资管理系统的全局优化。所以，甘肃省突发公共卫生应急物资优化配置管理应该从系统的视角进行综合规划，做好救灾过程的事前、事中和事后的不同决策层次的管理行为。针对上述提出的问题，笔者对甘肃省突发公共卫生事件的应急资源优化配置管理等方面进行了更深层次的理论研究和实践探索，以达到最大的增强资源利用率和使用效益。这对于加强应急物流运行保障能力的建设具有重大的理论和实践价值[2]。

4.3　突发公共卫生事件应急资源配置分析

4.3.1　突发公共卫生事件的分析

信息时代技术变革飞速，但是突发公共卫生事件的频繁发生给社会造成了十分严重的后果。对突发公共卫生事件的资源配置问题进行高效解决，在一定程度上可以降低危害所带来的损失，并促进社会的稳定和谐。

突发公共卫生事件的应急资源配置体系和普通商业物流的体系有所不同，必须在有限时间范围内快速合理地把大量的资源运往灾区，所以在智慧技术的支撑下，建设应急资源配送系统有利于应急方案、疫情防护、灾前物资储备、灾后救援和恢复等方面的工作快速有效地进行。另外，就传染病的疫情分析来看，只要有一例病原体，就可能造成疫情大面积扩散和传播，所以应急医疗也要防止二次传播的风险。因此，科学合理的资源分配、快速准确的应急配送是突发公共卫生事件有效处理的关键[9]。

4.3.2　应急资源建设与管理研究现状

应急资源的建设和管理是在突发事件发生后进行紧急处置的前提和基础，同时也贯穿于整个应急资源配置的全过程。做好应急资源建设和管理工作，可以有效地解决突发公共卫生事件中的难题和问题。

4.3.2.1　国家相关的管理制度

我国针对突发应急事件出台了很多政策和制度，《国家突发公共事件总体应急预案》对突发公共卫生事件的分类和预案的等级做了详细的划分；《中华人民共和国突发公共卫生事件应对法》中明确规定，各级政府要统筹各类应急力量，组建紧急救护队伍；《突发公共卫生事件应急条例》对建立和完善突发公共卫生事件应急处理机制提供了法律保障；就环境应急方面，我国制定了

《国务院关于加强环境保护重点工作的意见》《环境保护部关于加强环境应急管理工作的意见》等规范和制度，主要涉及环境应急的制度、监测、指挥、物资储备等方面。

4.3.2.2 国内的研究分析

学者张小明等[10]分别从减灾救灾、应急资源储备体系等方面对我国的应急管理进行了分析，也提出了以信息共享为目的的应急资源管理救援体系；王臣等[11]从应急资源测试技术的角度出发提出了应急资源配置管理体系；田依林[12]把网格化技术引入应急资源管理，构建了突发公共卫生事件应急资源管理模型；谭小平等[13]强调了突发公共卫生事件应急资源管理应以信息技术为支撑构建各种资源数据库；张永领等[14]分析构建了应急资源的各种需求场景，协助实现了突发公共卫生事件应急资源储备和调度；赵林度等[15]从城市群的角度提出了突发公共卫生事件资源配置的模型。

4.3.3 应急资源配置的物流特点与现状分析

4.3.3.1 应急物流中资源配置特点与目标

在突发公共卫生事件中，应急物流资源优化配置是一个复杂的系统工程问题，其管理过程具有如下特点：

（1）信息具有不完备性，尤其是灾区信息和运输物资信息都具有此特点；

（2）时间有限性，因为疫情的传播和感染者都需要资源的配置快速准确地完成；

（3）疫情病理特征、传播途径和范围、道路状况的复杂等情况导致突发公共卫生事件在资源需求和配送中存在很大的不确定性特征；

（4）应急资源配置具有从备灾、灾后救援到灾后恢复的全流程连续性的特征；

（5）应急物资配置从备灾、灾后救援到灾后恢复的评价方案决策存在层次性的特征。

突发公共卫生事件应急资源配置的目标是在复杂的应急环境中对复杂且多种类型的资源进行整合，构建综合的应急资源管理决策体系，实现应急资源配置规模化和科学性、准确性。

4.3.3.2 国内外对应急资源配置的研究

（1）应急资源配置研究现状分析。应急资源配置，是指将医疗物资、技术设备、帐篷等各种类型的应急救援物资分配给灾区（或受灾点）[16]。因此，如何科学快速准确地配置应急资源一直是研究的热点之一。早期，各学者基于单个线性规划模型研究了应急物资配置的问题，随着研究的深入，开始以复杂模型来分析和处理应急物资资源问题，并且评价和约束的因素也越来越多，不再是简单的成本、时间等属性或指标。

从研究现状来看，求解应急资源配置问题的主要方法是传统的经典方法和智能优化方法两大类。经典的资源配置方法有动态规划、整数规划和启发式搜索等，这些方法在面临多属性、多因素的组合优化问题时，暴露出计算效率低下等不足的问题，很难满足快速发展的应急资源配置需要。随着应急资源配置研究面临模糊化、复杂化、不确定等因素的挑战，用大数据、人工智能等方法解决应急资源配置的研究日益增多。

（2）应急资源配置研究热点分析。当前，突发应急事件的应急资源配置问题面临不确定、多属性、多因素等情况，为解决此类复杂问题，通常需要综合分析考虑各种因素的不同影响。此时，智能时代的新技术和新方法为应急资源配置研究带来新的思路。

①现有的应急救援的研究主要面向政府决策和资源配置的优化，很少涉及应急物资的生产领域，但应急救灾的工作是政府主导、社会参与的行为，应该包括应急物资生产、资源配置、物流运输等环节。另外，就应急资源配置而言，大部分研究是基于应急物资仓储量充足这个假定条件来开展工作的，但在实际的应急救援中，应急物资的存贮不一定能满足灾情的需要，由此就需要对应急物资存贮数量进行科学的预测，也就是既要满足灾情的需要，还要节省管理费用。所以，政府主导、应急资源相关企业参与的应急资源配置研究是现在的研究热点之一。

②现有研究往往以应急救援物资的需求是静态的为前提。但实际的灾情对应急资源的需求是复杂且随时变化的，所以实际的应急资源配置研究势必就要关注多类型、多目标、多灾点、分阶段的特征，这给传统的应急资源的研究带来新的挑战，这就需要结合人工智能、大数据、知识图谱等技术来处理。所

以，现阶段，智能优化算法是应急资源配置优化研究的热点之一。

③随着信息化的快速发展，网络媒体、社交网络技术不断提高，由此产生的舆情和媒体信息数据逐渐对应急物资配置产生了影响。那么，此类信息的共享和分析可以对灾情需求信息的评估和协助有关部门做出快速应急响应有很大的帮助，但也存在由于网络媒体信息不准确而导致的灾情信息的误判的情况。所以，如何通过社交网络的相关网络数据有效地为应急物资配置提供决策帮助是目前的研究重点。

4.3.4 突发公共卫生事件的应急资源配置分析研究

近几年，突发公共卫生事件的暴发给我国经济造成巨大的损失，也给国家社会经济体系带来了巨大的冲击，而资源配置是遏制疫情的关键。

4.3.4.1 医疗资源配置的研究

大部分学者关注医疗资源配置的基本方式、模型、理论，以及相关的决策和评价方法等方面[17]。第一，配置方式主要是以政府相关部门为主导，以企业和一些社会组织参与为辅，也有部分学者提出了以人工智能时代的信息技术为支撑的应急医疗资源管理平台[18]；第二，在应急医疗资源配置的评价方面，姚克勤等通过一些床位数、医疗人员等方面计算了一些基本的指标来评价地区的公平问题，也有学者通过一些经济学的理论和模型来研究应急资源配置的效率和效益问题[19]；第三，某些学者还在研究和细化世卫组织等机构推荐的医疗资源评价方法。

4.3.4.2 突发卫生公共事件应急医疗资源相关的研究

第一，一些学者关注政府在突发卫生公共事件应急管理方面的政策和制度对社会和应急救援的影响问题，并提出了一些改进模式来改善应急医疗资源的供给，以进一步提高救灾工作的效能[20]；第二，有学者在疫情防控中引入财税的理论，研究国家的财政政策对突发卫生公共事件应急救援方面的作用，也有学者研究灾中和灾后的复工复产方面的政策[21]；第三，有学者研究突发卫生公共事件发生后的医疗保障和救助、商业保险等方面的协同保障问题，甚至有学者提出免费治疗和应急资金高效利用的基本解决方法[22]；第四，有学者研究疫情期间的政治学等相关理论对救援的作用，提出以基层党支部为主导的网格化社区疫情管理的制度和方法；第五，还有学者以疫情和医院救治等相结合为研究对象，结合我国的实际情况就结算方式、管理机制、社区医疗和信息系统等方面提出了一些方法和理论[23]。

4.3.4.3　知识图谱应用于突发公共卫生事件应急资源配置的分析

随着移动人工智能、大数据、云计算等技术的迅猛发展，突发公共卫生事件应急资源的智能化配置呼声也越来越高。在此形势下，凭借语义表示、融合处理、规范存储、智能推理等优势的知识图谱逐渐走向前台。知识图谱技术是一种以结构化的方式来表达客观世界中的概念、实体及其边之间的关系的人工智能技术。知识图谱技术能够更好地组织、管理和理解网络中的大量信息，从而使网络信息表达更加贴近人类的认识。所以，可以在智能搜索、智能问答、个性化推荐等智能信息服务中构建一个具有语义处理能力与开放互联能力的知识库，这将会发挥知识图谱的实际作用。但是，当前在应急资源配置的研究中，涉及知识图谱的还不多，对解决突发公共卫生事件的知识图谱的智能化资源配置研究更为稀少，这给甘肃省公共卫生应急资源配置的高效发展设置了极大的阻碍。

4.4　突发公共卫生事件应急资源配置的不足

4.4.1　我国应急资源配置的不足

4.4.1.1　国家级应急物资储备中心未进行合理布局

应急物资储备中心的作用主要是在其他供给通道还没有打通之前，提供物资的供应，如食物、衣服等生活必需品，并将它们快速送往灾区，第一时间保证满足灾区的物资需求。应急救援物资供应效率的高低在很大程度上受到国家级储备中心布局是否合理的影响。从提高物流服务水平的角度来看，救灾物资储备中心应当尽可能地接近灾民，尽可能多地了解灾民需求，从而进行相应的物资储备，这样方便救助灾民，提高应急救援物流服务水平。

自然灾害侵袭或遭遇突发公共卫生事件会给人类带来非常重大的损失和危害，对经济欠发达的地区的影响程度将更深。因此，当不发达地区遭遇自然灾害或突发公共卫生事件时，更容易面临大规模基础设施的损坏或医疗资源的匮乏，经济欠发达地区由于在经济等方面比发达地区落后，基础设施也比发达地区更差，在遇到地震、洪水等自然灾害时，基础设施的抵御能力自然也差。同时，由于西部地区经济发展相对滞后，遇到灾害时，灾民的生产自救能力也比较薄弱，因此，在遇到突发公共卫生事件时对外界帮助的依赖度较高，对外界的应急救援物资需求较大，而民政部在全国建立的多个中央级救灾物资储备中心，主要集中在中东部，分别设立在哈尔滨、沈阳、天津、合肥、郑州、武汉、长沙、南宁、西安和成都等城市，这些地方的应急救援物资要运送到西部地区需要很长的时间，物流也较慢，而应急救灾工作讲究的就是时效性，因此，国家级救灾储备中心距离西部地区较远这一点影响了救灾工作的及时性。

4.4.1.2 相关法律法规不完善

目前，我国已经出台了130多项应急管理方面的法律、行政法规和部门规章，其中包括《突发公共卫生事件应对法》《防震减灾法》《消防法》《防洪法》等，但这些法律法规大部分是各部门针对本行业内的应急救援工作的特点而专门制定的，因此法律效果不够完善，法律效力也不够高，彼此之间没有衔接起来，甚至存在不少的矛盾，很难有效地规范和保障国家统一、综合的应急救援力量体系的合理运行，也没有将对社会应急救援力量的定位和管理纳入法律法规和制度框架来进行规范，因此我国社会应急救援力量的活动能力、组织能力、创新能力和国际交流能力都亟待提高。另外，目前还面临一些困难和问题，如经费来源有限，缺乏有效的协调和安全保障机制；对志愿者行为的认同程度低；缺乏系统性的训练，缺乏协同作战能力等[24]。

4.4.2 甘肃省应急资源配置的不足

4.4.2.1 应急物流结构不合理

甘肃省应急物流效率低下，这是由于应急物流是一种因突发公共卫生事件而引发的非常规性活动，其应急救灾物资的供应目前主要由政府民政部门承担。在突发公共卫生事件发生时，根据政府的行政管理体制，通过层层上报、层层发放的方式，收集灾后需求信息以及应急物资流通的信息。但是，供应物流环节多、效率低下，从而使应急物流供应链呈现出塔式结构，物资供应流程长、环节较多，在突发公共卫生事件发生后，应急救援物资供给的效率将受到非常大的影响。

（1）应急物资供应链混乱无序。在突发公共卫生事件发生后，灾区急需应急救援物资的供应，政府需迅速作出反应，紧急调配各方资源对灾区展开救援，但仍未能达到预期效果，整个资源供应链的各环节都存在一定的问题，相互之间不协调，导致供应流程不能顺利进行，资源供给失衡，灾区所需物资得不到及时供应，影响了救援效率，供应链各环节衔接不畅，迫切需要解决这一问题。

（2）干线运输与末端配送衔接不畅。突发公共卫生事件发生后，由于中转干线转运的大批应急医疗救援物资源源不断地涌入重点灾区，需要物流节点系统发挥接力作用，但节点系统布局不协调。由于缺乏转运、配送物资的基础设备，再加上疫情管控限制了运输司机的出行，配送工作无法顺利开展，不能及时将物资送到受灾区，救援物资的配送效率受到了影响，应急物资需求得不到及时满足，不能在第一时间高效发挥应急物资的保障作用。

（3）末端配送缺乏专业物流组织。应急供应物资在末端配送阶段存在很多问题，无法保障应急物资及时配送到位，灾区末端物流的配送存在自发、杂乱、零散的特点，没有一个统一的组织来对物资进行调配，所以分发物资时经常出现供需不匹配的现象，面临很多难题。

总体而言，这次应急救援物资的运送，在很多方面都非常不完善。社会物流运输力量在紧急救援物资的运输保障工作中起到了较大的作用，但是由于没有一个统一的运输保障组织机制，导致在突发公共卫生事件发生后各方工作人员呈现一盘散沙的状态，没有将工作进行融合，也无法与突发事件下的整个应急系统进行高效的衔接，使紧急救援物资的运送时间受到限制。在实际的应急救援物资运送中必须采取的临时措施在很大程度上制约了应急救援物资的运送速度，导致运输效率低下。

如果要对突发公共卫生事件所产生的应急救援物资需求进行及时的处理，就需要调整应急物流结构，改变物流环节过多造成的物流效率低下问题，所以要打破现有的应急供应链的塔式结构，提高运输时效，及时有效地发挥应急物资的保障作用。针对突发公共卫生事件的类型与等级，我们可以建立起一个协调的应急物流供应链，构建层次较少、具备灵活性、结构精简的应急救援物资供给网络，尽量增加应急救援物资的直接供应，以达到应急物流的迅速反应，从而及时有效地将应急救援物资供应到位，更好地发挥应急救援物资的保障作用。

4.4.2.2 体制机制尚不完善

（1）目前，甘肃省乃至全国都没有一套完备的应急物资储备目录和标准，甘肃省也没有专项法规对应急物资储备和应急救援力量的建设作出总体性的规划和规定。

（2）应急物资和救援力量储备情况不明。由于受管理水平和经济基础等客观条件的制约，全省各市县政府和部分企事业单位虽在不同程度上都储备了一些具有区域针对性和适应性强的物资，但由于缺乏系统性的调研，政府无法全面掌握全省的应急救援物资和救援力量的分布情况以及储备情况。

（3）我国尚未形成统一的应急资源征调体系。当前的应急资源管理属于多头管理，很难将全省的资源进行统筹，形成一个统一备案、动态管理、科学征调、就近补给的良性体系。在紧急情况下，全省很难高效地进行应急资源的征集、调配。

（4）储备资源管理的信息化程度不高。很多应急物资储备数据库、应急救援队伍数据库都是单机的、封闭的，缺少应急救援物资的生产厂商、名称目录、货物类型、可供数量、运输路线等信息系统数据库，互通互联相对困难，很难做到对突发紧急事件的及时响应[3]。

4.4.2.3 应急储备相对滞后

第一，甘肃省目前的应急救援队伍，特别是专业化技术人员数量不足，很难担负起大规模的应急处置工作，严重影响了事故前期的应急工作的效率；第二，应急储备物资、应急救灾力量分散在各个单位、各个部门、各个系统，由于其分散性，难以做到集中起来统一行动；第三，应急救援技术水平不高，也缺少大规模的实用装备和高科技设备，这一点亟须升级完善；第四，没有一个统一的组织来对整个配送环节进行指挥，导致配送工作非常混乱，暴露出大量问题；第五，各市州的应急救援能力存在地区差别，能力建设水平也有所区别[25,3]。

4.4.2.4　相关法律规范缺失

甘肃省目前还没制定完善的应急物资法律法规和政策，现行的应急管理法规覆盖面很小，存在大量的空白，并且缺乏针对性。大部分法规只对各级政府的相关部门负责，只规定了各相关部门的职责，而不涉及社会组织、企业和个人[26]。

参考文献

[1] 何鲜利．基于地震灾害突发公共卫生事件的应急物流资源配置研究 [D]．燕山大学，2010.

[2] 李兵，黄健青，陈希莹．应急物流资源优化配置 [J]．中国减灾，2009 (1)：23.

[3] 薛丽洋．甘肃省环境应急资源储备管理工作的思考和建议 [J]．甘肃科技，2018，34 (20)：5 – 6 + 14.

[4] 顾丽娟．甘肃省加快推进防灾减灾救灾体系建设 [N]．甘肃日报，2021 – 01 – 12.

[5] 黄世钊．对涉及应急救援的法律法规进行清理整合修订 [N]．广西法治日报，2022 – 03 – 05 (003).

[6] 陶坤旺，赵阳阳，朱鹏，朱月月，刘帅，赵习枝．面向一体化综合减灾的知识图谱构建方法 [J]．武汉大学学报（信息科学版），2020，45 (8)：1296 – 1302.

[7] 杜志强，李钰，张叶廷，谭玉琪，赵文豪．自然灾害应急知识图谱构建方法研究 [J]．武汉大学学报（信息科学版），2020，45 (9)：1344 – 1355.

[8] 李泽荃，祁慧，曹家琳．多源异构数据应急知识图谱构建与应用研究 [J]．华北科技学院学报，2020，17 (6)：94 – 100.

[9] 刘峤，李杨，段宏，刘瑶，秦志光．知识图谱构建技术综述 [J]．计算机研究与发展，2016，53 (3)：582 – 600.

[10] 张小明. 我国减灾救灾应急资源管理能力建设研究 [J]. 中国减灾, 2015 (5): 38 –43.

[11] 王臣, 高俊山. 基于资源整合、优化和共享的应急技术资源管理模式研究——以分析测试技术资源为例 [J]. 中国软科学, 2012 (10): 148 –158.

[12] 田依林. 基于网格化管理的突发事件应急资源管理研究 [J]. 科技管理研究, 2010, 30 (8): 135 –137.

[13] 谭小平, 李为为. 公路交通应急资源管理系统构建研究 [J]. 物流科技, 2012, 35 (5): 79 –82.

[14] 张永领, 刘梦园. 基于应急资源保障度的应急管理绩效评价模型研究 [J]. 灾害学, 2020, 35 (4): 157 –162.

[15] 赵林度, 杨世才. 基于 Multi –Agent 的城际灾害应急管理信息和资源协同机制研究 [J]. 灾害学, 2009, 24 (1): 139 –143.

[16] 许伟, 曾凡明, 刘金林, 李彦强. 基于知识库的舰船应急抢修决策支持系统研究 [J]. 中国修船, 2012, 25 (4): 43 –46.

[17] 李文鹏, 王建彬, 林泽琦, 赵俊峰, 邹艳珍, 谢冰. 面向开源软件项目的软件知识图谱构建方法 [J]. 计算机科学与探索, 2017, 11 (6): 851 –862.

[18] 周广亮. 应急资源配置与调度文献综述与思考 [J]. 预测, 2011, 30 (3): 76 –80.

[19] 欧忠文, 王会云, 姜大立, 卢宝亮, 甘文旭, 梁靖. 应急物流 [J]. 重庆大学学报 (自然科学版), 2004 (3): 164 –167.

[20] 周广亮. 基于自然灾害的应急资源一体化配置研究 [J]. 河南社会科学, 2013, 21 (9): 59 –61.

[21] 任彬, 张树有, 伊国栋. 基于模糊多属性决策的复杂产品配置方法 [J]. 机械工程学报, 2010, 46 (19): 108 –116.

[22] 周雨婷, 叶国菊, 刘尉, 赵大方, 李宁. 基于组合赋权的直觉模糊多属性动态决策方法 [J]. 西华大学学报 (自然科学版), 2022, 41 (1): 90 –95.

[23] 甘肃省统计局, 国家统计局甘肃调查总队. 甘肃省统计年鉴 (2021) [M]. 北京: 中国统计出版社, 2021.

[24] 甘肃省卫生健康委员会. 甘肃省卫生健康统计年鉴 (2020) [M].

兰州：甘肃省人民出版社，2020.

［25］甘肃省卫生健康统计信息中心（西北人口信息中心）.2021 年甘肃省且生他康事业发展统计公报［EB/OL］，2022. 3.

［26］甘肃省人民政府．甘肃省“十四五”应急管理体系建设规划［EB/OL］，2021. 12.

第5章　突发公共卫生事件应急资源分析与配置——以甘肃省为例

5.1　甘肃省突发公共卫生事件应急资源现状分析

近年来，我国和世界各国出现了一些突发公共卫生灾害事件，给我国和世界各国人民的身体健康以及社会经济的发展造成了严重的冲击。比如，当前新型冠状病毒的肆意传播，对我国和世界的伤害是无法估计的，这次疫情也对人力资源、资金资源、物资资源、技术保障资源、信息资源和特殊资源等公共卫生应急资源的合理配置提出了非常大的挑战。由此看来，在甘肃省，做好突发公共卫生事件应急资源多灾点的优化配置和决策，是降低灾害发生时人员伤亡和财产损失的先决条件。

于是本课题项目组将基于甘肃省的空间布局、交通条件、经济发展规模、医疗资源，结合知识图谱技术以及甘肃省的医疗卫生实际情况，建立了甘肃省突发公共卫生事件应急资源知识图谱决策系统，并依据知识图谱，协调了公共卫生供应商与政府在灾前实物采购和灾后生产能力采购的比例，规划了科学有效的应急资源选址。这对降低公共卫生应急资源成本、保障应急救援效率和保护人民生命财产安全等方面具有非常重要的价值，同时也会对甘肃省“一带一路”建设产生巨大的影响。

5.1.1　甘肃省突发公共卫生事件的分类

突发公共卫生事件主要包括传染病疫情、群体性不明原因疾病、职业中毒事件、食品和药品安全事件、动物疫情，以及其他严重影响公众健康和生命安全的事件。根据突发公共卫生事件的性质、危害程度、涉及范围，《甘肃省突发公共卫生事件应急预案》把突发公共卫生事件划分特别重大（Ⅰ级）、重大（Ⅱ级）、较大（Ⅲ级）和一般（Ⅳ级）四级。具体如下：

5.1.1.1　特别重大突发公共卫生事件（Ⅰ级）

（1）肺鼠疫、肺炭疽在大中城市发生并有扩散趋势，或肺鼠疫、肺炭疽疫情波及包括甘肃省在内的 2 个以上省份，并有进一步扩散的趋势。

（2）发生传染性新冠疫情、非典型肺炎、人感染高致病性禽流感病例，且病例之间有流行病学联系，疫情有扩散趋势。

（3）发生涉及包含甘肃省在内多个省份的群体性不明原因疾病，并有扩散趋势。

（4）新传染病或我国尚未发现的传染病的发生或传入，并有扩散趋势，或发现我国已消灭的传染病又重新流行。

（5）发生烈性病菌株、毒株等致病因子等丢失事件。

（6）周边以及与我国通航的国家和地区发生特大传染病疫情，并在甘肃省出现输入性病例，严重危及我国公共卫生安全的事件。

（7）国务院卫生行政部门认定的其他特别重大突发公共卫生事件。

5.1.1.2　重大突发公共卫生事件（Ⅱ级）

（1）1 个县（市、区）行政区域内，出现 1 个平均潜伏期（6 天）内发生 5 例以上肺鼠疫、肺炭疽病例，或者相关联的疫情波及 2 个以上的县（市、区）。

（2）发生传染性肺炎、非典型肺炎、人感染高致病性禽流感疑似病例。

（3）腺鼠疫发生流行，在 1 个设区市行政区域内，1 个平均潜伏期内多点连续发病 20 例以上，或流行范围波及 2 个以上设区市。

（4）霍乱在 1 个设区市行政区域内流行，1 周内发病 30 例以上，或波及 2 个以上设区市，有扩散趋势。

（5）乙类、丙类传染病疫情波及 2 个以上县（市、区），病原发生抗原、耐药性等变异，造成局部暴发，且出现不断扩大和蔓延趋势。

（6）发生群体性不明原因疾病，扩散到县（市、区）以外的地区。

（7）发生重大医源性感染事件。

（8）预防接种或群体预防性用药出现人员死亡事件。

（9）一次食物中毒人数超过100人并出现死亡病例，或出现10例以上死亡病例。

（10）一次发生急性职业中毒50例以上，或死亡5人以上。

（11）个人全身受照剂量大于等于1Gy且受危害人数10人以上，或个人全身受照剂量大于等于0.5Gy的受照人员剂量之和大于等于40Gy的放射性突发事件。

（12）丢失放射性物质，其放射性活度（Bq）密闭型大于等于4×10^6Bq，非密闭型大于等于4×10^5Bq。

（13）境内外隐匿运输、邮寄烈性生物病原体、生物毒素，造成甘肃省境内人员感染或死亡的。

5.1.1.3 较大突发公共卫生事件（Ⅲ级）

（1）在一个县（区）行政区域内，6天内肺鼠疫或肺炭疽累计发病在5例以下。

（2）腺鼠疫发生流行，在一个县（区）行政区域内，6天内累计发病10~19例，或波及2个以上县级。

（3）霍乱在一个县（区）行政区域内发生，1周内发病10~29例，或波及2个以上县（区）或市（州）级以上城市的市区首次发生。

（4）乙类、丙类传染病疫情波及2个以上县（区），1周内发病超过前5年同期平均发病水平2倍以上。

（5）在一个县（区）发生群体性不明原因疾病，并扩散到该县（区）以外的地区。

（6）一次性食物中毒人数超过100人或出现死亡病例，或发生一般性食物中毒事件，但引起中毒食品的扩散未得到控制，中毒或死亡人数不断增加。

（7）预防接种或群体预防性服药出现群体心因性反应或不良反应。

（8）一次性发生急性职业中毒10~49人或者出现5例以下死亡病例。

（9）市（州）级以上人民政府卫生行政部门认定的其他较大突发公共卫生事件。

5.1.1.4　一般性突发公共卫生事件（Ⅳ级）

（1）腺鼠疫发生流行，在一个县（区）行政区域内6天内累计发病10例以下。

（2）霍乱在一个县（区）行政区域内发生，1周内发病9例以下。

（3）一次食物中毒人数在30~99人，未出现死亡病例，在学校或市级以上重要活动期间发生食物中毒事件。

（4）一次发生急性职业中毒9人以下，未出现死亡病例。

（5）县（区）级以上人民政府卫生行政部门认定的其他一般突发公共卫生事件。

5.1.2　甘肃省突发公共卫生事件现状与预防分析

5.1.2.1　甘肃省突发公共卫生事件的分析

2019年末以来，甘肃省出现了以新冠病毒为典型的重大传染病疫情。要做好疫情防控工作，针对新旧传染病和未知原因传染病的防治工作是非常繁重的。并且，由于环境因素、自然灾害、生产事故、管理不善等原因，造成的严重突发公共卫生事件也经常出现，一般公共卫生事件呈现出多发的趋势，突发公共卫生事件的应急形势非常不好。尤其是新冠疫情的暴发，给甘肃省的经济发展、社会发展和人民群众的日常生活带来了非常大的冲击。各级党委和政府立即采取了应急处置疫情防控的各种手段，引起了社会的广泛关注，但在处置过程中也暴露了一些问题和难题：如何加强对疫情的高效、精准的控制，增强党和国家处理突发紧急事件的效率，更大程度上保障老百姓的生命健康和财产安全，是作为不发达地区的甘肃省面临的一项重大难题。鉴于公共卫生事件应对处置工作的专业性较强，能够影响社会生活，涉及的利益范围也很广泛。因此，党和政府部门在决策过程中需要专家对其提出合理、准确的评估建议以及制定合理的应急处置策略。

甘肃主要的突发公共卫生事件如表5.1所示。经过研究分析，新冠疫情持续存在，继续对甘肃省的经济社会产生了巨大的影响。另外，还存在其他类型的突发公共卫生问题。因此，必须对这类突发公共卫生问题进行相应的预防和研究。

表 5.1　　2020 年 11 月至 2022 年 2 月甘肃省突发公共卫生事件

2022 年 2 月	新冠疫情
2022 年 1 月	新冠疫情
2021 年 12 月	新冠疫情
2021 年 11 月	除新冠疫情外，全省还报告突发公共卫生事件 1 起（水痘），发病 13 人，无死亡，为一般事件
2021 年 10 月	新冠疫情
2021 年 9 月	除新冠疫情外，全省还报告突发公共卫生事件 2 起（水痘），发病 40 人，无死亡，事件级别为一般
2021 年 8 月	除新冠疫情外，全省还报告突发公共卫生事件 1 起（食物中毒），发病 4 人，死亡 1 人，事件级别为较大
2021 年 7 月	除新冠疫情外，全省还报告突发公共卫生事件 1 起（水痘），发病 16 人，无死亡，事件级别为一般
2021 年 6 月	除新冠疫情外，全省还报告突发公共卫生事件 11 起，发病 262 人，无死亡，事件级别为一般。其中，其他感染性腹泻 1 起，发病 37 人；手足口病 4 起，发病 75 人；水痘 5 起，发病 127 人；食物中毒 1 起，发病 23 人
2021 年 5 月	除新冠疫情外，全省还报告突发公共卫生事件 2 起，发病 44 人，无死亡，均为水痘事件，事件级别为一般
2021 年 4 月	除新冠疫情外，全省还报告突发公共卫生事件 4 起，发病 124 人，无死亡，均为一般事件。其中，流行性感冒 3 起，发病 112 人；水痘 1 起，发病 12 人
2021 年 3 月	除新冠疫情外，全省还报告 1 起一般级别突发公共卫生事件，发病 14 人，无死亡。报告事件病种为水痘
2021 年 2 月	新冠疫情
2021 年 1 月	除新冠疫情外，全省还报告突发公共卫生事件 2 起，发病 67 人，无死亡。均为一般事件，其中其他感染性腹泻 1 起，发病 52 人，无死亡；水痘 1 起，发病 15 人，无死亡
2020 年 12 月	除新冠疫情外，全省还报告突发公共卫生事件 8 起，发病 106 人，无死亡。均为一般事件，其中水痘 7 起，发病 102 人，无死亡；液化气中毒 1 起，发病 4 人，无死亡
2020 年 11 月	除新冠疫情外，全省还报告突发公共卫生事件 5 起，发病 102 人，无死亡。均为一般事件，其中流行性腮腺炎 2 起，发病 61 人，无死亡；手足口病 1 起，发病 14 人，无死亡；水痘 2 起，发病 27 人，无死亡

5.1.2.2 甘肃省预防突发公共卫生事件的新方法

甘肃省有关部门不断尝试用大数据等信息技术解决突发公共卫生事件的预防和监控。针对这次新冠疫情所采取的一些技术和方法，对其他突发公共卫生事件的预防和控制也起到了指导性作用。

（1）持续推进信息化，助力新冠疫情等突发公共卫生事件的防控，还要进一步完善突发公共卫生事件监控系统、疫情防控排查系统、突发公共卫生事件在线咨询问诊平台等系统，助力突发公共卫生事件防控工作的有序开展。

（2）积极推进甘肃省突发公共卫生事件防控管理平台建设及应用。根据国家电子政务办、省政府要求，在省突发公共卫生事件联防联控领导小组的统一安排下，会同省数字政府建设专班建设完成了甘肃省疫情防控管理平台，平台在2021年12月27日正式开通，它具有区域协查、跨省合作、一键查阅、可视化展示、密接管理、隔离点管理等多种功能，实现了与国家级疫情防控管理平台的协同联动，可辐射至市州、县（市、区）、乡镇街道应用，同时融合应用健康码、疫苗接种等信息，为平时和战时突发公共卫生事件防控提供了信息化支撑[1]，有利于突发公共卫生事件防控工作的开展。

这些新方法的应用，有利于政府决策部门及时了解突发公共卫生事件的相关信息，作出及时有效的决策，制订完善的应急方案。

5.1.3 甘肃省空间布局与物流网络分析

到2019年末，甘肃省已经基本形成了联通内部和外部、遍及全省的骨干流通网络，全省铁路总运营里程5467公里，其中，1425公里是高速铁路，全省公路总里程达到15.6万公里，其中，高速和一级公路超过6000公里，与周边6省省会的高速公路全部连通，全省14个市州城区全部以高速公路打通，70个县（区）通了高速公路。甘肃省的公路、铁路增长里程见图5.1。在铁路里程方面，铁路里程的增长幅度不大，但总体是增加的。从公路总里程来看，2018年至2019年，甘肃省公路建设进度有了显著提高，公路里程占有绝对性的优势。

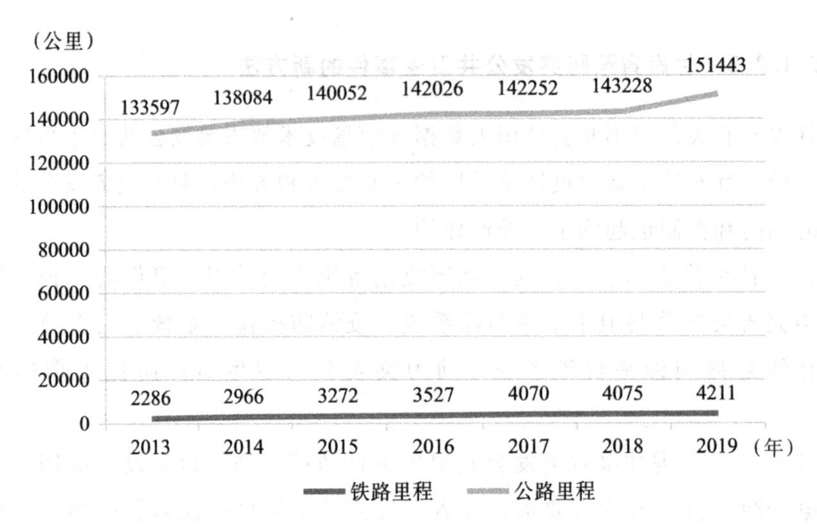

图 5.1　甘肃省公路、铁路里程

在航空运输基础建设方面，甘肃（敦煌）国际空港和甘肃（嘉峪关）国际空港的总体规划已经得到省政府批复，目前正在加紧推进核心区建设项目，兰州中川国际机场三期扩建工程顺利开工。这三大空港基地的建成，将进一步扩大全省空港物流发展的空间，提高空港的对外开放水平。到 2020 年末，全省的航空口岸已经开通 5 条国际客运航班腹舱带货航线、12 条国际货运包机、37 条国际客运。2020 年，发运航空国际货运 733.2 吨，较 2019 年同期增加 59.5%，货物价值 1.4 亿元；航班 253 架次，比 2019 年下降 83.7%；进出境人员减少至 3.85 万人次，比 2019 年减少 85.4%。

在对外物流通道的建设上，甘肃省通过建设中亚、中欧、陆海新通道铁海联运、中吉乌中亚新通道和南亚公铁联运 4 个方向的 5 条国际货物运输班列，积极参与“一带一路”、陆海新通道建设，扩大国际市场。截至 2020 年末，共发运国际班列 1380 列、125.9 万吨，货值 25.42 亿美元，其中，南亚公铁联运特色班列共发运国际班列 325 列（12985 车），货物总重量达 20.46 万吨，货值 7.2 亿美元。

5.1.4　甘肃省物流能力研究

作为西北地区重要的交通枢纽，兰州是连接我国西南、西北和中亚、西亚的重要节点，这为实现突发公共卫生应急资源的快速运输奠定了良好基础。

甘肃省2020年的旅客运输总吞吐量达到了26830.9万人次，较2019年同期减少36.6%；旅客运输周转量共计399.6亿人公里，较2019年同期减少40.8%；货物运输总吞吐量达到了67239.7万吨，同比增加5.7%；全年货物运输周转量共计2516.8亿吨公里，较2019年同期增加0.8%（见表5.2）。甘肃省民航机场集团全年旅客吞吐量为1336.4万人次，同比减少25.6%；货邮吞吐量共7.5万吨，较2019年同期减少0.9%。到2020年年底，全省公路总里程为15.6万公里，比2019年增加3.0%，其中，等级公路为15.2万公里，较2019年增加3.6%；铁路总营业里程达到4454.2公里，同比增加5.8%。

2020年，邮政行业共完成了47.1亿元的营业收入，同比增加22.0%。全年快递业务达到了13823.5万件，较2019年增加33.3%；邮政业全年共办理邮政函件业务695.9万件；全年包裹业务共54.1万件；快递业务完成了29.8亿元的收入，较2019年增加31.6%。

表5.2 2020年甘肃省主要运输方式完成货物、旅客运输量及其增长速度

指标	单位	绝对数	比2019年增长（%）
货物运输总量	万吨	67239.7	5.7
铁路	万吨	59661	11.2
公路	万吨	61272.0	5.2
货物运输周转量	亿吨	2516.8	0.8
铁路	亿吨	1496.4	-1.3
公路	亿吨	1020.3	42
旅客运输总量	万人	26830.9	-36.6
铁路	万人	4153.3	-30.4
公路	万人	22478.5	-37.7
旅客运输周转量	亿人	399.6	-40.8
铁路	亿人	237.9	-432
公路	亿人	140.8	-38.2

根据甘肃省近几年总体的物流发展状况，依据《甘肃省统计年鉴》和《国民经济和社会发展统计公报》中的数据，经过整理得到2013—2019年的物

流业货运量数据，如图 5.2 所示，2013—2018 年甘肃省货运运输呈稳步上升的趋势。其中，2013 年和 2017 年的运输增长较快，2019 年货运运输总量下降。总体而言，甘肃省货运规模同比年均持续不断扩大，目前仍处于高的发展阶段。

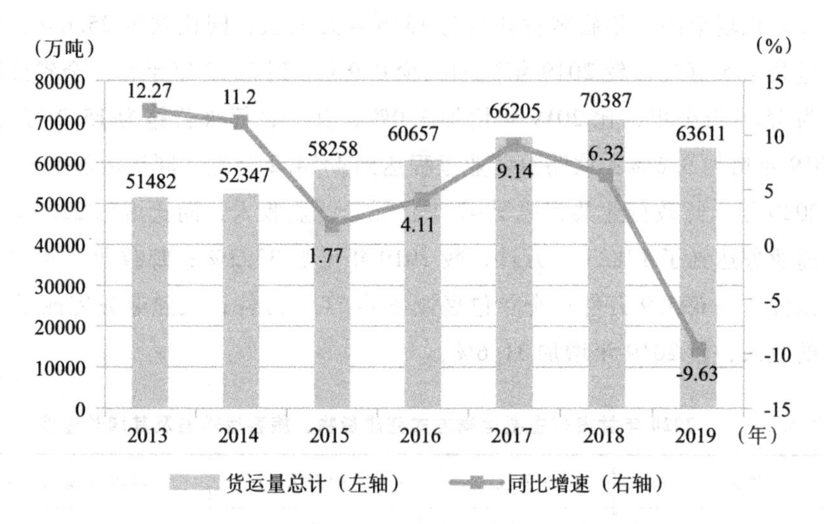

图 5.2　2013—2019 年甘肃省公路货运量变化情况

5.1.5　甘肃省医疗资源实际情况分析

5.1.5.1　医疗卫生资源情况

《甘肃省卫生健康统计年鉴（2020）》显示，到 2020 年底，全省共有 26250 个医疗卫生机构，其中，医院 705 个。在这些医院中，有 373 个综合医院，117 个中医医院，167 个专科医院。在全国范围内，共有 24636 个基层医疗卫生机构，其中，671 个社区卫生服务中心（站），1368 个卫生院，16421 个乡村卫生所。全省共有 873 家专业公共卫生机构，包括 102 家疾病预防控制中心，99 家妇幼保健院，95 个健康监测所，534 家生育服务机构；医疗卫生机构共有 17.79 万张床位，包括 13.86 万张医院床位、2.87 万张卫生院床位；医疗卫生服务人员共 18.89 万人，包含 6.64 万名执业医师及执业助理医师，8.53 万名护士；2019 年全省医疗总费用为 935.01 亿元，较 2018 年的 905.32 亿元增加了 29.69 亿元，增加 3.28%，人均卫生支出由 2018 年的 3432.77 元增加到2019年的3531.76元，增加2.88%；全年总诊疗人次达11591.08万，出院人数达452.88[1]。

5.1.5.2　防疫医疗资源储备情况

根据甘肃省新冠疫情防控新闻发布会（第十场和第十五场）的介绍，甘肃省生产企业、流通企业、政府储备、医疗机构共库存医用防护口罩722万只，医用平面口罩16622万只，医用防护服173.5万套，共库存酒精、84消毒液和过氧乙酸等消杀产品1226吨。第十场发布会前一天，全省消耗医用防护口罩33.7万只、医用平面口罩263万只，消耗医用防护服9.2万套，消耗消杀用品74吨。

另外，全省共有30种319个规格的疫情防控相关药品和1800余种疫情防控物资在省级采购平台挂网，包括防护类产品和消杀类产品，其中，紧急挂网12家本省企业64个消杀防护类产品；新型冠状病毒相关检测试剂共有200余个产品挂网。

5.1.6　甘肃省应急物流供应链特征分析

应急物流供应链是在面临突发性自然灾害、意外事故、公共卫生事件、社会安全事件等突发事件时，物流环节可以按照不同的情况而变化，进行灵活调整，以应对各种不确定的应急物资需求，从而实现最大的时间效益，并运用动态性的运输网络进行特殊的物流活动，以保证灾害损失降到最低[2]。甘肃省应急物流供应链在物资需求、结构和效率等方面有以下几个特点。

5.1.6.1　应急物资的需要存在不确定性

由于突发公共卫生事件具有突发性和偶发性的特点，使应急资源需求的变动非常剧烈，很难对其作出精确的预测，因此，在这种情况下，应急供应链供给必须具备强大的调配能力。比如，新冠疫情在兰州市乃至甘肃省蔓延初期，口罩、消毒用品一时供不应求，而其他替代产品又太过单一，导致甘肃省突发公共卫生事件应急指挥部和甘肃省卫生健康委员会难以确定应急物资的需求量、突发事件的影响范围、持续时间和突发事件的强度，这给需求预测带来了难度。

5.1.6.2 不确定性会引起供应链结构的动态性改变

甘肃省形成了“省＋市＋县”三级应急物资储备体系，但目前储备主要以抗震救灾类物资为主，中央级的救灾物资储备库数量略有不足，仓库标准存在差异，导致运作效率低。而应急物流供应链是一个复杂的系统，本身涉及众多环节，使应急信息的传递存在一定的畸变，特别是紧急情况下容易出现错误的判断，会使得到的应急信息不准确。此外，由于突发公共卫生事件的持续发展，应急物资的需求也会发生动态性变化，导致应急物流供应链中的节点和路径随之改变。所以从全局的视角来看，甘肃省应急物流供应链系统结构具有广泛而动态的特点。

5.1.6.3 在应急物流供应链中，必须处理好动态性与稳定性的关系

甘肃省市县应急物流场地在规划时未充分考虑整体仓网布局，应急物资仓库之间未能形成区域联动。随着应急物资供给需求的不断提高和变化，甘肃省应急物流供应链系统的稳定性降低，随时可能使应急物流供应链中断，无法正常运行。所以，在动态环境中，甘肃省如何保证应急物流供应链系统的稳定是一个非常关键的问题。此外，突发事件的应急物流供给具有跨部门、跨行业甚至是跨区域的特点，因此，甘肃省必须认识到应急物流供应链是一个复杂的、开放的体系。甘肃省突发公共卫生事件应急指挥部和甘肃省卫生健康委员会处于突发应急事件处理中枢，需要了解甘肃省各个行业和各个领域的成员，以确保系统的协作。

5.1.6.4 应急时间紧迫要求提高物流供应链的效率

甘肃省缺乏专业且熟练高效的物流管理与现场作业团队，大部分应急管理和应急物资仓库的数字化程度不高。但大多数应急事件都会威胁到社会群众的生命健康和财产安全，这就要求决策人员必须在有限的时间内作出关键性的决定，并依据突发公共卫生事件的现实情况及时、果断地采取相应的对策。所以，这就要求甘肃省应急物流供应链中的每一个成员都要尽可能地提高效率，并要求甘肃省突发公共卫生事件应急指挥部和甘肃省卫生健康委员会在充分利用数字信息的基础上快速作出科学合理的决策和应急方案，提高工作效率。

5.2　甘肃省应急医疗资源配置优化策略的重点难点

5.2.1　甘肃省应急医疗资源配置分析

近些年，新冠疫情等突发公共卫生事件给人类经济社会造成了十分严重的危害，由于突发公共卫生事件具有突发性、复杂性、高传播性、高危害性、广影响性、非常规性以及国际互动性等特点，故危害不再局限于某一城市或区域。在此背景下，要保证甘肃省健康、快速、有序发展，就需要具备快速的公共卫生事件应急处置能力，并对其进行科学、合理的应急资源调配。所以，在人工智能时代的大背景下，建立智能化的应急资源优化配置和决策体系是甘肃省公共卫生事件应急能力建设的关键。

从《甘肃省公共卫生应急预案》和实际情况来分析，应急救援资源分布在不同的行业和部门。各相关单位根据自身的约束条件和掌握的资料制订了相应的物资保障方案，进行相应的物资保障，使目前的应急救援物资与装备尽量有效地统一调度、运输和发放。应急救援物资分散管理、分散储备会使整个应急救援过程中救援物资需求的信息不能快速传达，应急救援物资的运输和供应不协调，救援物资运输车辆需求增大，救灾保障成本提高等。

由于突发公共卫生事件的需求信息传递和应急救援物资供给需要诸多环节，极易导致应急救援物资供需不平衡。甘肃省应急救援物资的供给工作是根据行政隶属关系来开展的，其中，应急救援物资的需求信息首先由受灾地区基层的行政机关收集、整理，经由甘肃省的各乡镇（街道）、县（区）、市（地区）、省的各级主管机构自下而上地逐级报送、汇总，直至甘肃省突发公共卫生事件应急指挥部和甘肃省卫生健康委员会。而救援物资的发放是按照逐级下拨的方式由甘肃省突发公共卫生事件应急指挥部筹集所需要的物资，然后根据行政级别逐级向下分拨直到基层的行政机构，然后发放给当地的居民。按照这样的方法组织应急医疗物资供应链，会有很多流程，从产生应急物资需求到应急救援物资的供给，会延迟很长时间，很容易出现供不应求的情况。

在救灾的前期，应急救灾物资供给的品类无法满足受灾点的需求，但在一定时期内，灾区某种类型的救灾物资达到饱和之后，仍然会有类似的同类供给，从而导致供给过剩。其主要原因在于，目前甘肃省的应急物流工作主要是依靠行政命令来进行，无法根据应急管理状态变化来进行动态调节，且存在不考虑物流运营费用的巨大弊端。在突发公共卫生事件发生后，甘肃省各级政府建立的救灾应急指挥机构将危机处置作为首要任务，以行政体制和行政命令来推动应急物流运作。这个运作机制有利有弊：在行政强制力的指导下，对小型、短时期的应急物流活动进行统一组织、指挥，使整个物流流程表现得更为紧凑，确保所需要的应急物资能够快速到达，从而对缓解突发公共卫生事件的冲击具有积极的推动作用。然而，在发生大规模突发公共卫生事件时，由于突发公共卫生事件需要大量的应急救援物资，且这些救援物资的种类较多，整个应急救援物资的供应时间跨度很大，如果缺乏完善的应急物流阶段划分、缺乏能够与之匹配的应急物流系统的组织与设计方案，则短时间内很难支撑应急物流系统的高效运作。从长远来分析，这将导致整个应急物流体系的混乱，并且产生应急救援物资供给的社会成本高、供给效率低下、响应速度慢等问题。

5.2.2 甘肃省应急卫生资源配置决策的重点难点

利用知识图谱为突发公共卫生事件应急资源的配置和决策赋能，提高应急救援的效率。其中，图数据计算和知识推理是最具代表性的两种能力，怎样将这两种能力与突发卫生事件应急资源结合起来，是需要解决的一个关键性问题。

如何选择信誉良好的公共卫生供应商和供应链，如何选择甘肃省公共卫生事件应急的政府储备仓库地址以及数量，如何平衡供应商的盈利以及应急物资被及时送达救灾点，如何把医疗机构和上述这些因素整合起来构建应急资源知识图谱，是有待解决的难点和科学问题。

多源数据是指来源于不同的数据，异构数据可能是结构化的，可能是半结构化的，也有可能是非结构化的，并且彼此模式各不相同，如何把突发公共卫生事件应急资源所涉及的多源异构数据整合起来，构建统一完整的领域知识图谱是一项艰巨的挑战[3]。

5.3　甘肃省应急医疗资源配置体系建设

5.3.1　甘肃省应急资源配置的整体设计

甘肃省各地发展水平不同，存在应急管理水平发展不均衡的问题，所以应从应急总任务的分解及区域任务的整合角度出发，以实现应急医疗资源优化配置为目的，从甘肃省应急预案体系、应急管理组织、资源保障机制、应急管理法制四个方面对甘肃省应急医疗资源体系进行设计，系统结构如图 5.3 所示。

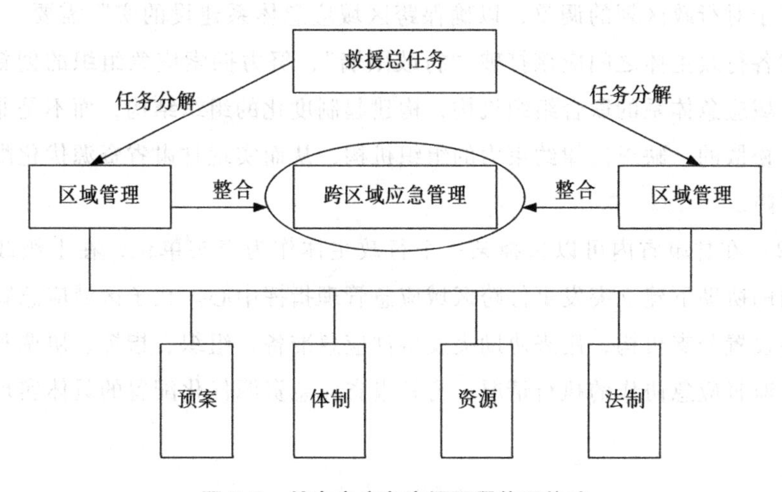

图 5.3　甘肃省应急资源配置体系构建

5.3.1.1　构建甘肃省应急管理预案体系

当前甘肃省应急预案还不完善，需要形成科学系统的预案体系，才能保证跨区域应急工作的有效开展。

(1) 从全局出发规范跨区域应急预案的总体框架。相关政府部门应该深入调查国内外跨区域应急协作的基本工作程序，然后根据兰州等各市州的应急管理现状，规范各城市应急预案，从而统一跨区域应急协作的一般程序，使各级别的跨区域应急预案有章可循。

（2）甘肃省应该根据跨区域应急总体预案的要求，结合本区域应急管理的现状，对本区域的应急预案进行必要的升级，以适应跨区域应急工作的要求。此外，各行政主体还应该与周边区域合作编制跨区域应急预案，以明确和规范某一区域发生突发事件时周边地区应急协作的一般程序。

5.3.1.2 构建省内跨区域应急管理组织

在应急管理组织方面，应该从国家层面以及省级管理机构与各市州之间这两个层面上考虑跨区域应急协作。

（1）在总体层面上，国家应该继续从行政区划体制改革入手，努力打破“跨界城市”的格局，消除城市应急管理工作中的“一城两治”现象。同时，行政体制改革还要积极推动区域性应急协作，强化跨区域的应急协作，而不仅仅局限于对行政区划的调整，以确保跨区域应急体系建设的实际需要。因此，甘肃省各行政主体之间应该打破“行政围墙”，努力探索应急组织的创新，建立跨区域应急体系的联合组织机构，构建起制度化的组织结构，而不是非制度化的、松散的、缺乏法律约束力的组织机构，从而实现甘肃省资源优化配置的组织保障。

（2）在甘肃省内可以选择某一个行政主体作为牵头单位，在上级政府应急部门的协助下建立突发事件跨区域应急管理指挥中心。在子区域应急管理指挥中心设置分支机构，用来协助突发事件应急准备、组织、指挥、协调和控制工作，监督应急协作的执行情况，为甘肃省应急资源优化配置的具体实现提供保障。

5.3.1.3 构建甘肃省跨区域资源保障机制

（1）建立甘肃省跨区域应急资源保障机制，实现资源共享。跨区域应急资源协调保障是城市群应急管理的基础和核心环节。应该打破甘肃省现有部门分割的单一灾种的城市应急管理模式，避免应急资源分散低效配置的局面。对于甘肃省内各区域分散的应急资源进行集中管理和配置，努力实现应急管理的规模效益。此外，还应该建立甘肃省跨区域应急救援指挥配置与调度平台，负责整个兰西城市群应急救援的总体指挥和任务分配；在甘肃省各城市建立应急救援配置与调度分部，负责具体的应急配置与调度工作。最后，以公安消防部队为基础队伍，组建甘肃省综合突发事件应急救援专业化部队。

（2）构建甘肃省应急信息保障机制，实现信息共享。在平时，应急信息保障机制要为应急资源潜力调查提供服务；在危态，还要为兰西城市群应对突发事件提供信息共享服务。甘肃省跨区域突发事件灾情信息应该及时、透明、公开地发布，以利于稳定民心和应急救援处置。跨区域应急信息网络的构建可以通过信息发布机制和信息技术两方面来实现。通过建立跨区域突发事件信息发布和报告机制，可以实现通过政府等权威的渠道提供可靠的防范信息、突发事件预警信息以及突发事件灾情信息，实现甘肃省突发事件信息的跨区域共享，有助于各区域开展针对受灾区域应急合作的快速准备和救援工作。通过应急信息技术，可以以标准化和规范化的应急信息，为最终构建以信息网络为支撑平台的兰西城市群应急管理信息系统提供技术基础，实现整个省的应急信息互联互通。

5.3.2 甘肃省应急资源配置智能信息平台设计

随着智能化社会、数字化社会和大数据时代的来临，大数据智能化信息平台对于突发公共卫生事件的紧急医疗资源的高效调配具有重要价值，而且基于大数据智能化信息平台的医疗资源管理模式属于管理科学和新一代信息通信技术的前沿交叉领域。朱雪婷等人[4]提出网格化应急资源管理新模式，在此基础上，兰西城市群应急资源配置时将每个网格看作图数据的节点，网格间的联系用图数据的边来表示，构建了网格图的信息管理模式，并充分借助发达的智能化大数据平台，实现兰西城市群应急资源跨区域、跨部门的精准协调和有效配置。

5.3.2.1 甘肃省网格图应急资源模型设计

突发应急事件时，基于网格图和大数据平台的应急资源配置就是依据网格为单元的管理理念，借助大数据平台和网格化的资源系统，将甘肃省各区域、各部门、各生产商的所有应急资源整合到一个统一的资源系统中，利用各网格图节点间的联动协同机制，实现应急资源的优化配置和共享。例如，将应急资源的供给端和需求端所生产和所需要的应急资源的品种、数量等所有相关信息都汇聚存储到各个网格图节点中，各个网格图节点共同形成高度共享的组织网格图，定位、细化并综合管理甘肃省范围内的应急资源，实现应急资源配置过程的精准和高效。具体来讲，就是在兰西城市群范围内，按区域划分为若干网格，从而构成甘肃省应急资源网格图，网格图中的节点包含应急资源生产端的企业与需求端的政府部门、仓储、物流、常发的灾情等详细内容和使用信息。甘肃省应急资源的网格图管理可以更具针对性地将所有网格图的信息整合到统一的应急资源的管理信息平台，是一种能够有效实现区域联动、资源共享的新型应急资源管理模式。

5.3.2.2 甘肃省网格图模型的构成

甘肃省应急资源配置网格图的构成需要对应急资源进行细化，并根据甘肃省现存资源配置方面的不足，再结合可利用的现代化技术手段，科学确定网格图中的基本单元。从既往发生的各大应急事件可以看出，越严重的事件造成的影响范围越大，因此，需要甘肃省内各区域的共同努力才能解决。

根据我国目前的行政管理体制和管理特点，甘肃省应急资源配置网格图需要将行政区域结合起来，除了便于指挥、调度，更加有利于应急资源配置的管理运作。因为甘肃省各区域在地域特点、经济状况、科技状况和相关人才储备量等方面存在较大差异，所以在网格图的构成和节点内的资源管理时，要从甘肃省各行政区域的实际情况出发。在网格图的构成时，要确定应急资源在供给端和需求端所存在的资源点，利用图数据技术、知识图谱、大数据平台、GIS 技术和定位技术等，确定每个节点中存在的与突发应急事件相关的应急资源的所有信息，包括相关生产企业的现有物资库存量、企业位置、产能、生产物资的种类和数量等，各部门和机构所需应急资源的种类、数量和规格等，然后对网格图内所有的应急资源信息进行编码，通过边连接各个网格图节点，实现应急资源的可视化和信息化，并将它们定量和定位到应急资源的网格图中，实现甘肃省应急资源的科学合理配置，如图 5.4 所示。

从图 5.4 所示的甘肃省网格图模型可以看出：第一，每个网格图节点由应急指挥、应急物资供给和应急物资相关的各个机构和部门构成，这样方便将应急资源集中起来进行管理；第二，可以将本地区的网格图抽象为一个地区节点，最终汇总在兰西城市群应急资源管理平台，这样就可以避免因应急资源调配时存在的信息不对称而出现的相关问题，形成应急资源在网格图内及时准确的优化配置，提高应急资源的管理和调配的效率。

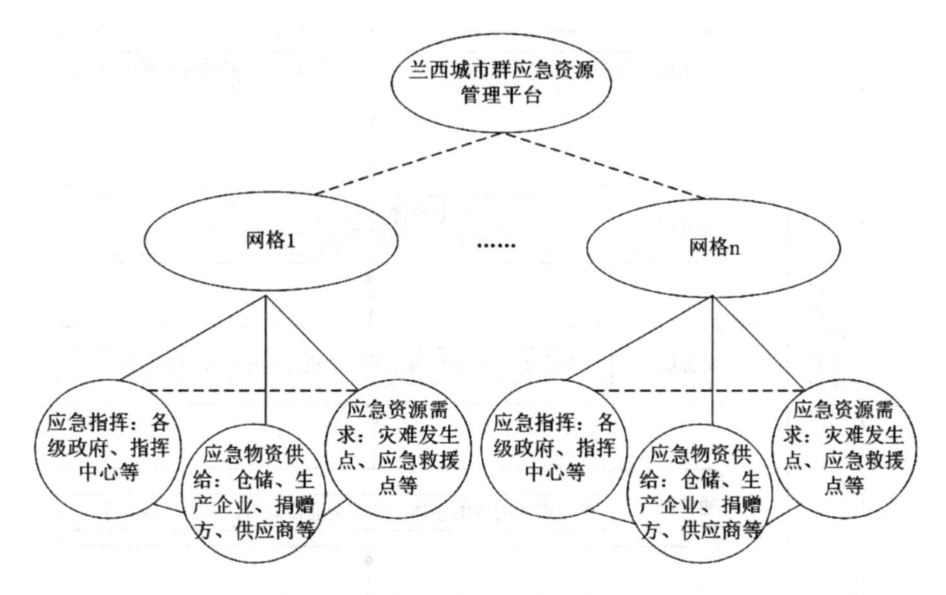

图 5.4 甘肃省应急资源管理网格图模型

5.3.2.3 甘肃省网格图管理体系

甘肃省应急资源网格图管理的关键是将甘肃省范围内分散的应急资源进行动态集合，并将其转化为应急资源可以直接调动的资源节点，通过各网格图节点在应急资源智能信息平台内的即时协调机制，实现应急资源在各区域间的协调调配。网格图管理由层次模型构成，其特点是结构层次清晰，简单易操作，在管理复杂性事务中有较强的优越性。网格图管理层次模型，自下而上分别为：基础层、通信层、资源层、业务层和应用层。其中，基础层是整个层次模型的基础，通过对具体初始资源的管理，为上面结构层对资源的管理和控制提供便利；通信层负责连接下方构造层和上方资源层，为二者提供安全的通信机制，实现资源节点的安全认证和协议保障等；资源层可以实现对构造层资源节点的访问，可以抽象化反映资源的特征，通过网络建模技术和大数据平台等，实现单个资源的汇聚和集成，强调的是资源的共性；业务层通过机器学习、知识图谱、大数据技术等为应急资源配置提供服务；应用层位于层次模型的最上层，包含应急资源配置过程中所涉及的各个参与主体，该层次可以为用户提供进入应急资源管理网格平台的入口，具体如图5.5所示。

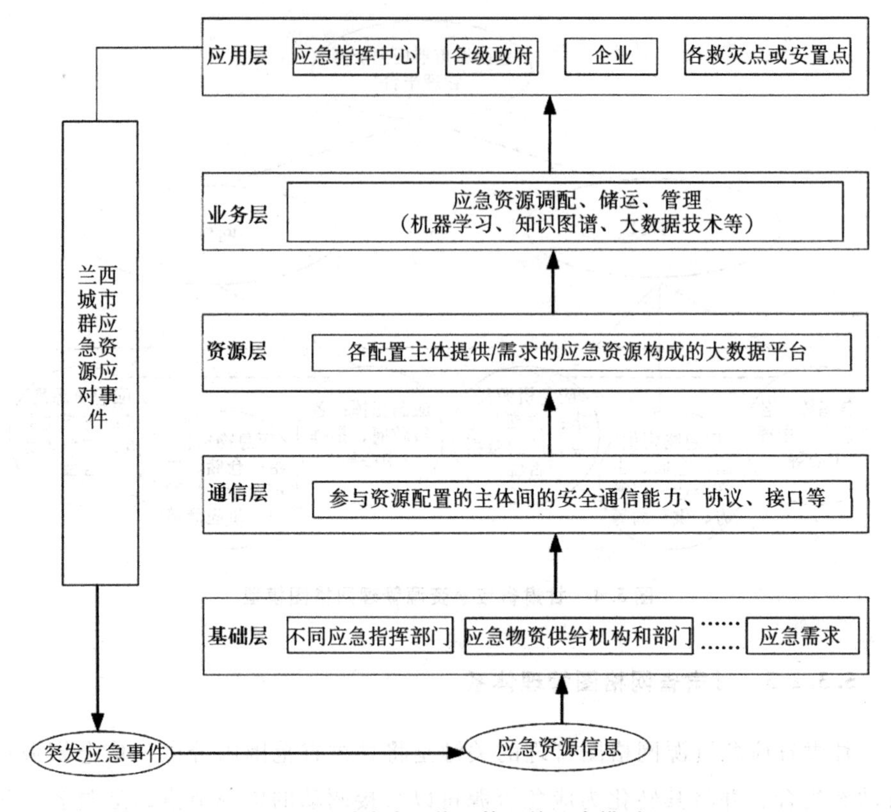

图 5.5　甘肃省网格图管理的层次模型

参考文献

［1］顾丽娟．深入推进应急管理体系和能力现代化——《甘肃省“十四五”应急管理体系建设规划》解读［N］．甘肃日报，2022.1.14.

［2］PMCAFF. 推荐系统：基于知识图谱的推荐策略和思考［OL］. https://coffee.pmcaff.com/article/2823579118787712/pmcaff?utm_source=forum.

［3］李泽荃，祁慧，曹家琳．多源异构数据应急知识图谱构建与应用研究［J］．华北科技学院学报，2020，17（6）：94-100.

［4］朱雪婷，王宏伟．突发公共卫生事件的应急医疗资源配置研究——基于网格化管理和大数据平台［J］．现代管理科学，2021（2）：23-30.

第6章　突发公共卫生事件应急资源知识图谱构建

6.1　构建突发公共卫生事件应急资源知识图谱的策略

通常，构建知识图谱平台的方式有以下三种：第一种方法是在已有的开源知识图谱平台上进行扩充；第二种方法是把行业知识图谱生命周期中各个环节运用到的工具整合成一个平台；第三种方法是从零开始构建。总体来说，第一种方法的可行性不高，这是因为这些开源的知识图谱平台很难开展深度二次开发，而最后一种方法花销太大，实施起来比较困难。所以，最好的方法是第二种，对行业知识图谱生命周期中对应的工具进行利用，然后进行一个全面的设计，同时有针对性地对某些环节进行开发，对工具进行升级，最终建成甘肃省突发公共卫生事件应急资源知识图谱平台[1]。

甘肃省突发公共卫生事件应急资源知识图谱是对应急领域相关知识的延伸和扩展，是结构化的应急语义知识库。在知识图谱中，对应急领域的概念、实体、属性及其相互关系进行形式化的描述，以网状的结构进行知识的描述。甘肃省突发公共卫生事件应急资源知识图谱可以采用三元组的形式来表示，构成由节点和边组成的图。其中，节点代表应急相关概念、相关实体和属性值，例如甘肃省相关的政府部门、医药企业、仓储中心和物流企业等构成；边代表概念和概念、概念和实体、实体和实体、实体和属性以及属性和属性值之间的关系，例如甘肃省突发公共卫生事件应急指挥部、甘肃省卫生健康委员会和其他部门的关系，医药企业和物流企业的合作关系等。从逻辑上来讲，甘肃省突发公共卫生事件应急资源知识图谱包含了数据层和模式层两个层次：数据层主要是由一系列的实体、属性等事实性知识构成；而模式层建立在数据层之上，并以概念的形式存在，主要表达的是甘肃省突发公共卫生应急数据层中实体的类别以及概念之间的关系。基于突发公共卫生应急医疗领域知识所具有的层次结构，在构建甘肃省突发公共卫生事件应急资源知识图谱时，采用自上而下和自下而上相结合的方式。自上而下的方式指的是通过 Protégé 本体编辑器预先构建突发公共卫生事件应急资源知识图谱的模式层；自下而上的方式指的是在模式图的基础上运用多种抽取技术获得数据源中的实体、属性和关系，并将其融合到知识图谱中[2]。

6.2 突发公共卫生事件应急资源知识要素体系构建研究

甘肃省突发公共卫生事件应急资源知识要素体系在文本知识框架构建理论的基础上，借助本体模型，分析应急资源知识要素及其关系，构建应急资源预案知识要素体系模型，为应急资源知识文本结构化奠定基础。

6.2.1 突发公共卫生事件应急资源文本知识框架构建理论

对于甘肃省突发公共卫生事件应急合作管理平台来说，大部分数据资源都体现出非结构化的特点。非结构资源格式类型包括文本、图片、音频、视频等，存储方式有半结构化、结构化两大类型。这些非结构化资源存储在数据库中，形成非结构化数据资源，对这些资源进行描述，就构成元数据。元数据是非结构化内容的索引，应急相关的人员通过索引和文件扫描去挖掘、发现需求的内容，但无法按照需求获取结构化的海量资源。分析其中语义单元之间的关系，将非结构化数据转换成结构化数据资源，这个转化过程就是一个知识体系重新架构的过程。在关于知识单元的研究中，目前主要有三种研究观点：

(1) 知识内容观点提出了文献单元、知识单元和信息单元的概念，描述了从文献单元到知识单元的演化过程，并考虑了文献单元是知识单元的物理载体形式，知识单元是表达知识的最小单位；

(2) 生物学基因的观点认为控制知识系统的生长和演化的最小单位是知

识单元，提出了知识的基本单位——知识基因，说明了知识系统的组成以及演化过程，对发现知识创新的因素具有应用价值；

(3) 系统工程的观点将知识要素视为网络节点，提出了知识要素、知识点等概念，主要研究知识要素的类型、结构和运动机制等，通过对知识要素的理论研究，形成了多种非结构化文本的结构化理论模型和技术解决方案。

在甘肃省突发公共卫生事件应急资源知识要素体系的研究中，使用知识图谱技术，对非结构化的应急资源数据进行结构化知识框架构建，利用语义技术识别非结构化实体和属性，构建"知识—实体—属性—关系—值"的结构，形成了较为完整的兰西城市群应急知识要素体系。

6.2.2　突发公共卫生事件应急资源本体要素理论

本体是共享概念模型的明确形式规范，其语法规则在知识表达和应用过程中的一致性促进了对领域知识的共识，从而成为解决语义冲突的重要工具。

传统本体论是基于静态的概念，其在构造领域本体方面存在严重缺陷：

(1) 传统本体具有单一的概念关系，无法充分描述事件之间的语义关系(如因果关系、伴随关系等)，很容易造成语义损失。

(2) 离散概念问题，不能将突发事件的概念、参与者、时间和地点等作为一个有机整体考虑。

(3) 传统的本体论并没有明确地支持时间和空间之间的关系，既是支持时间和空间的表述，也是以隐式方式表达出来。

(4) 传统的本体论忽视了事件的动态性，很难描述事件状态随时间的变化。

现有描述事件本体的模型主要有 ABC、SEM、LODE、CIDOC - CRM、F - Model。本体不仅描述了概念模型，还可作为知识推理的基础。在知识层和推理层中间，我们可以通过本体来描述知识，也可利用本体进行知识推理。从哲学的角度来看，本体论是对客观存在的事实进行解释或说明。根据本体的定义，其包含四个含义：

①概念模型：客观世界现象的抽象模型，并且是独立于外界环境状态的。

②明确：概念及概念之间的联系都被精确定义。

③共享：本体中反映的知识是其使用者共同认可的。

④形式化：精确的结构化、形式化的数学表示，使计算机能够处理本体。

依据本体的层次和领域依赖度，瓜里诺等人将本体分为四种：

①上层本体：描述最普遍的概念和关系，与特定的应用无关，因此可以在较大范围内进行共享；

②领域本体：描述特定领域的概念和关系；

③任务本体：描述具体的任务或行为及其关系，用来表达具体任务内的概念及概念之间的关系；

④应用本体：是领域本体和任务本体的结合，用来描述一些特定的应用。

6.2.3 突发公共卫生事件应急资源应急知识体系分析

甘肃省突发公共卫生事件应急合作管理平台的应急流程规定了在发生突发事件时，如何科学合理地配置各种应急资源，提高甘肃省应急响应能力，高效、及时、快速、有序地开展应急救援工作，将各种损失降到最低限度。要以最大限度减少损失为目标，动员甘肃省全社会有关力量，共同应对各级各类突发公共事件，保护人民生命财产安全，减少各种灾害的不良后果。因此，应急资源过程涉及很多兰西城市群的相关部门和各级人员。从应急计划过程的层次维度来考察应急计划，涉及的层面包括国家和甘肃省相关的市、区、县、乡、社区街道。

甘肃省突发公共卫生事件应急知识图谱研究的本体有三类[3]：第一类是突发公共卫生本体，包含突发公共卫生事件的发生时间、结束时间、发生地点、灾害类别、灾害频率、灾害强度等；第二类是应急任务本体，有灾前、灾中、灾后三个阶段，灾前有风险监测、风险评估、灾害预警等，应急响应级别、快速评估、应急救助资源配置与调度决策、转移安置决策、应急推演等，灾情综合评估、恢复重建效果评估等，所以，对应急任务属性本体进行描述时包含应急任务名称、任务具体描述、任务所处阶段和应急响应级别；第三类是灾害数据本体，突发公共卫生灾害数据的基本属性包含数据名称、数据类别、数据获取时间、数据覆盖范围、数据描述对象、数据来源等。

面对如此复杂的本体情况，甘肃省突发公共卫生事件应急资源知识图谱模型给出了一个事件处置的通用概念模型，甘肃省突发公共卫生事件应急资源知识体系的主要概念和定义如下[4]：

（1）突发事件应急预案：表示以文本模式存储的应急预案，描述针对甘肃省突发公共卫生事件的内容和事件处理流程及相关信息，是应急预案本体模型的核心。该预案包含五个核心要素：应急事件内容、应急组织机构、应急资源、应急响应过程和应急保障。

（2）应急事件信息：描述甘肃省突发公共卫生事件本身，包含事件属性、响应级别、事件后果。

（3）应急组织机构：是处置事件的主体，具体属性包括甘肃省应急组织部门名称、应急角色、应急人员职责。

（4）应急资源：描述甘肃省突发事件处置过程中需要且可调配的资源，具体包括资源类型、资源名称、资源属性。

（5）应急响应过程：描述了甘肃省应急主体对突发事件的处置过程，具体包括响应级别、应急子任务、任务启动条件。针对不同类型、不同级别的事件将会有不同的处置任务。

（6）应急保障：具体包括甘肃省关于应急的信息公开、事后训练、培训演练等。

6.3　突发公共卫生事件应急资源知识图谱的构建

构建甘肃省突发公共卫生事件应急资源知识图谱，需要经过多源数据的汇聚、知识抽取阶段、实体对齐阶段、知识计算阶段、知识存储阶段等，如图 6.1 所示。

6.3.1　多源异构数据的研究

知识图谱将各种信息、资源整合起来，便于及时获得有价值的信息。知识图谱在突发公共卫生事件应急资源配置决策体系研究中需要实现多源异构数据的快速汇聚，并对应急救援有关部门的数据进行有序的整合；根据决策人员、受灾群众对应急管理的需求特点，将多种知识库结合起来，形成应急知识库集群；基于知识图谱，以结构化的形式描述了客观世界的概念、实体之间的关系，为包括传染病在内的突发公共卫生事件提供了应急知识查询[5]。

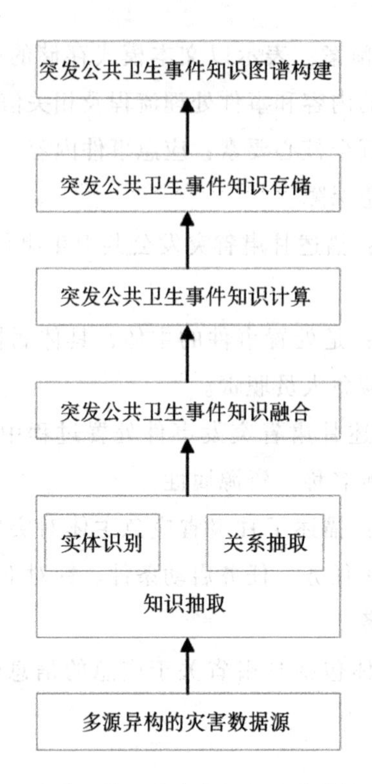

图 6.1　突发公共卫生应急知识图谱的构建过程

甘肃省突发公共卫生事件应急资源知识图谱所需要的数据主要包括居民点、人口、交通网等基础数据，地貌、地形、植被、河流、湖泊等自然地理信息数据，主要防护目标、重大危险源等重点对象数据，避难场地、应急救援物资、医院等应急救援数据，救灾现场数据，社交媒体数据，以及分析预测模型、应急预案、历史案例等结构化、半结构化和非结构化多源异构数据。构建过程如图 6.2 所示。首先处理各种结构化、半结构化、非结构化数据；其次，进行知识抽取和知识融合；最后，建立模型、质量评估，形成知识图谱。

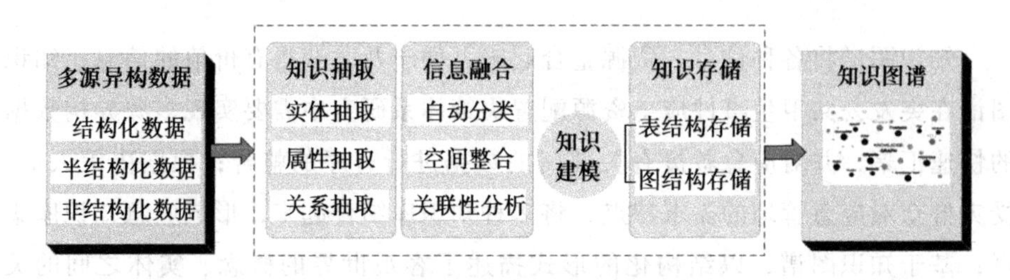

图 6.2　多源异构数据形成知识图谱流程

利用上述处理过程，可以把不同结构的源数据转化为结构化的知识三元组数据。因为对于结构明确、实体属性及关联关系丰富的突发公共卫生事件的领域数据，图数据库的存储方式具有明显优势，能够实现从概念、属性、实例等多个维度来展示自然灾害应急领域知识图谱。因此，甘肃省突发公共卫生事件应急资源知识图谱存储在图数据库中，将“实体—关系—实体”“实体—属性—属性值”三元组当中的首尾部分存储在相应的节点，属性关系、语义关系作为边，这样就可以实现结构化知识三元组到图中各节点和边的映射，利用图查询语言、图挖掘算法便于关系延伸计算与知识图谱的具体应用。

6.3.2　知识抽取阶段

甘肃省突发公共卫生事件应急资源知识图谱的知识抽取是把不同信息源中的数据通过一定的方法抽取至有用的信息单元，以便进一步分析利用，具体包括实体抽取、关系抽取和属性抽取。

多源异构数据主要包括结构化数据、半结构化数据和非结构化数据。结构化数据具有固定的格式和显示结构，通常储存于关系型数据库，比如医疗资源生产企业的销售和库存记录；一般的抽取方法是通过建立数据库中概念与知识图谱中本体的对应关系，从而实现从数据库中自动获取实体、属性及关系。半结构化数据，比如百度百科中的疫情信息，通常使用基于封装器的方法进行抽取。非结构化数据是无结构的纯文本模式，属于难以抽取的知识，一般采用监督学习的抽取方法，即通过已知的实体对未知文本进行自动标注。在甘肃省应急资源配置领域实体抽取过程中存在的最难解决的问题是实体统一，即来源不同的数据在表述上不太统一，但又指向同一个实体，对于此问题，通常预先定义一些基本规则来进行处理[3]。

一般知识抽取方法包括专家法、众包法、爬虫法和机器学习方法。由于甘肃省突发公共卫生事件的应急资源配置要求较高，需要较为精准的知识，信息不便于外泄，强调信息来源可靠，而且知识来源主要是当前权威数据源以及地方和现场救援人员的上报信息。鉴于上述特点，甘肃省突发公共卫生事件应急资源配置领域的知识抽取主要采用专家法，即根据专家的经验从多源数据中抽取结构化、半结构化和非结构化的知识，如图6.3所示。

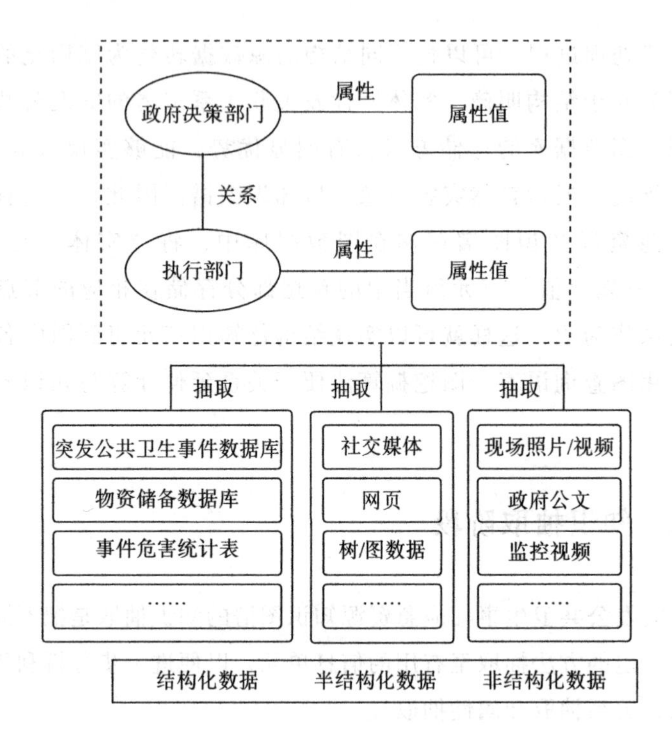

图 6.3 专家法知识抽取过程

6.3.3 知识融合阶段

在获得甘肃省突发公共卫生事件应急资源知识图谱的基础上，需要对知识图谱的内容进行整合消歧。信息融合的目的是对多源异构的知识进行集成，优化知识结构，获取隐含的新知识，形成对目标的一致性解释和描述。针对甘肃省突发公共卫生事件应急资源知识图谱涉及的多源异构数据，信息融合不仅需要数据格式上的转换，还需要达成内容含义上的一致性。当前，应急减灾领域多采用信息融合框架或模型对多源异构信息进行融合。也有学者设计了一种分层协调方案，将信息融合任务分为数据录入、数据整理、关联性分析三个步骤，构造灾情视图并从中提取特征信息，最后进行多特征融合对灾情进行判断。笔者认为知识融合应该关注以下三方面的内容。

6.3.3.1 灾害信息聚合

甘肃省突发公共卫生事件应急资源知识图谱的信息融合中，首先关注新知识与现有知识图谱融合方法的研究。首先建立知识图谱，然后通过将抽取的实体、属性和关系三元组与已构建的知识图谱进行语义相似度计算，从而确定最优概念匹配和关系匹配，以达到信息融合。通常采用渐进求精的灾害信息聚合方法，将传统的多关键字匹配的数据检索模式改进为逐级递进式的筛选与过滤流程，从海量信息中主动选择适合任务执行的精准数据集，从而降低了人工干预度。

6.3.3.2　实体匹配和模式对齐

甘肃省突发公共卫生事件应急资源知识图谱的知识抽取阶段的任务仅仅是将实体、属性及关系从不同的数据源抽取出来，形成一个个孤立的图谱。为了达到将这些孤立的图谱集成到一起的目的，就需要进行数据的整合、消歧、加工、验证等，以达到知识的完美融合。一般来讲，知识融合阶段要进行实体匹配和模式对齐。

（1）实体匹配主要将具有不同标识但表示真实世界中同一对象的实体进行语义消歧，标识为全局唯一的实体。因为应急领域中知识来源的多样性导致了同名、多名指代等问题，比如，在百度百科中的“致灾因子”就是日常生活中我们提到的“灾害源”。当前，实体匹配通常运用无监督学习的聚类方法，其关键点在于相似度函数的选取。对于语义消歧，当前还缺少应急领域的语义词典，在大部分情况下通常借助于人工领域专家的判断。

（2）模式对齐主要是指进行实体属性和属性值的融合。来源于不同数据源的实体，其属性有着不同的语言表达形式，例如“年龄”与“年纪”是一对同义词。所以，在对实体属性进行整合时，能够考虑的特征有同义词、近义词、属性两端的实体类型等。当前，模式对齐通常运用监督学习的方法，主要通过事先进行人工标注[6]。

6.3.3.3　实体链接和知识合并

甘肃省突发公共卫生事件应急资源知识图谱经过知识抽取阶段，完成了从多源异构数据中获取实体、关系以及属性的目标。但是，这些结果中有可能会含有大量冗余和错误的信息，数据之间的关系具有扁平化的特征，缺少层次性、逻辑性，所以要对其进行清理和整合。这就要用到实体链接和知识合并来消除概念的歧义，剔除冗余和错误的概念，进而保证知识的质量。

（1）实体链接是将从文本中抽取到的实体链接到知识库中的实体的步骤。实体链接的方法是，首先依据给定的实体指称项，从知识库中挑出一组候选实体对象，接着经过相似度计算将指称项链接到正确的实体对象。早期的实体链接研究只注重如何把从文本中抽取到的实体链接到知识库，没有考虑位于同一文档的实体间存在的语义联系。近些年，学术界逐渐意识到利用实体的共现关系，同时将多个实体链接到知识库，这称为集成实体链接。另外，实体消歧是依据当下的语境。要精准建立实体链接，通常运用聚类法。

（2）知识合并是将知识抽取阶段所得到的实体、关系、属性进行整合，而知识合并涉及对外部知识库的合并和对关系型数据库的合并。①外部知识库合并：将外部知识库融合到已有的知识库中，一个是融合到数据层，另一个是融合到模式层。②关系型数据库合并：通常采用资源描述框架作为数据模型，将历史数据融入知识图谱中[7]，其本质就是把关系型中的数据转换为 RDF 的三元组数据。

6.3.4 知识计算推理阶段

经过知识融合之后，知识图谱更具有逻辑性，下一阶段就是进行质量评估，评估结束后将知识或经验存入甘肃省突发公共卫生事件应急资源知识库里，以保证知识库的质量。

甘肃省突发公共卫生事件应急资源知识图谱的知识库是知识工程中结构化、便于操作、便于利用、综合全面且有组织的知识群；它是针对甘肃省突发公共卫生应急领域问题求解的需要，运用某种知识表示方式在计算机存储器中存储、组织、管理和使用的相互联系的知识片集合；它是决策支持系统的一个新的发展方向，又被称为智能数据库或人工智能数据库。突发公共卫生事件应急资源配置决策体系知识库系统是管理和维护应急资源配置知识的系统，它的主要功能是实现公共卫生事件的获取，整理和应急资源配置决策方案的推理生成等。

甘肃省突发公共卫生事件的应急资源知识库系统的设计思路是把应急物流、应急医疗资源领域相关专家的关于公共卫生事件处理知识经验整合和组织收集到应急资源知识库中，同时建立一个学习型构件。该学习构件可以依据各项决策的实际效果，再结合战场决策人员的经验和决策风格，得出科学合理的突发公共卫生事件的决策方案[8]。

推理的目的在于从知识图谱中挖掘出隐含知识，也就是在没有过多人工参与的情况下，运用基于图或逻辑的方法对问题进行语义求解。知识推理包含对实体关系的推理以及对实体属性的推理两个部分。前者是对实体间潜在的关系进行推断和理解，后者则是对实体的属性值进行推理和更新。首先，知识推理的实现可以利用可扩展的规则引擎，对于实体间的关系，能够通过定义链式规则来实现，比如人的不规范行为是导致应急救援事故发生的重大原因，不遵守应急操作规程以及技术素养较差等都属于人的不安全行为，当应急救援事故发生时存在不规范操作行为，就可以推断出导致事故发生的直接原因。另外，针对实体属性，可以通过定义计算推理规则来实现，比如知识图谱中包括传染病的传播速度，能够经过推理获得传染病波及的范围和时间[9]。

6.3.5　知识存储阶段

针对甘肃省突发公共卫生事件的应急资源所涉及的部门和领域，构建知识图谱，设计底层的存储方式，完成各类知识的存储，主要包括基本属性知识、关联知识、事件知识、时序知识、资源类知识等。

甘肃省突发公共卫生事件应急资源知识图谱的知识存储指的是对知识图谱中的各类知识进行存储，包含属性、关联、事件、数据资源等。一般来讲，知识存储的存储方式主要有基于表结构的存储和基于图结构的存储，它们分别对应了关系型数据库和图数据库。其中，常用的关系型数据库包括 Microsoft SQL Server、Oracle、MySQL 等，图数据库包括 Neo4j、Microsoft Azure Cosmos DB、Orient DB 等。另外，对于一体化综合减灾而言，地理空间数据和遥感数据也是十分重要的数据来源，其存储需要用到 Arc SDE、Oracle Spatial 等地理空间数据库。

Neo4j 数据库是基于 JAVA 开发的非关系型数据库。它能更高效地描述客观世界实体之间的关系，在现实世界中，实体与实体之间存在一定的关系，这些关系中也储存了大量的信息，图数据库可以更好地描述数据之间的关系[10]。因此，笔者认为甘肃省突发公共卫生事件应急资源知识图谱非常适合利用 Neo4j 进行存储，其知识数据库结构如图 6.4 所示。

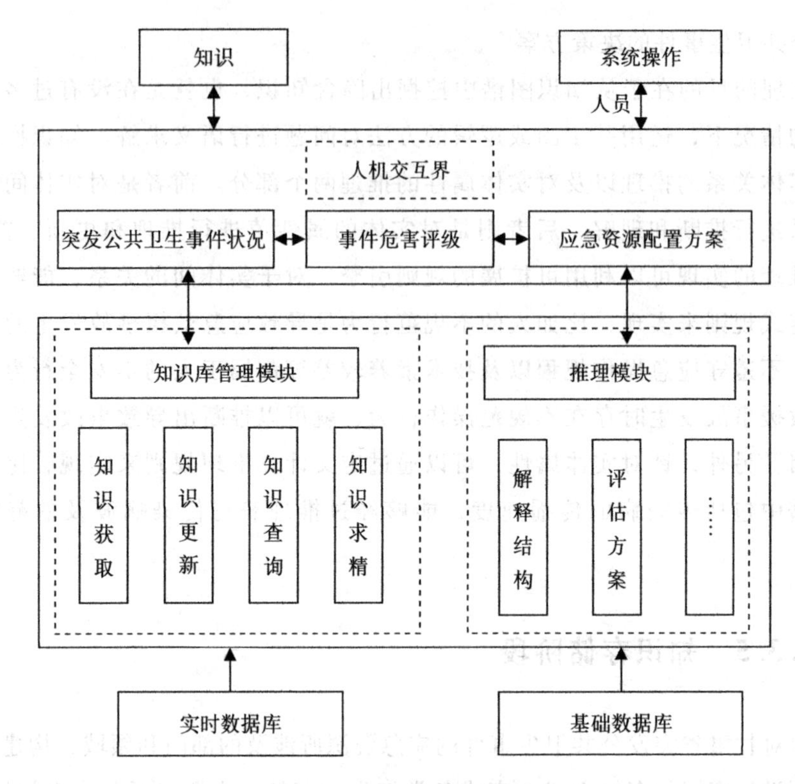

图 6.4 知识数据库结构

目前，主流的图结构存储模型为资源描述框架（RDF），RDF 采用统一的标准描述实体。RDF 知识三元组的主语、谓语、宾语对应实体、属性、属性值[11]。RDF 三元组也能够扩展为内容更丰富的六元组：主语、谓语、宾语、时间、地点、附加信息。对于甘肃省突发公共卫生事件应急资源知识图谱来说，应急减灾的数据量非常大，并且数据的更新很快，而基于 RDF 存储的知识图谱支持对大量数据的高效管理，具有较好的通用性和灵活性[12]。

6.3.6 突发公共卫生事件应急资源配置知识图谱的介绍

根据《甘肃省突发公共卫生事件应急预案》的规定，甘肃省突发公共事件应急体系主要有甘肃省突发公共卫生事件应急指挥部、甘肃省卫生健康委员会、甘肃省委宣传部、甘肃省民政厅、甘肃省财政厅等 28 个机构和部门构成。这些部门各负其责，共同完成省一级的突发公共卫生事件的处置工作。与此相适应的，各地州市也有相应的突发公共卫生事件应急预案，应急体系由各地州市的卫生健康委员会、市委宣传部、民政局等部门构成，且各地州市卫生健康委员按照预案的要求必须在两小时内完成向甘肃省卫生健康委员会应急事件的报告。同时，相关的省一级的政策、处置方案等也必须由甘肃省卫生健康委员会在两小时内传达给各地州市卫生健康委员会，再由各地州市传达给相关部门以及各县区的相关部门，由此构成了一个复杂的突发公共卫生事件应急指挥体系。

通过研究甘肃省突发公共卫生事件应急指挥体系，再结合知识图谱的构建理论，笔者以各个组织和部门为节点，以各个部门之间的应急调度、协作、指挥作为关系，以 Neo4J 图数据库为平台构建了甘肃省突发公共卫生事件应急资源配置知识图谱。其局部图如图 6.5 所示。

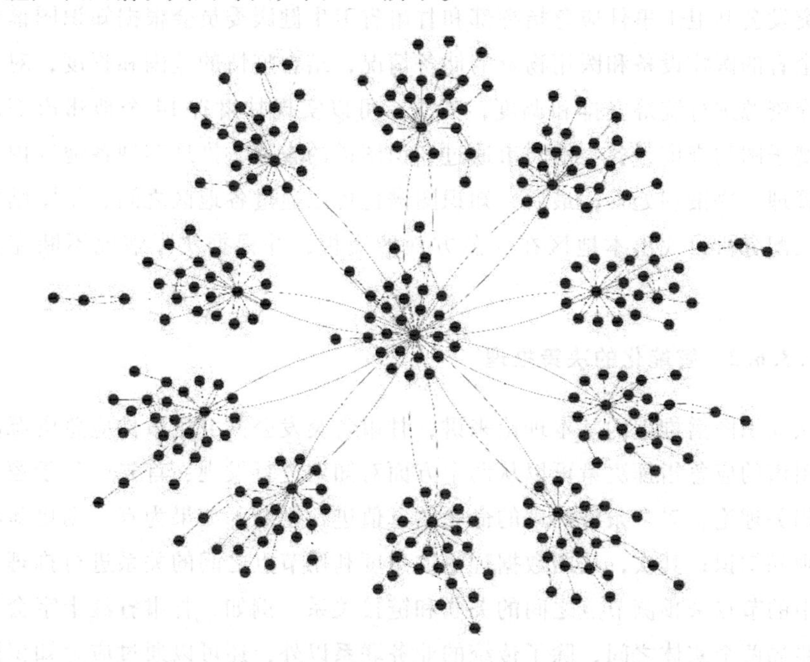

图 6.5 甘肃省突发公共卫生事件应急资源配置知识图谱（局部）

通过图 6.5 所示，就突发公共卫生事件应急资源配置指挥体系来讲，处在中间核心的是省级机构及其相应的应急指挥部门，各地州市的公共卫生应急指挥体系和机构在图谱的外侧。当各地州市出现突发公共卫生事件后通过各地州市指挥体系和卫生健康委员会上报给省一级的相关部门，省级的相关政策和处置方案也逆向快速反馈给各地州市，这些都可以通过知识图谱直观地展现出来。

另外，通过知识图谱的基本构成可知，甘肃省突发公共卫生事件应急资源配置知识图谱每个节点和边包含丰富且大量的属性信息，可以对突发公共卫生事件应急相关的知识进行更加详细的描述，决策者通过查询和检索获取更加直观且丰富的信息，也可以通过知识图谱推理技术获取新的应急处理知识、方法和不足，完善决策相关的信息。总之，知识图谱有助于决策者作出更加科学合理的判断，并制订相关的应急处理方案和政策。

6.3.6.1 模块化的决策与完善

根据突发公共卫生事件的范围，首先，可以实现省一级的应急决策。例如，此次新冠疫情涉及全省范围，要求对全省的情况进行全盘考虑。此时，甘肃省突发公共卫生事件应急指挥部和甘肃省卫生健康委员会根据知识图谱中显示的全省的医疗设备和医用物资的储备情况，结合疫情的范围和程度，对全省的医疗资源进行统筹安排和调度；其次，可以实现甘肃省 14 个地州市部门知识图谱子图的查询，各个地州市通过知识图谱的查询、推理实现各地区内部的应急管理、决策和处置；最后，知识图谱也可以通过各地区之间、子图结构之间的匹配分析，找出本地区在应急方面的短板，并根据实际情况不断完善和补充。

6.3.6.2 智能化的决策推理

从知识图谱推理的基本理论来讲，甘肃省突发公共卫生事件应急资源配置知识图谱的应急指挥决策可以从两个方面对知识进行发现：首先，基于逻辑演绎的相关理论，对多条件约束的命题的真值进行判断，如果为真，则更新相关的规则和知识；其次，从图数据理论的角度利用节点之间的关系进行推理，根据图中的节点来预测节点之间的关联和链接关系。例如，甘肃省红十字会和兰州铁路局两个实体之间，除了传统的业务联系以外，还可以通过应急知识图谱挖掘出以下信息：甘肃省红十字会需要甘肃省交通运输厅配合运送物资，而交通运输厅和兰州铁路局又存在业务联系。所以，在突发公共卫生应急物资调用方面，甘肃省红十字会和兰州铁路局存在关联。

6.3.6.3 智能化医疗资源配置与调度的决策

甘肃省突发公共卫生事件应急资源配置知识图谱由政府部门、医药企业、仓储中心和物流企业等构成：甘肃省突发公共卫生事件应急指挥部和甘肃省卫生健康委员会等政府机构和部门；兰州和盛堂制药公司、甘肃兰药药业有限公司、兰州佛慈制药股份有限公司等多家医药企业；主要分布在兰州、定西、天水等地的大型应急物资储备库；甘肃东九源物流有限公司、甘肃伟卓物流有限公司等多家物流企业。

通过知识图谱可以融合这些部门、机构和企业的相关信息，当有突发公共卫生事件时，相关决策部门会通过知识图谱所展示的各种医疗资源信息，结合灾情发生的地区和影响范围，通过智能决策模型作出决策，方便及时地运送救灾物资。

通过知识图谱所展示的信息，科学合理地在政府主导的储备中心提前储备相关的医疗资源，也可以结合各种医疗企业所生产的物资对储备中心的物资实现动态调配，真正实现企业和政府的合作，既减少了政府的负担，也能让突发公共卫生事件所需物资得到保障。当然，这些合作企业必须经过政府部门的遴选。

6.3.6.4　知识的更新和反馈帮助政府完善决策体系

甘肃省突发公共卫生事件应急资源配置知识图谱通过决策的案例来更新知识图谱的知识。通过资源配置过程中的成功案例和出现的不足来推理和分析相关的决策，并产生知识。在这些知识更新的过程中，通过反馈信息帮助甘肃省突发公共卫生事件的决策者总结经验，并优化应急的方案和政策，使政府部门的决策体系更加完善。

6.3.7　基于知识图谱的应急资源配置智能决策模型

甘肃省突发公共卫生事件应急资源知识图谱构建完成后，对突发的公共卫生事件应急资源配置就可以进行智能化决策了。当突发公共卫生事件出现后，甘肃省突发公共卫生事件应急指挥部、甘肃省卫生健康委员会或当地政府的突发公共卫生事件应急指挥部和卫生健康委员会就会根据智能决策模型进行快速决策。智能决策模型有基于规则的决策模型和基于关联分析的决策模型。

6.3.7.1　基于规则的决策模型

构建过程：

第一步 建立规则策略：由医疗应急领域的专家根据应急资源配置领域知识库制定规则策略，并利用样本数据来检验规则的精准性。

第二步 决策过程：突发公共卫生事件的决策人员按照建立的规则分析问题，从而获得推理结果。按照规则引擎的不同，规则描述通常采用表达式“if (…)，then”的形式[11]，其中，“if”表示属性构成的条件，“then”是处理问题相应的规则。

6.3.7.2 基于关联分析的决策模型

基于规则的决策能够处理单个突发事件，但是从客观实际来看，决策的精确度还受到不同个体、部门之间的联动以及群体性特征的影响。因此，甘肃省突发公共卫生事件应急资源知识图谱引入关联分析来解决这一问题。基于关联关系的决策算法如下：

第一步 基于 K - Means 的实体群聚类：利用 K - Means 方法，对知识图谱中相互联系的应急资源相关实体进行聚类。①计算每个实体 E_i 到每个中心节点 μ_k 最近的距离，将此实体划分到该中心节点对应的实体群中。②对每个实体群 $C(k)$ 重新计算中心节点。不断地重复①和②，最终得到实体群的聚类。

第二步 基于实体群获得关联实体关系：当存在 (E_j, E_{jk}, E_k)，且 E_i 与 E_k 同属一个实体群，获得 E_i 对 E_j 的决策。

$$R_{ik} = \frac{\sqrt{(E_i - E_k)^2}}{\operatorname{argmin} \sum_{m=i,n=i+1}^{j-1} \sqrt{(E_m - E_n)^2}} \cdot R_{jk} \tag{6.1}$$

公式（6.1）用于表示 E_i 和 E_j 的决策关系，$\sqrt{(E_i - E_k)^2}$ 表示 E_i 和 E_j 之间的欧氏距离。Argmin $\sum_{m=i,n=i+1}^{j-1} \sqrt{(E_m - E_n)^2}$ 表示 E_i 和 E_j 关联路径上所有节点的欧氏距离和最小的路径距离。也就是说，当聚类后的实体群实体 E_i 和 E_j 的关联度越高，即直接联系越近，基于 E_i 和 E_j 作出的决策也越相近。

6.3.8 应急知识图谱对甘肃省应急资源配置的促进作用

知识图谱的不断完善也是甘肃省突发公共卫生事件应急资源配置越来越科

学合理的过程，这将对改善甘肃省应急物流相关情况起到促进作用。

第一，通过甘肃省突发公共卫生事件应急资源配置知识图谱的日趋完善，各级政府和单位利用相关的知识库和数据平台能快速理解甘肃省突发公共卫生事件应急指挥部和甘肃省卫生健康委员会所制定的相关政策和方案；甘肃省突发公共卫生事件应急指挥部和甘肃省卫生健康委员会也能迅速掌握疫情的相关信息。这将有助于改善层层上报、层层发放的效率低下的问题。另外，知识图谱也能实时反馈应急物流的物资供应链、干线运输与末端配送衔接、末端配送的组织等情况。通过这些信息，决策部门能及时发现相关的问题，并制定相关的措施和政策，最终能构建一个统一的运输保障组织机制。

第二，通过甘肃省突发公共卫生事件应急资源配置知识图谱的日趋完善，应急医疗物资储备目录也得以建立完善，同时，政府部门也能摸清甘肃省应急医疗物资和救援力量储备底数，提高了甘肃省医疗储备资源管理的信息化程度，从而能帮助政府制定统一的应急资源征调体系。

第三，通过甘肃省突发公共卫生事件应急资源配置知识图谱的日趋完善，知识推理能及时发现应急储备尤其是人才储备方面存在的不足，并可以把这些信息及时反馈给决策部门，帮助政府部门制定相关的政策，培养和储备更多的应急人才，提高大规模应急处置工作的能力。

第四，通过甘肃省突发公共卫生事件应急的资源配置知识图谱的日趋完善，每一次的应急物流所体现出来的政策和制度方面的优势和不足就会逐渐显现，政府部门可以通过这些信息完善涉及各级政府相关部门、社会组织、企业和个人的相关政策法规。

参考文献

[1] 陶坤旺，赵阳阳，朱鹏等．面向一体化综合减灾的知识图谱构建方法 [J]．武汉大学学报信息科学版．2020，45 (8)：1296 - 1302.

[2] 黄征，张雪超，刘长弘．基于知识图谱的结构化应急数据展现研究 [J]．现代计算机，2019 (19)：7 - 12.

[3] 李泽荃，祁慧，曹家琳．多源异构数据应急知识图谱构建与应用研究 [J]．华北科技学院学报，2020，17 (6)：94 - 100.

[4] 朱雪婷，王宏伟．突发公共卫生事件的应急医疗资源配置研究——基于网格化管理和大数据平台［J］．现代管理科学，2021（2）：23－30.

[5] 魏瑾，李伟华，潘炜．基于知识图谱的智能决策支持技术及应用研究［J］．计算机技术与发展，2020，30（1）：1－6.

[6] 程扬，王永钊．基于突发事件的应急物流供应链构建与策略研究［J］．现代物流，2021，（6）：63－66.

[7] Rosa M. Rodríguez，Luis Martı′nez，Francisco Herrera. A group decision making model dealing with comparative linguistic expressions based on hesitant fuzzy linguistic term sets［J］. Information Sciences，2013，241（12）：28－42.

[8] 许伟，曾凡明，刘金林，李彦强．基于知识库的舰船应急抢修决策支持系统研究［J］．中国修船，2012，25（4）：43－46.

[9] 张伟业，魏翠萍．基于犹豫模糊语言信息的 EDAS 决策方法［J］．曲阜师范大学学报．2017，43（1）：10－15.

[10] 李错，何永锋，吴纬，刘福胜等．基于节点重要度的复杂网络可靠性研究［J］．计算机应用研究．2017，35：2465－2468.

[11] 杨琳．重大突发公共卫生事件应急医疗资源配置韧性评价研究［D］．西安：西北大学，2021. 5.

[12] 王付宇，汤涛，李艳等．重大突发灾害事件下应急资源供给与配置问题研究综述［J］．自然灾害学报．2021，31（4）：44－54.

第7章 突发公共卫生事件应急资源配置优化策略——以甘肃省为例

7.1 甘肃省突发公共卫生事件知识图谱的功能

根据甘肃省突发公共卫生事件应急资源知识图谱体系服务的对象，可以将应急资源知识图谱的应用划分为两个层面，一个是面向用户（或决策者）的，另一个是面向智能系统的。面向用户（或决策者）的应用主要是为用户提供更便捷、更精准的知识服务，比如智能检索、智能辅助决策分析等；面向智能系统的应用主要是让机器系统拥有像人类一样的认知能力，例如智能问答平台[1]。甘肃省突发公共卫生事件应急资源知识图谱具有如下几个基本的功能。

7.1.1 甘肃省突发公共卫生事件的智能检索

应急知识图谱的搜索往往是以知识卡片的形式呈现，是对应急知识的一种形式化表达。甘肃省突发公共卫生事件知识图谱可以把灾害实体、天气状况、物资需求、响应措施等要素相互联系起来，从而实现应急知识的语义搜索和查询，在同一页面上进行可视化的呈现。

7.1.2 甘肃省突发公共卫生事件应急资源智能决策支持

在大数据的支持下，对突发事件的应急响应更加依赖智能决策。在甘肃省突发公共卫生事件应急资源知识图谱体系的基础上，运用了分类、聚类等机器学习算法，以及最优路径、链路预测、中心性分析等复杂网络分析技术，对突发事件、承灾载体和应急管理三个要素进行关联分析和挖掘，实现灾前准备、灾后救援与恢复的智能化决策支持。

7.1.3 甘肃省突发公共卫生事件应急资源知识图谱的智能问答

人工智能技术在不断完善和提高，深度学习的应用已经能够让机器拥有像人类一样的感知能力，但若要让机器拥有人类的认知能力，实现自然语言的交互，并和人类进行沟通交流，就需要相应的知识库来支撑。由于甘肃省突发公共卫生事件应急资源知识图谱具有结构化的特点，与传统的文本资料、关系型数据库相比，更能体现出强大的语义表达和理解能力，是实现应急管理领域智能问答的知识库基础。

7.1.4 甘肃省突发公共卫生事件应急资源知识图谱的智能化舆情监测

随着信息技术的发展，社会化媒体的发展越来越便捷，人们可以通过微博、微信、抖音等平台来表达自己的观点。而对于某些突发的应急事件，反向的观点会给政府和公众造成误导，从而妨碍应急工作的进行。所以，甘肃省突发公共卫生事件应急资源知识图谱能否高效地对大规模实时数据进行过滤和监测，是应对突发事件的关键。基于甘肃省突发公共卫生事件应急资源知识图谱的监控系统能够通过舆情信息进行语义标注，挖掘出有价值的信息，揭示信息之间的关联关系，从而对大众媒体进行舆论分析。

7.1.5 加强多领域多部门的协作

灾害的发生通常不是独立存在的，它们之间有一种复杂的链式效应。突发公共卫生事件应急救援覆盖到社会的方方面面，往往由多个主体共同参与。甘肃省突发公共卫生事件应急资源知识图谱体系能够构建起与应急救援相关的社会领域的联系，揭示不同领域、不同社会实体之间以及实体与数据资源和灾害事件之间的交叉网络关系，在灾害发生时，可以帮助有关部门迅速找到与其有关联的不同社会领域，并迅速达到与应急救援相关的协同响应。通过定义灾害链相关的概念、属性和关系，可对多个灾害之间的关系进行分析，运用知识图谱对突发公共卫生事件救援工作的情况进行分析，并评判应急救援工作是否符合政策制定者和公共管理人员的计划[2]。

7.2　甘肃省突发公共卫生事件资源供应商的遴选策略

在突发事件发生时，应急资源存在调配不及时的问题，并且可能由于储备量不足而导致资源供应短缺。因此，甘肃省应急政府部门在储备一定应急资源的同时，还要做好供应商的选择工作，通过挑选合适的、高效的资源供应商来保证应急资源的及时供给，以确保其有足够的生产能力满足即时的资源需求，从而为应急管理工作的顺利进行提供强有力的资源支持，形成一种紧密协作的政企应急资源供给模式。

供应商是指在供应链管理的条件下，根据采购合同，为特定用户提供原料、设备及其他资源的组织。而应急医疗资源供应商则是甘肃省相关政府部门依据现有的评估标准，挑选出的能保障突发情况下应急资源持续供应的合格企业。相关政府部门与这些企业签署了相应的资源供应保障协议，将一部分甘肃省应急医疗资源供应工作交给企业。一旦出现紧急情况，这些企业就可以根据保障协议直接提供相应的应急资源，从而形成长期稳定的合作伙伴关系，这种以应急医疗资源供应保障协议为基础的供应商，即为应急医疗资源供应商[3]。

从图7.1可以看出，甘肃省应急医疗资源供应商与政府是“双赢”的关系。一方面，应急医疗资源供应商对资源的持续提供，增强了甘肃省政府对突发事件的应对能力；另一方面，甘肃省政府为了增强医疗供应商的应急资源快速响应及生产的能力，在经济资源上会给医疗供应商一定的补偿，同时在政策上会给一定的扶持，以期改善供应商的人力资源状况、资金流动、资源生产或储备能力，从而最终增强供应商的运营能力。此外，为使甘肃省政府得到最大限度的资源支持，甘肃省优秀的应急医疗资源供应商应具备以下特征：一是具有快速的反应速度、短暂的反应时间以及准确的反应行为；二是要与甘肃省各级政府建立长期稳定的合作关系；三是对整体综合素质的高要求；四是可以应对特殊的救灾要求。因此，只有具备以上这些特征的医疗供应商才能保障甘肃省各级政府的应急管理工作[4]。

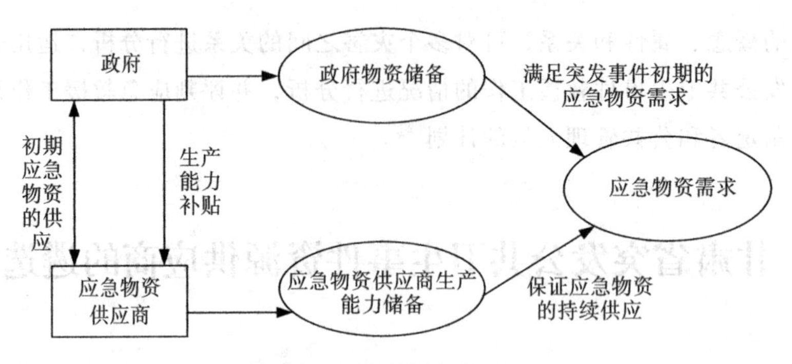

图 7.1　应急资源供应模式

7.2.1　甘肃省应急医疗资源供应商的遴选

甘肃省应急医疗资源供应商的内涵及其相关特点，决定了应急资源供应商相对于一般的商业资源供应商而言，具有自身的特殊性，因此，在选择过程中应注意以下几个方面。

7.2.1.1　遴选目标不同

应急医疗资源供应及配送的参与主体一般是甘肃省政府相关部门、非政府组织、各种捐赠者或临时建立的机构等，而提供和配送普通商业资源的一般是制造商、分销商及运输企业等经济实体。普通商业资源为了寻求成本最小化和利润最大化，在资源供应商选择的过程中，都是以价格协商为重点，通过多次谈判及价格比较来获得最大的经济效益。而甘肃省应急医疗资源供应商必须在灾难面前充分体现以人为本和公平效益等理念，从而加强和巩固自身的执政能力和公众信任度。此外，在甘肃省应急医疗资源供应商的选择中，必须要考虑时间效益，要以最大限度减少灾害损失为目的，而一般商业资源的经济效益会退为其次，甚至，在某些情况下，应急医疗资源供应很有可能会舍弃经济性原则。所以，在应急医疗资源供应商的选择中，快速反应能力及一些柔性因素是关键要素。

7.2.1.2　遴选原则不同

总体而言，要尽可能地选取合适的甘肃省应急医疗资源供应商，以便尽可能地降低成本费用以及避免相关的损失。在选取普通商业资源供应商评估的指标时，要做到尽量全面、完整地体现出资源供应商的总体状况，例如资源供应商的历史绩效、发展现状和潜力等，与此同时，还要考虑外部经济环境及经济效益性原则，所选取的指标层次多，数量大而细。但是甘肃省应急医疗资源时效性的特点，决定了其在选择指标体系时，不应冗余和复杂，既要做到简明科学、重点突出等，也需要考虑资源供应商的能力水平和紧急需要。

7.2.1.3　遴选指标不同

普通商业资源供应商的选择指标多为静态指标，较多地侧重价格、质量等，但是这些静态指标无法反映出应急资源供应商选择的主要目标，而动态性指标，例如应急医疗资源供应商的持续改进能力和生产时间等，是甘肃省应急医疗资源供应商选择的主要方面。另外，普通商业资源供应商在评估和选择时，往往只关注其自身的内部环境和条件，忽略其与外部环境及上下游企业之间的协同合作，因此，要迅速提供应急医疗资源，就必须建立在甘肃省应急医疗资源供应商与上下游企业良好的协作能力基础之上。所以，甘肃省应急医疗资源供应商在评估与选择时，必须综合考虑外部环境因素。

7.2.1.4　遴选指标的权重不同

在选择供应商时，应急资源供应商与普通商业资源供应商的服务对象不同，这就导致甘肃省应急医疗资源评价与选择的各个指标权重必须有所不同。普通商业资源供应商的指标权重系数主要是以价格和质量为主。但是甘肃省应急资源需求具有紧急性，在紧急情况下，必须在一定的时间内到达指定的地方，以实现其应有的救援价值，而这就决定了其时间因素的权重较大。同时，由于突发公共卫生事件具有突发性和不确定性等特点，难以在短时间内对灾害的损失和后果进行判断，同时也难以掌握和预测资源的需求量与范围。因此，甘肃省应急医疗资源供应商在应对紧急情况时（例如，需求量远远超过了预期和存储）所反映的柔性指标权重也应该重点关注。

7.2.2　遴选评价复杂

甘肃省应急医疗资源供应商中，由于环境因素的不确定性、信息的不完备性，往往会产生大量的灰色信息，但是应用于一般普通商业资源供应商选择的常规的方法（如 AHP、多目标规划、数据包络分析法等）仍然存在一些弊端。所以，选择应急资源供应商时必须对这些传统的方法进行改进[5]。

7.3 甘肃省突发公共卫生事件资源供应链分析与构建

7.3.1 供应链的社会责任分析

供应链的社会责任的研究主要体现在两个方面：第一是供应商的社会责任的履行与实现；第二是供应商的社会责任是如何影响供应链运作和绩效。但是，目前有关的研究大多集中于制造供应链的社会责任的履行及其影响上，对于突发公共卫生事件背景下的研究却非常少。基于这个原因，将履行社会责任融入应急事件管理中，进一步讨论甘肃省突发事件下应急医疗资源供应商履行其社会责任对应急工作的开展有着十分重要的意义。

7.3.2 甘肃省应急供应链的功能分析

基于构建的知识图谱决策技术，针对救灾点的不确定性，结合信息的关联性、体系的广泛性等特点，给出了基于智能关联的模糊多属性决策技术，为决策者选择优质的公共卫生供应商及其供应链提供科学有效的依据。

由于突发公共卫生事件具有复杂性和不确定性，可对应急医疗资源配置知识进行精确和模糊相结合的分层表达。其中，准确地表示了应急资源配置需求中的定量特征属性，但对定性特征属性模糊表示。复杂产品标准模块提出了精确配置规则，非标准模块提出模糊配置规则。根据配置知识优先原则，对公共卫生事件资源需求的第一层次进行准确的配置，通过求解规则，得到了标准模块的配置方案；第二层次为模糊相似配置，是针对突发公共卫生事件资源需求中的非标准模块进行配置，通过求解规则，获得类似的配置方案集[6~8]。

应急医疗资源供应商及其供应链的选取过程的配置建模、配置知识表示、配置推理求解、应急医疗资源供应商及其供应链的选择方案评估排序的四个阶段中，配置方案的评估涉及应急资源配置数目要求和时间约束要求。由于各个评判因素往往都是模糊不清的，这就给突发公共卫生供应商及其供应链选择方案的评估排序带来了很大困难。所以，运用人工智能技术，建立模糊多属性决策模型，可评选出最能满足应急资源配置数目要求和时间约束要求的方案，从相似方案集中选出来的最优方案就是公共卫生供应商及其供应链的选取结果[9]。

7.3.3　应急医疗供应链模型构建

针对应急医疗物流供应链的特征和形成条件，提出了一种多场景多时段单产品的三级供应链网络。该供应链网络由N个供应商、M个采购商、I个零售商和K个应急物流配送中心组成，由区域性应急处置储备中心通过信息子系统将其连接起来，仓储子系统、受灾信息交换子系统、应急子系统按照不同的场景进行内循环，确保信息及时传递到突发公共卫生事件指挥中心。考虑到零售商所销售的商品无法长期存放，因此，供应商和采购商围绕零售商位置相近的地方建立仓储系统，可确保在一定时间内根据零售商的销售情况及时补充库存。

应急医疗物流供应链上的各个企业和物流设施都是构成网络系统的节点，其中突发公共卫生事件指挥中心是大脑中枢，它负责统一指挥调度应急物资，对应急医疗物资进行采购及调拨供应，具有重要的决策指导作用；区域性应急物资储备中心以其雄厚的储备力量可保障应急物资的供给，物资生产企业负责生产物资，受灾当地的物流配送中心负责分发物资，两者构成了一个供应链结构，保证了应急物资的正常供给。

一般的供应链流程为：供应商生产出产品，产品交由采购商；随后采购商将产品交给零售商处；最终，零售商向消费者出售商品。该流程会根据供应链的特性，选择最佳的仓库位置，以达到最大效益。在这种供应链流程下，假定出现了突发公共卫生事件，可能会使现有的供应链立即崩溃。在突发公共卫生事件发生期间，按照突发公共卫生事件指挥中心的指示，可以启动区域性应急物资储备中心，调整供应链的一些功能。为了确保供应链稳定运行，要加强对设备、人员的管理，所以，突发公共卫生事件应急物流供应链必须是一个精简的网状结构系统[10]。

7.4 突发公共卫生事件应急医疗资源仓储中心的选择研究

7.4.1 图的应急社区和节点的重要性

7.4.1.1 图的应急社区

应急社区结构是图的一种基本单元，实质上是图的子图，它的特征是应急社区内是高度连通的，而应急社区之间的连接是很稀疏的。另外，应急社区内的节点依据与应急社区外节点是否有边的连接，可分为边界节点集和非边界节点集。

7.4.1.2 图节点的重要性

图节点的重要性主要依据图的特征，可以从图的局部结构和全局结构等方面对其进行评估。目前，节点重要性的判断方法有度值中心性、介数中心性、接近中心性、半局部中心性、PageRank 和融合中心性等，笔者主要关注度值中心性和介数中心性。

(1) 度值中心性。度值中心性是指节点的度值越大，节点越重要，用 dg_i 表示节点 v_i 的度值，这个判断方法是评估节点重要性简单有效的方法。对于有向图而言，需要分别计算节点的入度和出度；对于无向图而言，可直接计算其度值。由于图的规模是变化的，所以度值中心性通常采用归一化来评估节点重要度。

$$C_d(i) = \frac{dg_i}{N-1} \tag{7.1}$$

公式 (7.1) 中，N 为网络的规模，dg_i 为节点的度。度值中心性计算复杂度低，消耗的时间少。

(2) 介数中心性。介数中心性基于图的全局信息，它是计算了图中所有节点对之间最优路径的数目，节点对之间的最优路径通常存在多条，若节点 v_i

位于最优路径的次数越多，则该节点越重要。介数中心性的定义为：

$$C_b(v) = \sum_{s \neq v \neq t \in V} \frac{\gamma_{st}^{v}(v)}{\gamma_{st}} \tag{7.2}$$

公式（7.2）中 V 为图中节点的集合，γ_{st} 为储备中心 s 和灾点 t 之间最优路径的数目，γ_{st}^{v}（v）为储备中心 s 和灾点 t 之间经过节点 v 的最优路径的数目。

7.4.2　甘肃省突发公共卫生应急仓储中心、地址的选择

当应急事件发生时，应急物资的调度应主要考虑由一个物资应急仓储中心向多个应急需求点提供服务的需求。一般来讲，应急物资配置关注时效性，时效性体现在物资在短途区域内调配的快速性及物资从远途调运至本地的便利性。而在突发公共卫生事件下，物资的调度运输和分配过程还与甘肃省各地区内的医疗资源分布状况有关。为实现对甘肃省应急需求点和高危需求点的全面覆盖，需要考虑城市人口差异化情况下，求解应急物资集配中心对医疗资源配置的基础上，保障应急物资集配中心到需求点的时间最短，以便在应急事件发生时能够快速到达应急需求点[11~20]。

7.4.2.1　甘肃省突发公共卫生应急仓储中心地址选择的依据

截至 2021 年 12 月，甘肃省辖 17 个市辖区和 5 个县级市共 22 市；57 个县和 7 个自治县，共 64 个县。考虑突发公共卫生事件在人口越多的地方危害越大，而且各个市县政府所在地恰恰是该地区人口最密集的地方，所以笔者考虑以全省 22 市和 64 个县的位置为基本坐标点，结合甘肃省各级交通设施，通过介数中心性指标规划突发公共卫生应急仓储中心的地址[21~26]。

7.4.2.2　甘肃省突发公共卫生应急仓储中心地址的选择策略

规划甘肃省突发公共卫生应急仓储中心的地址，需要把 22 市和 64 个县共 86 个地标看作图的候选节点，以各地标之间的高速公路和国道为边构建甘肃省突发公共卫生事件应急图。在甘肃省突发公共卫生应急图的基础上，求解甘肃省公共卫生应急仓储地址[27~29]。

（1）Floyd – Warshall 算法的时间复杂度为 O（N^3），空间复杂度为 O（N^2），

比单源最短路径去求所有节点间的最优距离效率要高。所以，甘肃省任意两个地标间的最优路径用该算法求解。

Floyd - Warshall 算法是经典的动态规划算法，该算法的核心思想首先是寻找从候选节点 i 到候选节点 j 的最优路径：第一种是直接从 i 到 j；第二种是从 i 经过若干个节点 k 到 j。

因此，假设 Distance（i，j）为候选节点 i 到候选节点 j 的最优路径的值，对于每一个候选节点 k，检查 Distance（i，k）+Distance（k，j）<Distance（i，j）是否成立。如果成立，就证明从 i 到 k 再到 j 的路径比 i 直接到 j 的路径要更优，便设置 Distance = Distance（i，k）+Distance（k，j），这样的话，当对所有候选节点 k 完成遍历，Distance（i，j）中记录的便是从 i 到 j 的最优路径。

（2）Floyd - Warshall 算法求出所有的最优路径后，分别求出每一个候选节点的最优路径数，通过公式（7.2）计算每个候选节点的介数中心性，对其值进行排序，选出前 N 值，即为仓储地址的选择，由此完成了甘肃省突发公共卫生应急图中所涉及的仓储选址问题。

（3）在仓储选址问题上，如果有多种属性影响，此时利用本章所介绍的 TOPSIS 方法的多属性模糊决策方法可以首先对高维多属性数据进行评分，然后利用 Floyd - Warshall 算法求出每个节点的最优路径。

（4）具体过程如下：

第一步，综合考虑甘肃省各城市的医疗资源和距离等因素，利用 TOPSIS 方法的多属性模糊决策方法对高维多属性数据进行评分；

第二步，运用 Floyd - Warshall 算法求解甘肃省任意两个候选节点间的最优路径；

第三步，运用公式（7.2）计算每个地区（或候选节点）的介数中心性；

第四步，按照介数中心性的大小排序，找出前 N 个节点即为仓储中心的选址。

通过上述步骤，即可得到甘肃省突发公共卫生应急仓储地址。

7.4.2.3 应急仓储中心选择的实验分析

笔者用 Neo4J 画出储备中心到灾点多属性知识图，主要目的是验证仓储中心的选择策略。

图7.2所示的知识图是经过了混合多属性决策方法综合评价后应急规划图，图中所示数字是综合评价得分，在应急规划时可用其倒数的值，便于最短路径的求值和分析。图中的箭头指向为储备中心通往灾区的可能路径。

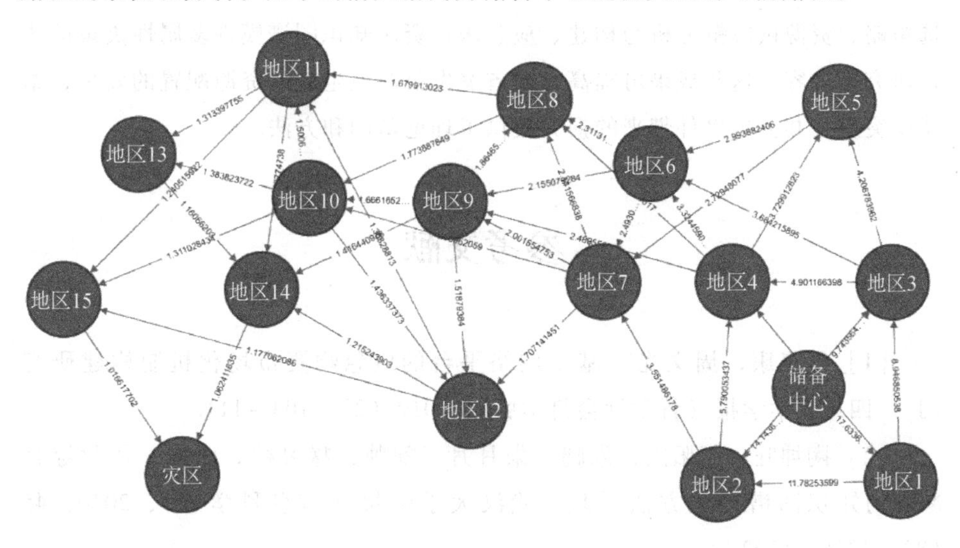

图7.2　应急规划图

按照仓储中心的选择策略对应急规划图中的地区节点计算其介数中心性。结果如图7.3所示。

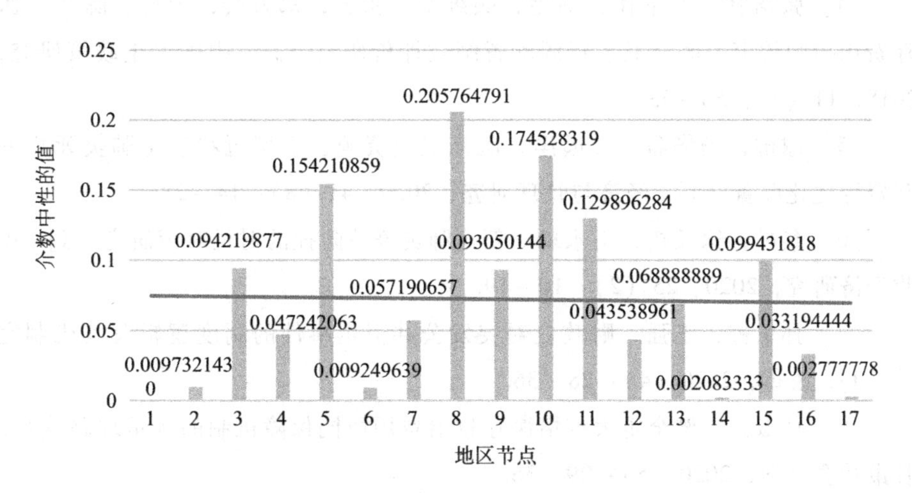

图7.3　地区节点的介数中心性

通过图7.3可以看出，节点中心性的值接近或超过0.1的有节点5、8、10、11、15等，说明这些节点在应急路径规划中的确起到了非常重要的作用。

由此，可以按照顺序遴选出这些节点来筹建新的应急物资储备中心。

本章主要研究了基于甘肃省突发公共卫生应急资源知识图谱决策体系的优化策略，其中包括甘肃省突发公共卫生事件知识图谱的功能、资源供应商的遴选策略、资源供应链分析与构建、应急医疗资源知识图谱模糊多属性决策的优化研究等内容。这些成果可提高甘肃省突发公共卫生应急资源配置的效率，给减少突发公共卫生事件带来的损失提供了理论基础和方法。

参考文献

[1] 雷晓康，周文光．基于网络平台的应急物资市场化机制构建研究［J］．四川大学学报（哲学社会科学版），2019（2）：103－111.

[2] 陶坤旺，赵阳阳，朱鹏，朱月月，刘帅，赵习枝．面向一体化综合减灾的知识图谱构建方法［J］．武汉大学学报（信息科学版），2020，45（8）：1296－1302.

[3] 姚克勤，唐洪磊，罗永杰，王兴琳．深圳市与广州市卫生资源配置公平性对比［J］．现代医院，2020，20（9）：1268－1271＋1276.

[4] 张培林，谭华伟，刘宪，颜维华，张云，郑万会，彭玲，陈菲．医疗费用控制约束下医疗卫生资源配置绩效评价研究［J］．中国卫生政策研究，2018，11（3）：56－63.

[5] 谢琳，杨华磊，吴远洋．医疗卫生资源、新型冠状病毒肺炎死亡率与资源优化配置［J］．经济与管理研究，2020，41（8）：14－28.

[6] 蔡昌，徐长拓，王永琦．新冠肺炎疫情防控的财税对策研究［J］．税收经济研究，2020，25（2）：10－19.

[7] 孙玉栋，王强．财政应对突发公共卫生事件的制度逻辑及其机制完善［J］．改革，2020（4）：28－36.

[8] 孙淑云．健全重大疫情医疗救治费用协同保障机制的逻辑理路［J］．甘肃社会科学，2020（5）：29－36.

[9] 任彬，张树有，伊国栋．基于模糊多属性决策的复杂产品配置方法［J］．机械工程学报，2010，46（19）：108－116.

[10] 程扬，王永钊．基于突发事件的应急物流供应链构建与策略研究

[J]. 铁路采购与物流，2021 (6)：63－66.

[11] 郝晋伟，江冬冬，王全，毛宗福. 新冠肺炎疫情后武汉市基层医疗卫生服务体系建设——基于利益相关者视角 [J]. 中国卫生政策研究，2020，13 (09)：15－21.

[12] 冯良清，陈倩，郭畅. 应对突发公共卫生事件的"智慧塔"应急物流模式研究 [J]. 北京交通大学学报 (社会科学版)，2021，20 (3)：123－130.

[13] 王芃，梁晓峰. 专业学会在应对突发公共卫生事件中的作用——以新型冠状病毒肺炎疫情应对为例 [J]. 行政管理改革，2020，(3)：17－22.

[14] 曹广文. 突发公共卫生事件应急反应基础建设及其应急管理 [J]. 公共管理学报，2004，(2)：68－73+96.

[15] XIE YG，QIAO R，SHAO GS，et al. Research on Chinese Social Media Users' Communication Behaviors During Public Emergency Events [J]. Telematic-sandInformatics，2017，34 (3)：740－754.

[16] 杨代君，钱慧敏. 物流企业智慧化程度对企业绩效的影响 [J]. 科技与管理，2019，21 (2)：10－19.

[17] WANG J，LIM M K，ZHAN Y Z，et al. An Intelligent Logistics Service System for Enhancing Dispatching Operationsinan IoT Environment [J]. Transportation Research Part E－logistics and Transportation Review，2020，135：101886.

[18] 赵建新. 大数据和人工智能在突发公共卫生事件中的应用研究 [J]. 中国应急管理科学，2020，13 (3)：68－80.

[19] 朱雪婷，王宏伟. 突发公共卫生事件的应急医疗资源配置研究——基于网格化管理和大数据平台 [J]. 现代管理科学，2021 (2)：23－30.

[20] 陈潭，王鹏. 大数据驱动公共卫生应急治理的智慧表征与实践图景 [J]. 电子政务. 2021，(06)：85－99.

[21] 王付宇，汤涛，李艳，等. 疫情事件下多灾点应急资源最优化配置研究 [J]. 复杂系统与复杂性科学，2021，18 (1)：53－62.

[22] 赵星，吉康，林灏等. 基于多目标路径规划的应急资源配置模型 [J]. 华南理工大学学报 (自然科学版)，2019，47 (4)：76－82.

[23] 赵树平，梁昌勇，戚筱雯. 城市突发事件的应急设施选址群决策方法 [J]. 系统管理学报，2014，23 (6)：6－12.

[24] POWER D，SOHAL A，RAHMAN S U. Information management sys-

tems in supply chains [J]. International Journal of Physical Distribution and Logistics Management, 2001, 31 (4): 247-265.

[25] LONG D, WOOD D. The Logistics of Famine Relief [J]. Journal of Business Logistics, 1995, 16 (1): 213-239.

[26] 中华人民共和国国家发展改革委，中华人民共和国住房和城乡建设部. 兰州—西宁城市群发展规划 [Z]. 2018.

[27] 马文竭，马明. 智媒时代突发公共卫生事件决策信息的集成与传播 [J]. 现代传播，2022.6：151-157.

[28] 周旦，杨瑞新，顾国斌等. 城市应急医疗物资集配中心选址评价优化方法 [J]. 深圳大学学报（理工版），2022.4：1-9.

[29] 张克宏. 面向图数据的复杂多属性路径查询技术研究 [D]. 大连：大连理工大学，2017.12.

第 8 章　突发公共卫生事件应急资源配置路径概述

8.1　应急资源配置路径问题的介绍

甘肃省突发公共卫生事件应急资源配置知识图谱建成后，可通过知识图谱的推理作出仓储中心到灾点的应急资源配送的决策，此时应急资源配置问题显得愈发重要。应急资源的配置主要包括临时救灾点的选址、应急资源配送的路径和分配、力图解决应急资源的供应地点应该选在何处、每个供应地点应配置多少资源、应急资源的运输路线及最优的调度资源数量、使应急资源的需求被满足、总成本最小[1]。而应急资源配置路径问题是应急资源配置十分重要的问题，也是图路径查询的具体应用。而图路径查询是图数据理论中的经典问题，也是计算机科学、应急物流规划、地理信息科学和交通运输等领域的研究热点，还是资源分配、区位分析和路径规划等优化问题的基础。但随着社交网络、应急管理、生物网络、物流规划、GPS 导航、基于位置的服务和语义网等应用的快速发展，应急资源配置图等图数据规模在不断地扩大，图数据路径的精确分析对属性的要求也越来越多。由此，一些经典的算法已经无法满足实时性和复杂性等方面的需求。所以，如何尽快返回路径查询的结果是这些实际应用的迫切需求。因此，面向图数据的路径查询问题引起了许多研究者的关注，数据领域内的顶级学术会议 SIGMOD、VLDB、ICDE、KDD，以及重要学术会议 CIKM、EDBT、ICDM 等均有与大规模图数据路径查询有关的议题。

在应急资源配置的现实情况中，仓储中心与灾点的最优路径、可达性、TOP－K 路径的查询是应急资源科学有效分配的前提。除去时效性的考虑外，其技术特点是图数据路径查询的常见问题，人们在规划快递运输、驾车的路线时经常涉及此类问题。应急物流的货物种类有很多，每种物资配送都有其共性和特殊性，诸如医药类的物流就受时效保障、全程温控、专业包装和 GSP 认证等属性的约束。这就要求应急资源配送的路径规划必须在考虑时间、灾情、费用、距离、拥堵水平、道路质量、货物处理能力和设施等属性的基础上，规划出高效的应急物资配送路径。另外，就某些应急事件来看，具有在多个地区共同发生的特点，每个地区也呈现出多点暴发的特征，而且应急物资的种类也比较多，存储的位置也可能不同，这些导致灾点和仓储中心构成了一个规模庞大的网络。上述这些也构成了复杂多属性约束的应急资源配置路径问题。此类具有大规模复杂多属性特点的路径查询问题迫切需要解决。

8.1.1 应急资源配置路径属性的复杂性

应急资源配置路径属性的“复杂”主要体现在三个方面：第一个方面是指影响路径选择的属性有很多，涉及路径的很多因素。第二个方面是指应急资源配置路径的属性值自身的复杂性：①实际情况中属性的取值包括精确数、不确定数、模糊数和语言值等类型，由这些属性值构成的决策矩阵有时候是单一类型的，有时候是多种类型构成的复杂情况；②同一种属性因为人为因素、环境等情况的不同，其属性的取值类型也可能不同。第三个方面是指某个属性在所有属性中所占的比重可能不同，而这些权重信息本身也可能取精确数、不确定数等类型的数值。另外这些权重信息也可能不是直接给出的，而是通过分析属性之间的关系，通过综合计算而得到的。

由于应急资源配置路径的多个属性具有复杂性、不确定性，尤其是人类心理和思维的模糊性，就导致路径选择面临很大的困难。所以，如何解决好复杂多属性应急资源配置路径的查询，是一个迫切需要解决的问题。一般来讲，复杂多属性应急资源配置路径的查询是指在考虑多个属性影响的情况下的排序和择优、路径信息判断两个方面，而且路径的多属性查询有四个共同的要素：第一，是否有应急资源配置的路径，是一条还是多条备选的路径，也就是说，决策者先要衡量可行的路径数量，以此作为查询决策的依据；第二，路径具有属性，决策者必须先要衡量可行的路径属性数，分析影响路径选择的多个相关属性；第三，应急资源配置路径多个属性的权重分配，因为决策用户对不同的属性有不同的心理倾向性，所以会给不同的属性分配不同的权重；第四，应急资源配置路径具有多个属性，属性的数值类型、取值范围等因素有很大不同，而且各属性的取值有精确数、区间数、模糊数、不确定数等形式。这些现象就导致不能直接使用这些不同量纲的数据进行路径决策，必须把这些路径属性数据构成的决策矩阵规范化。因此，对复杂多属性的研究是应急资源配置路径决策的前提，具有重要的意义。

8.1.2　应急资源配置的可达性查询

应急资源配置可达性查询指的是，给定一个应急资源配置有向图 G 和图中的两节点 u、v，判断是否存在从 u 到 v 的一条路径。这是一个看似简单但又非常困难的问题。另外，随着应急资源配置数据规模的不断增加，可达性查询将面临新的挑战，例如，多属性约束条件下的应急资源配置可达性查询，就面临多个属性的综合决策和数据规模不断增大的困扰。

应急资源配置可达性查询是图可达性的具体应用，目前可达性已经被广泛应用于多个科学领域，如应急救援、软件工程、分布式计算、社交网络分析、生物网络分析、路由规划等。此外，可达性索引还能够加速和优化诸如最优路径等图上其他算法的作用。例如，在社交网络中，我们想知道用户 A 是否是用户 B 的远亲，这时，我们需要查询在图中是否存在一条从 A 到 B 的路径，并且路径上每条边都满足与远亲相关的多属性的要求。又如在交通图上查询路径时，假设某人要从 A 点去 B 点，中途可能需要去办其他事，如超市买东西、会朋友和去银行等多属性约束的情况，此时会查询他能否在满足这些约束条件下顺利地到达目的地。所以，对可达性的深入研究将有十分重要的理论和应用价值。

8.1.3　应急资源配置的最优路径查询

图数据的最优路径问题，是指在一个属性图的两个节点之间找出一条具有最优值的路径，它一直受到物流规划、计算机、地理信息和交通运输等领域的关注。应急资源配置的最优路径查询是仓储中心和灾点之间的最优路径的规划问题，如果把应急的时效、物资的数量看作属性的话，这个问题就是图的最优路径查询问题。一般的最优路径算法都以单一属性为研究对象，而实际的应急资源配置路径会受多个属性的影响，而且这些属性又有各自的特点，通常具有不同的量纲和数量级。特别是近年来伴随着图数据规模的不断增长，最优路径的计算面临新一轮的挑战，诸如消防和救灾等应急路径、行程规划、物流规划、基于位置的服务等很多实际应用都要求在尽可能短的时间内获取最佳路径，为用户提供一种最优的方案，以便快速决策。而所有这些都依赖于更高性能的多属性最优路径算法。例如，用北斗或 GPS 导航，在考虑道路的实际情况下，用应急资源配置最优路径算法计算出车辆从仓储中心到灾点的完整路径等。因此，复杂多属性应急资源配置最优路径问题的深入研究具有重要的理论意义和实用价值。

8.1.4 应急资源配置的 TOP - K 路径查询

在 TOP - K 路径的查询中，由于图中某些影响属性因素的出现，有时候单条最优路径不能满足用户的当前需求。这时，对图中任意两点之间的次优路径查询就显得格外重要，由此，需要图的前 k 条最优路径查询，也就是 TOP - K 路径查询。TOP - K 路径问题最早由 Hoffman 和 Pavley[2] 在 20 世纪 50 年代提出，它是最优路径问题的推广，但与最优路径问题不同的是 TOP - K 路径问题是寻找图中起点和目标点间的多个备选优化路径，形成优化路径集合，以满足决策用户在不同情况或条件下对路径的选择需求。应急资源配置的 TOP - K 路径问题实际上就是在应急资源配置图的基础上，规划仓储中心到灾点的多条优化路径，以免最优路径出现问题时，能把应急物资资源及时送到灾点，减少人民群众的生命财产损失，其本质还是图的 TOP - K 路径查询。

应急资源配置的 TOP - K 路径的研究，对于满足复杂多属性约束图的 TOP - K 路径问题等具有重要的借鉴作用，而 TOP - K 路径的研究多年来一直受到业界的广泛关注。除此之外，TOP - K 最优路径问题具有广阔的应用背景[2,3]。TOP - K 问题已经在现实中存在很多典型应用案例，例如物流调度、灾害救援、机器人控制、网络路由、交通调度等诸多领域。此类应用中，无论是精确的还是近似的，最优决策集合的建立往往依赖于 TOP - K 最优路径快速算法。目前，TOP - K 最优路径问题相对于最优路径的研究是滞后的，主要原因是 TOP - K 路径问题比最优路径复杂，再加上实际处理的数据规模日渐增大，这些因素给路径查询的研究带来了巨大的障碍。但随着计算能力的增强，以及越来越有效的数据结构的出现，一些实际应用迫切需要新的有效的 TOP - K 路径算法。

8.2　图数据路径问题的研究现状

应急资源配置的路径问题是图数据路径问题的具体应用，所以图数据路径问题的很多理论和方法对解决应急资源配置的路径问题是有效的。目前，图数据路径有多属性决策、可达性、最优路径和 TOP - K 路径等子问题，许多专家学者都在这些方面进行了深入研究。

8.2.1　多属性决策的研究

多属性决策一般是指通过综合分析多个属性的影响，对有限的备选方案排序或者选择最优方案的决策问题。多属性的决策一般都涉及决策矩阵的规范化、各个属性权值的确定和备选方案的综合排序等方面。另外，因为属性的复杂性等原因导致属性的取值往往具有不同的特征和量纲，所以规范化处理也就成了多属性决策非常重要的一步，而且不同的规范化处理技术也将影响多属性决策的结果。

在决策技术方面，Churchman 等人[4]于 1957 年提出用简单加权法解决多个属性的决策。二十几年后，美国运筹学家 Saaty T L[5]提出了层次分析法，这个方法的主要思想是将需要决策的方案层次化，它充分体现了分解、判断和综合的决策思维特征，具有简便性、综合性和系统性等特点。在多属性的决策中，这种方法应用广泛。Islam R 和 Saaty TL 把层次分析法应用于交通网络[6]中，并把价值、效益等属性综合后给出了决策方案。1981 年，C. L. Hwang[7]提出了基于理想解理论的 TOPSIS 技术。该技术主要通过构造多属性决策问题的正负理想解，计算各方案与正负理想解的距离，以靠近正理想解和远离负理想解的两个标准作为评价依据来确定方案的排序[8]。TOPSIS 技术对原始数据的利用比较充分，数据信息损失比较少，在多属性决策中应用十分广泛。自 TOPSIS 技术被提出以后，其应用范围不断扩大。Agrawal V P 等人[9]将其应用于敏捷制造过程中工具的选择；Kim G 等人[10]应用人工神经网络技术解决了

TOPSIS 技术中属性指标的客观赋权；Chen C T[11]应用 TOPSIS 技术解决了模糊环境下的多人多准则决策问题；Abo - Sinna M A 等人[12]将其应用扩展到多目标非线性规划问题；Minyi Li 等人[13]利用多决策树解决群决策的问题；Amir Tava 等人[14]利用遗传算法改进了决策树；Faiza Samreende 等人[15]利用决策技术优化了多个云的管理问题；Samy Sá[16]设计了一种诱导的框架解决组决策的问题；Ferdaous Hdioud 等人[17]介绍了多标准推荐系统所涉及的多属性决策问题。

在不确定数据方面，美国著名计算机与控制专家查德（L. A. Zadeh）教授在 1965 年提出了模糊的概念，开创了模糊数学的新领域[18]。随着模糊数学的不断发展，不确定性多属性决策问题研究也逐渐受到了关注，并取得了一些研究成果。1992 年，S. J. Chen 和 C. L. Hwang 提出[19]在现实的世界中，很多属性决策问题的评价结果是模糊的，所以把模糊数学的思想引入决策的研究中。另外，决策者有时用自然语言来表述自己的想法，这本身就有不确定性和模糊性，对于这种语言值一般的处理办法是转化为对应的实数值，然后进行评价[20]。对不确定值和精确值混合的多属性决策中，AH Peng 等人[21]提出了规范化数据矩阵的方法，以便决策使用。LI Weixiang 等人[22]介绍了基于偏序的间隔数计算方法，也对不符合视觉合理性的间隔数计算方法进行调整。随着智能技术的发展，研究人员也在寻找解决多属性决策问题的途径，1993 年，Fonseca 等人[23]提出了基于遗传算法的解决多属性决策问题的方法；Han Yu 等人[24]利用各个竞争者的交互，收集行为数据创建决策数据集；Sujoy Chatterjee 等人[25]用反馈值和概率的方法解决了组决策的问题；Yuhang BAO 等人[26]主要考虑了隶属度、非隶属度和犹豫度三个参数及其综合得分的计算，解决了直观犹豫模糊集的决策问题；Karim Benouaret 等人[27]介绍了基于用户喜好的 TOP - K 模糊数据服务的组合问题；赵焕焕等人[28]基于灰色关联分析的方法，提出了一种针对区间粗糙数的多属性决策方法；Rosa M. Rodriguez 等人[29,30]定义了犹豫模糊语言术语集的基本运算，同时也提出了相关的比较方法和决策方法；Huchang Liao 等人[31]介绍了一种有关犹豫模糊语言的多标准的决策方法。

在多属性决策的权值方面，E. T. Jaynes[32]在 1957 年提出了基于信息熵的多属性决策技术，他认为预测一个随机事件的概率分布时，应当满足所有的属性约束条件，而且不能有任何的主观因素，只有满足这样的条件才能得到最为客观的预测结果。S Abbasbandy 和 X Jin 等人[33,34]认为，通过信息熵得到的权值就是根据各属性传递给决策用户信息量的大小，它反映了不同属性在决策中所起作用的大小，如果某个属性对决策所起的作用越大，则表示该属性具有的信息越多。Akshay Jaiswal 等人[35]首先用 Analytic Hierarchy Process 和 Analytic Network Process 技术计算了各个属性的权重，然后将 TOPSIS 和模糊决策相结合，对不同的云计算进行评价；Chuan Shi 等人[36]主要通过相似用户的信息计算了异构信息网络中用户的权重问题。Dennis D. Leber 等人[37]主要介绍了一种权值对的概念，并应用于多次试验的数据收集，最终改善了决策；Nayyar A. Zaidi 等人[38]用梯度等技术对属性权重进行优化后讨论了属性权重对朴素贝叶斯分类的影响。这些客观结果虽然具有较强的数学理论依据，但这种客观的结果没有考虑决策用户的知识、经验、喜好等的主观愿望，所以根据此方法得到的权值很可能与决策用户的主观愿望不一致。如果考虑主观心理等决策用户的因素，主观赋权法是研究较早而且较为成熟的方法，它根据决策用户主观上对各属性的重视程度来确定属性权重，其原始数据由决策用户根据知识、专业和经验等主观因素得到。主观赋权法主要有层次分析法、最小平方法、专家调查法、二项系数法和环比评分法等。但通过主观赋权法得到的结果具有较强的主观随意性和客观性较差的特征，同时增加了对决策用户的负担。针对主观赋权法和客观赋权法各自的特点，徐泽水等人[39]提出一种组合赋权的线性规划方法。这个方法既兼顾了决策用户对属性的心理偏好，又在一定程度上减少了赋权的主观随意性，使多个属性的赋权达到主观性与客观性的合理统一，从而使决策的结果更具有科学性。Wang，T. C 等人[40]认为合理的赋权方法应该同时兼顾属性数据之间的内在规律性和专家经验两个方面。另外，Yogalakshmi Jayabal 等人[41]用属性之间的平均共同信息得到了属性的权重；Pilsun Choi 等人[42]主要解决了传感器网络中动态的权重计算以及连续数据的模式挖掘问题。

8.2.2　图数据可达性的研究

目前对于一个具有 n 个节点、m 条边的有向图 G，可达性查询研究有很多算法[43-48]，可以划分为传统的技术、N - Hop 的技术、树的技术、间隔标签的技术、不确定图的处理技术等。这些算法共同的目的是减少时间和空间的消耗，得到有效准确的查询结果。评价算法的主要技术指标包括：第一，查询处理时间；第二，是否建立索引，建立索引的时间和索引的大小；第三，是否支持动态图更新。

8.2.2.1 传统的方法研究

(1) 最优路径算法。最优路径算法是处理图可达性查询最直观的方法，即对于图中的两点 u、v，计算从 u 到 v 的最优路径。如果最优路径存在，则 u 到 v 肯定是可达的。最优路径的查询在当前有不少的方法，主要有设立地标的算法[49~51]、分层技术[52~57]、树的分解[58~60]、索引相关的算法[61,62]、启发式的方法[64~67]等。

(2) 传递闭包算法。传递闭包算法是处理图数据可达性查询最简单的方法，它预先计算好图数据中每个点的可达点集合，当查询点 u 到点 v 的可达性时，只需查找点 u 的传递闭包中是否存在点 v 即可，如果存在，则 u 到 v 可达；否则不可达。传递闭包算法的查询时间复杂度仅为 $O(1)$，但建立索引的时间复杂度达到 $O(n^3)$，建立索引的空间复杂度也达到 $O(n^2)$，且不支持图的更新。如果图数据发生变化，就需要重新建立索引。

8.2.2.2 N－Hop 的方法研究

在 N－Hop 的方法中，最主要的基础理论是 Cohen E 等人[68]提出的 2－Hop 算法。算法首先计算图 G 的 2－Hop 覆盖 H，然后根据 H 计算得到图 G 中任意点 u 的 2－Hop 标记。其中，2－Hop 标记为 $L_{in}(u)$ 和 $L_{out}(u)$，分别表示图中能到达 u 的节点集合和 u 能到达的节点集合；其次，如果要查询 u 是否可达 v，只要判断 2－Hop 标记是否满足 $L_{out}(u) \cap L_{in}(v) \neq \phi$ 的条件。Sehenkel R 等人[69]通过实验证明了 2－Hop 算法建立索引的时间复杂度极高，并且该算法不支持图的更新。当更新图时，需要重新计算图的 2－Hop 覆盖，所以该算法很难用于实际应用中。另外，这个方法在寻找图的最佳 2－Hop 覆盖时是个 NP 问题，所以文献[68]给出了一种近似解法，使建立索引的时间复杂度为 $O(n^4)$，建立索引的空间复杂度为 $O(nm^{1/2})$，这显然是很难接受的。

针对上述情况，Sehenkel R 等人[69,70]对 Cohen E 等人[68]提出的 2－Hop 算法进行了优化和改进，之后提出了 HOPI 算法。HOPI 算法首先利用分治策略将大图划分为小图，然后对每个小图计算 2－Hop 覆盖，最后再进行可达性的查询处理。该算法建立索引的时间复杂度显然比 2－Hop 算法有所改进，达到 $O(n^3)$，但依然难以在实际中应用。该算法同样不支持图的更新，如果图数据发生变化，就需要重新建立 2 - Hop 覆盖。

Jing Cai 等人[71]在 2 - Hop 和路径树的基础上提出了 Path - Hop 的概念：第一，假设由图 G 生成有向无环图 H，利用反序去判断覆盖 H 中的两点（u，v），如果 v 的相关联的覆盖标签没有被与 u 相关联的覆盖标签包含，则覆盖标签为非树边，如果包含则删去。第二，因为 2 - Hop 覆盖方法是 NP 困难的，所以文献用贪心的思想计算路径跳的密度。每次找出密度最大的路径，直到被寻找完，最后通过密度的贪心选择创建路径跳的间隔标签。第三，查询处理中分别找出点对（u，v）的覆盖 L_{out} 和 L_{in}，然后判断是否有 I_v 包含在 I_u 中，如果有则可达。Yosuke Yano 等人[72]首先创建两跳的标签 $L_{in}(v)$ 和 $L_{out}(v)$，然后利用路径的方法进行剪枝的操作，具体过程是假设存在路径 $v_1v_2,\cdots,v_k$，此时如果 v 到 v_1 是可达的，则说明 v 到 $v_2,\cdots,v_k$ 都是可达的，就没必要继续进行遍历、剪枝。

Ruoming Jin 等人[73]首先按照某种特点排序后利用步长 ε 和后序遍历创建查询集合 V^*，其次对 V^* 用 2 - Hop 的方法创建 $L_{out}(v)$ 和 $L_{in}(v)$；最后，还用到双向搜索的方法加速可达性的查找。Ruoming Jin 等人[74]首先利用单边可达框架去分解数据 G，得到核心图 G_h，并且构成核心图的节点层次最高；其次，由高层次节点扩展至低层次的节点，每次扩展都是当前不超过阈值的可达节点集合和当前骨干集的并集运算；再次，利用剪枝策略去除层次标签合并时的冗余；最后，形成两个 Hop 标签集 $L_{out}(v)$ 和 $L_{in}(v)$，以实现可达性的查询。Andy Diwen Zhu 等人[75]针对动态的图数据，首先按照某种特征给所有节点排序，然后依据 2 - Hop 的概念和层次的思想建立入标签集 $L_{in}(v)$ 和出标签集 $L_{out}(v)$，当图中有节点删除或添加时，利用排序和倒排索引修改入标签集 $L_{in}(v)$ 和出标签集 $L_{out}(v)$。

8.2.2.3　树和索引的方法

树的方法是指把输入的图 G 化为树，利用树的特点优化可达性的查询。Wang H 等人[48]基于时间复杂度和索引空间复杂度的权衡考虑，针对大型稀疏图的可达性提出 Dual - I 和 Dual - II 的双重标记算法，其中，Dual - I 算法的时间复杂度达到 $O(1)$，Dual - II 算法的时间复杂度为 $O(\log t)$；但 Dual - I 算法和 Dual - II 算法建立索引的时间复杂度都是 $O(n+m+t^3)$，建立索引的空间复杂度都是 $O(n+t^2)$，式中 t 是非树边的数目。双重标记算法能够迅速处理图可达性查询，索引的时空特性也比较好，但因其采用了区间编码作为图生成树的编码方法，则每次更新图的代价很高。Saikat K. Dey 等人[76]首先创建树覆盖的标签，然后根据树的特点以图数据的片段为基础建立分层索引，目的是减少索引的空间消耗。Ruoming Jin 等人[77]首先用图数据节点的拓扑排序创建各个路径子集。其次，找出各个路径集之间的最小相等边集，并排除重复边，这样就可以用路径树去覆盖尽量多的有向图中的边，并构建了最小路径索引。最后，利用深度优先搜索和栈实现可达性的查询，Sairam Gurajada 等人[78]描述了图的子集之间的可达性。

8.2.2.4 间隔标签的可达性查询

间隔标签技术[43、48、79、80]在有向图中用最小—后序标签或先序—后序标签技术实现可达性的查询，其中先序—后序标签分配给 $L_u = [s_u, e_u]$ 的各个节点，s_u 是从根节点开始的按先序遍历的序号，e_u 是按后序遍历的序号；最小—后序标签技术中 e_u 是按后序遍历的序号，而 s_u 是 u 的子节点集中按先序遍历的最小序号。如果 $u \to v$ 是可达的，则一定满足 $L_v \subseteq L_u$。

在实际应用中发现，虽然节点的间隔标签 $L_u = [s_u, e_u]$ 包含 $L_v = [s_v, e_v]$，但存在节点 u 不可达节点 v 的问题，即 $L_v \subseteq L_u$ 但 $u \not\to v$ 。所以 Hilmi Yildirim 等人[81]提出多间隔标签的方法解决了这个问题：第一，把有向图转换为有向无环图后，利用拓扑层的剪枝技术、双向宽度搜索技术和最小—后序标签技术给 n 个节点创建间隔标签 $L_i = [s_i, e_i](i = 1, 2, \cdots, n)$ 。第二，为了克服不可达的问题，使用多间隔标签技术解决的这种异常信息，此时 $L_u = L_u^1, L_u^2, \cdots, L_u^d$ ，$L_u^i (1 \leqslant i \leqslant d)$ 为第 i 次随机遍历有向图得到的 u 的间隔标签。第三，当所有的 $i \in [1, d]$ ，都含有 $L_v^i \subseteq L_u^i$ ，则 $L_v \subseteq L_u$ 成立，即 $u \to v$ 是可达的；反之不可达。另外，不断变化的图数据给可达性的查询造成不小困难。所以，Hilmi Yildirim 等人针对动态图数据的特点在多间隔标签的基础上提出了动态图的可达性查询[82]。首先，通过 Tarjan 算法去发现强联系组件，并生成由强联系组件和单独节点构成的有向图；其次，用 GRAIL 算法标示有向图的间隔标签；再次，动态的变化主要指的是边的插入和删除，针对两种情况利用 Tarjan 算法最小—后序标签技术动态地调整间隔标签；最后，完成动态图的可达性查询。

8.2.2.5　不确定图的可达性查询

目前，针对不确定图的可达性查询研究主要集中在基于概率阈值的可达性查询和基于距离阈值的可达性查询。

对于概率阈值的可达性查询，一般根据不确定图 G 的特点设置源点到目的点的概率阈值 θ。如果 $s \to t$ 是可达的，则其可达的概率大于概率阈值 θ。Yuan Ye 等人[83]估算了源节点到目的节点可达概率的上下界，其中，用不相交路径间概率的乘积作为下界，用最大不相交割集求得上界，这样就可以更加合理地设定概率阈值 θ；Zhu Ke 等人[84]为图中每个节点建立了一种基于邻接点的概率值索引，利用节点 s 和 t 的索引值的乘积来估算 $s \to t$ 可达概率的界限，如果界限越精确，则判定准确率越高；Haitham Gabr 等人[85]主要用概率可达的技术优化了不确定网络中的可达性查询。

目前，基于距离阈值的可达性查询的方法用随机抽样技术估计可达概率，其中，最直观、最简单的抽样技术是对不确定图的每条边进行等概率的抽样。George Fishman[86]从估计结果的准确性、时间效率和每条边存在性的角度，采用抽样技术判断可达性，这种抽样方法的优点是简单，但最大缺点是麻烦，并且抽样估计方差较大。Yuan Ye 等人[83]提出了条件概率的抽样方法，将空间划分为若干组，通过限定分组的条件概率来减小总体估计的方差，但前提是假定每组内的样本数和该组的可达概率成正比，这给确定一个满足条件的划分增加了难度。Jin Ruo - ming[87]认为图中影响可达性的是处于 $s \to t$ 可达路径上的边，所以只对 $s \to t$ 可达路径上的边进行抽样，这样可以在不影响采样空间和随机性的前提下，减少了对不影响样本可达性的边进行抽取的程序，从很大程度上提高了采样的效率。另外，由于采样过程中边的抽取概率等于边的存在概率，这保证了样本的权重与采样概率相等，提高了估计结果的准确率。

8.2.2.6　具有约束的可达性查询

约束可达性的查询主要是指不仅要满足两个节点 u 和 v 是可达的，而且要满足 u 和 v 可达的诸如规则、距离、权值等属性约束条件。James Cheng 等人[88]提出了查询在 k 步可达的思想，其主要依据最小节点覆盖，创建了近似最小 H - Hop 覆盖，能方便地处理索引和查询的平衡问题。Imen Ben Dhia[89]分析了社交网络图 $G = (V,E,\alpha,\beta)$ 中的用户关系的身份、处理条件集合和条件路径等情况，设计了条件控制的查询处理技术，实现了有条件的查询。Xu Kun 等人[90]利用单源 Dijkstra 的近似算法求解一个压缩树，然后把压缩树通过求最大连通性化为各个子图，再把各个子图化简为二分图，分别求出二分图节点的2-Hop 标签 $C_{in}(u)$ 和 $C_{out}(u)$，最后用判断集合和标签的2-Hop 标签技术实现可达性查询。Qiao Miao 等人[91]首先把无向图转换为最小生成树，然后把最小生成树用边的权重约束和虚拟节点等技术处理后，按照边的权值由大到小的原则建立索引树后，找到最小公共祖先 $LCA_T(a,b)$，如果 $LCA_T(a,b)$ 的值满足约束条件，则为满足约束可达的情况。Jin Ruoming 等人[92]在分析了深度优先搜索内存量和计算量的特点后，提出如果某个集合 A 满足约束可达的性质，其超集也就满足了可达性的要求，所以可把超集约成最小路径标签集，方便可达性的查询；Lucien D. J. Valstar 等人[93]利用草图技术和索引技术实现标签约束的可达性的查询。

8.2.2.7 其他方法

Deng Jintian 等人[94]主要介绍了利用 Ad-hoc 数据建立索引的方法，其通过神经网络、图的特征和数据来建立层次预测框架，用于图数据库中的优化索引。Mohamed Sarwat 等人[95]在实际应用中主要解决了多状态和多属性的图，其中，“Horton +” 主要利用谓词判断和并行技术处理了可达性的查询；Junfeng Zhou 等人[96]通过传递约减和等效约减等方法简化了图的规模，提高了可达性查询的效率。

8.2.3 图数据最优路径的研究

经过几十年的发展，求最优路径的方法也越来越多。在经典的算法中，代表性的有求单源无负权的最优路径的 Dijkstra[97]算法、求单源有负权的最优路径的 Bellman-Ford 算法[98]、找出任意两点之间最优距离的 Floyd-Warshall[99]算法。在针对规模越来越大的图数据的方法中，有地标、分层技术、树的分解、启发式的方法等。

8.2.3.1 设立地标和草图的研究

基于地标的算法设计思想仿照了日常生活中路标的导向作用，即告诉行人该条道路通往哪些地方，从而使行人可以更加方便快捷地到达目的地，避免了绕道或者走错道。地标的选取一般是那些最有希望出现在最优路径上的节点或边，在道路网最优路径问题中，通常选取重要的交通枢纽或者根据用户偏好而指定一些标志性建筑、中转站点等。Konstantin Tretyakov 等人[100]提出用度和亲密程度设置地标节点，然后分别求源节点和目标节点到地标之间公共节点。如果两条路径在到达地标节点前有公共节点，以该公共节点连接两点就可改善最优距离。Atish Das Sarma 和 Andrey Gubichev 等人[101、102]首先产生了样本，并计算样本和节点集合中的每一个点的最近距离，设为地标；然后找源点的正向搜索草图和目标点的反向搜索草图的交集；最后利用 $d(s,d) \leqslant dist(s,l) + dist(l,d)$ 找出路径。此时还可以利用正向和反向交集中的路径在原图中的有无来优化最优路径；Julian Dibbelt 等人[103]创建核心子图来实现最优路径的查询；Ankita Likhyani 等人[104]首先利用地标节点建立草图，然后利用约束条件剪枝，最后利用双向搜索的技术找到源点到地标和地标到目标点的最短路径；Sibo Wang 等人[105]利用创建草图的技术查询了时间约束的最短路径的问题。

8.2.3.2　分层相关的研究

分层技术是一种抽象问题求解机制，其基本思想是在求解复杂问题时，首先抓住问题的关键点而忽略其他次要的细节性部分，随后再对细节部分加以完善。例如：Jin Ruoming 等人[106]提出建立类似于高速公路的集合，以提高查询最优距离的速度；Robert Geisberger 和 Michael Rice 等人[107、108]提出按照重要性对节点进行排序后，对节点进行收缩创建概要图，此概要图保证了最优距离的特征。值得注意的是，在处理收缩的点后，存入了重要性比其高的两个点而构成新的最优路径，并且在这两点中较小重要性的节点被存入收缩点集，以便在查询中使用。Vincent D Blondel 等人[109]提出用增益的方法来产生层次。首先，增益的产生是把某社区的点移到祖先相邻点的社区，计算其增益，如果为正，则保留在新的社区里；其次，当上述过程完成后把这个社区合并为一个新的点，重复上述步骤，直到产生最大的社区。Qing Song 等人[110]提出设计了分层和启发相结合的技术来计算最优距离。Edward P. F. Chan 等人[111]很好地解决了权值动态变化的最小生成树更新过程，首先删除权值变化的边，定位权值异常的点；其次对变化的点进行判断是内部点或者是外部点，如果是内部点则设为无穷大，外部点被选为候选边，权值减小的是直接保留变化的点，再对其他点进行判断，看是否需要更新；最后根据权值的变化判断是否需要对局部变化的点的最优路径进行更新，并生成新的最小生成树；Wenyu Huo 等人[112]主要用层次收缩的技术解决了时间约束的最短路径查询。

总之，在规模越来越大的图数据最优路径查询中，分层技术已成为简化空间的重要技术手段，而且经常与信息启发技术、双向搜索技术和数据预处理等技术结合使用。分层搜索算法的效率受多方面因素的影响，包括预处理阶段生成并保存的数据量的多少、网络分层的拓扑结构以及搜索规则等。一般来说，算法的效率会以一定程度上牺牲精度和存储空间占用为代价。那么在算法的预处理或存储消耗、实时效率上，以及算法的实时效率与精度之间寻找一种比较好的折中，成为大多数分层算法所探讨的重点。

8.2.3.3 索引和树的分解相关的研究

(1) 树的分解。若存在一个无向、无自环、无重边的简单图 G (V, E)，则图 G 的树分解由树 T 和 T 的每一个节点 t 关联的子集 $X_t \subseteq V$ 构成（称这些子集 X_t 是树分解的片段)。树 T 和片段集 $\{X_t:t \in T\}$ 应满足三个条件：第一，图 G 的每一个节点至少属于某一个片段 X_t；第二，对图 G 的每一条边 $e \in E$，至少存在一个片段 X_t 包含 e 的两个端点；第三，若 t_{k-1}、t_k 和 t_{k+1} 是树 T 的 3 个节点，其中，t_k 在 t_{k-1} 到 t_{k+1} 的路径上，那么，若 G 的节点 v 属于 $X_{t_{k-1}}$ 和 $X_{t_{k+1}}$，则 v 也一定属于 X_{t_k}。图 G 的树宽就是 G 的最小树分解的宽度，即在图 G 的所有树分解中，具有最小宽度的树分解的宽度为图 G 的树宽[113]。

Fang Wei[114]利用树的分解的方法解决图的最优路径的查询问题。首先，设定一个关键值 KEY，若某点的度小于 KEY，则把该点和相邻的点放入一个包中，如此类推直到集合为空或不满足关键值 KEY。其次，在每个包中预计算每组点对之间的最优路径。最后，判断最优距离是否在一个包中，如果是，则直接得到答案；若不是，则找到这两个节点最年轻的祖先节点，计算最优距离。Takuya Akiba[115]首先根据树的宽度 W 对复杂图分解，把分解的子图称为“包”，同时预计算包内的最优距离；其次利用地标计算各包之间的最优距离。Roberto De Virgilio[116]主要结合了地标、树的分解和标签[117]三种方法的优点求解最优路径。Michalis Potamias 等人[118]利用地标的近似方法求解最优路径，其关键是选择度数最大或与其节点的接近程度作为地标，然后计算每个点到地标的距离。Alberto Viseras 等人[119]主要用快速探索随机树的方法产生样本路径，以优化复杂约束条件下的多机器人的路径规划。

（2）索引相关的研究。为了加速最优路径的查询，往往对图数据库建立索引。因为，索引的效率对大规模图数据查询的性能至关重要，结构优良的索引是提高图数据查询效率的有效技术。具体来说，索引结构使我们只需查看所有图数据库中的一部分就能找到最优路径。近年来，图数据库的索引方法大致可以分为两个方面：第一，更注重数据特征，即为以特征为中心的索引方法；第二，更注重数据结构，即为以结构为中心的索引方法。Roberto De Virgilio 等人[120]首先对图建立索引，并对索引按宽度进行有限遍历；其次以相似度计算因子得分；最后在聚类结果中找出得分最高的匹配路径即为查询结果。Yuan Ye 等人[62]研究的对象为不确定图，首先用上下边界来解决子图同构问题；其次用倒排的概率索引技术来解决图的遍历和路径的查询。Takuya Akiba 等人[121]预先计算节点的距离标号，用 BFS 距离剪枝的方法构建索引，然后通过索引实现距离的查询。Mohamed S. Hassan 等人[122]用图分解的方法首先创建了动态索引，然后在索引的基础上实现边约束的最优路径的查询。

8.2.3.4　双向搜索相关的研究

经典最优路径算法的搜索是单方向的，算法的执行时间取决于搜索过程中所遍历的节点数目。双向搜索技术就是通过把初始问题分解成两个对等的子问题，然后分别处理，以达到减小算法搜索空间、降低时间复杂度、提高算法执行效率的目的。Jun Gao 等人[123]使用双向贪心算法查询最优路径。Andrey Gubichev 等人[124]首先，利用草图产生样本，并计算样本与节点集合中的每个点的最近距离，并设置地标；其次，找出起点的正向搜索和目标点的反向搜索的交集；最后，利用正向和反向交集中的路径在原图中的有无来优化路径，并最终找出最优路径。Andrew V. Goldberg 等人[125]结合地标、A^* 算法和双向搜索的技术实现了最优路径的查询。

8.2.3.5　启发式查询的研究

启发式查询就是对状态空间中每一个搜索的位置进行评估，得到最优的位置，然后再从这个最优的位置进行搜索，最后直到目标。这样可以减少大量无谓的搜索，提高了效率。启发式查询的核心思想是利用控制搜索的过程，使搜索能够始终向更快完成求解的方向进行。

(1) A^*算法。在启发式技术求最优路径的技术中，使用最广的是 A^*算法。A^*算法是一种静态路网中求解最优路径的有效方法，其表达式为：$f(n)=g(n)+h(n)$。其中，$f(n)$是从初始节点经由节点 n 到目标节点的估价函数，$g(n)$是在状态空间中从初始节点到节点 n 的实际代价，$h(n)$是从 n 节点到目标节点最优路径的估计代价。A^*算法中找到最优路径的关键是估价函数 $h(n)$的选取，如果估价函数值 $h(n)$小于等于节点 n 到目标节点的实际值，搜索的节点数量多，搜索范围大，效率低，但能得到最优路径；如果估价函数值大于实际值，搜索的节点数少，搜索范围小，效率高，但不能保证得到最优路径。Andrew V. Goldberg 等人[125]结合地标、A^*算法和双向搜索的技术实现最优路径的查询。其中，地标的选取以距离源点的最远距离或包中的中心点的距离为标准。ADLER J L[126]首先使用 A^*搜索算法、剪枝策略和欧式距离的估计来计算从源点 s 到目标点 t 的距离。

(2) 蚁群算法。蚁群算法是一种基于种群的启发式仿生进化方法，也是在图数据中寻找最优路径的有效算法之一。Colorni A 等人[64~67]描述了蚁群算法查询最优路径的过程。首先，强调启发信息由节点之间的距离决定，通过启发信息得到节点之间的转移概率；其次讨论了残留信息更新处理的周期，目的是避免残留信息素过多而淹没了残留信息的情况；最后得到路径的信息素浓度，如果路径上的某条边获得了更多的信息素，则在下一轮求解过程中就会获得更大的访问概率。WANG Yue 等人[67]对蚁群算法求最优路径作了三方面的改进：第一方面，一般来讲，第 k 只蚂蚁由城市 i 去城市 j 的路由概率公式确定，但在整个循环过程中概率公式的参数设置是不变的，WANG Yue 等人在实验达到预定最大循环次数的 1/4 处动态调整了参数。第二方面，为了尽可能早地发现全局最优解，受遗传算法的启示，在局部搜索中设计了具有变异特征的算法。第三方面，在基本蚁群算法中，为了避免信息素无限增大，引入了信息素蒸发因子，但这种方法太绝对化，使每条路径上的信息蒸发都一样，没有把实际因素考虑进去。所以，WANG Yue 等人引入了蒸发因子分级参数，使不同路径的信息素蒸发量不同，这样可以加快求解过程的收敛速度。

8.2.4 图数据 TOP－K 路径的研究

W. Hoffman 与 R. Pavley 在 1959 年发表的论文中第一次提出 TOP－K 路径，

也拉开了人们对这个问题研究的序幕[2]。从研究的内容来看，TOP - K 路径主要考虑节点是否重复和索引等其他技术。

8.2.4.1　节点不重复的研究

Pollack[127]把优化路径问题的算法运用 *K* 次后求解 TOP - K 路径，相对于 Bock 等人的算法，已有了明显改进。Clarke 等人[128]介绍了一种基于分支界定的方法来求解 TOP - K 路径问题，该算法的效率很难被衡量。Sakarovitch 首先用 Hoffman 和 Pavley 的算法求解出一定数量的优化路径，然后从这些路径中找到 *K* 条不包含圈的路径，该算法的复杂度取决于具体的图[129]。N. Katoh 等人[130]提出 TOP - K 的优化渐进复杂度的算法，目前，该算法的渐进时间复杂度在不可重复节点 TOP - K 路径问题中是最好的，但该算法的最坏情况下的时间复杂度为 $O(KN^2)$。Hadjiconstantinou E 等人[131]对该算法进行了验证。Nielsen 提出了一种在超图中寻找 *K* 优化超路径的算法[132]；Matthew Carlyle W 等人[133]提出了一种求解 *K* 近似优化路径的算法。Liam Roditty[134]在其论文中第一次提出了 TOP - K 路径问题的近似算法，但该算法也仅限于传统的静态网络。Hershberger[135]用路径替换思想改进了其在文献[136]中提出的算法，使算法的效率提高了 O(n)，但该算法可能会在某些情况下产生概率很小的路径替换错误，导致计算结果正确性无法保证。Gotthilf Z. 和 Lewenstein M.[137]提出了一种改进后的 *K* 优化路径算法，该算法共需 *K* 次迭代，每次迭代的复杂度为 O(mn + n2loglogn) 的时间。Sedeno - Noda A. 等人[138]提出了一个非常有效但仅限于传统网络的 TOP - K 路径算法。

8.2.4.2　节点重复的研究

对于节点重复 TOP - K 路径问题[139]，由于没有考虑节点的重复问题，所以节点不重复容易。David Eppstein[140]首先为每个节点构造了堆，然后再利用这些堆构造路径图，最后利用路径图得到 K 条优化路径。这个算法的渐进时间复杂度能达到 $O(K + m + n\log n)$。Husain Aljazzar[141]运用实时搜索技术和启发式搜索策略进一步优化了算法的时间和空间的复杂度，该算法不需要将图完整地导入内存中，当遇到图的规模特别大的时候也能求解 TOP - K 路径。

8.2.4.3　偏离路径的研究

对于偏离路径的 TOP - K 路径问题，Yen Jin Y.[142、143]提出了著名的 Yen

算法，其主要思想是先用迪杰斯特拉算法求出一条优化路径，然后以这个优化路径为基础，把这个路径的节点按顺序分别设为分离点，求出每个分离点到目标点之间的距离，最后把源点到分离点的距离和分离点到目标点之间的距离求和，就可算出 K 个优化距离。该算法复杂度在最坏的情况下是 $O(KN^3)$。Yen 的算法是到目前为止使用的最为广泛的算法。后人对该算法做了许多改进和实现[144]。Martins Ernesto Q. V 等人[145]对 Yen 算法进行了改造，主要的进步是分离点选取后，按照逆序计算 TOP - K 路径。Theodoros Chondrogiannis 等人[146]首先求出最优路径 p_1，再求出另外一个最优路径 p_2，求这两个路径的相似度值。如果这个值小于阈值，就保留。同时，用剪枝技术优化上述过程，得到不相似的 k 条最优路径。

8.2.4.4 索引等其他技术的研究

Takuya Akiba 等人[147]介绍了利用索引和剪枝技术来实现 TOP - K 路径的查询。Lijun Chang 等人[148]主要介绍了两部分内容：第一部分首次提出了目标集合和源集合之间的 TOP - K 路径问题，这也说明源节点到目标节点的问题实质上是目标集合和源集合之间的 TOP - K 路径问题的特例；第二部分利用划分空间和剪枝技术减少了搜索的空间。对于求 K 个相同值的优化路径问题，Nick Gravin 等人[149]把相同值集合的节点用相同的标记标注，这样就可以把集合的问题化为单节点之间的 TOP - K 路径。Gregoire Scano 等人[150]主要介绍了在有环的情况下的 TOP - K 路径的计算：首先，加入标签和索引来表示父节点和当前节点访问的次数；其次，在同一个迭代过程中寻找最小值；最后，得到优化值。Stefan Funke 等人[151]主要解决了路径包含 m 个特殊点的 TOP - K 路径问题。Shih Yu - Keng 等人[152]利用启发信息构建优化路径的伪树，在树的扩张到目标节点的过程中，对重复节点次数限定为 K，最后就得到了具有 K 条路径的伪树。Hasan M. Jamil 首先用可达性创建目标节点为根节点的索引树，然后对索引树进行遍历，找到源点到目标点的路径，并放入候选集，最后找到 K 个优化路径[153]。

He Y[154]等人主要介绍了应急处理的交通疏导问题，但其本质是集合到集合的 TOP - K 路径问题。这个算法的关键是寻找警察疏导交通价值和 PTFI（各条道路的交通增长量或交通流调整值）。Zeng Yifeng 等人[155]首先用组决策的策略解决行为相等或相似的问题，然后相等和近似的思想压缩图，最后优化了 TOP - K 的查询。Lu Jiaheng 等人[156]利用属性组合的优化解决排序问题；Peter Rutgers 等人[157]主要介绍了 Cypher language 实现 TOP - K 等路径查询的优化的方法。

8.3　应急资源配置路径问题面临的挑战

8.3.1　复杂多属性应急资源配置路径问题的挑战

在应急资源配置路径查询的发展中，有些查询技术已经发展了几十年。但在各种决策用户的个性化要求、影响因素越来越多和图数据规模快速增长的背景下，一些经典的算法在查询的效率和适用性方面有了一定的局限性。

首先，应急资源配置路径的可达性、最优路径、TOP - K 路径等基本问题主要关注单属性的查询，但随着灾情对资源配置需求的日益增多，描述资源配置的属性也越来越多，而且各个属性都有自己的特征，取值也必然会有大有小，如果不做处理，数值大的属性将淹没数值小的属性对路径的影响，所以应急资源配置的路径查询也就面临各种各样属性的复杂约束。这些属性势必会影响对路径的综合判断，怎样综合考虑这些属性对路径不同的影响力，怎样对路径的每个路段进行科学客观的评价，是路径查询必须面临的一个挑战。

其次，随着决策需求的准确性越来越高，而实际路径属性的描述方式却越来越灵活，这就造成应急资源配置路径属性具有区间数、模糊数据和自然语言等不确定数据的特征，如何把这些不确定数据转换为确定数据，如何综合分析和评价这些属性对路径的影响，如何把这些不确定数据和确定数据混合起来考虑对路径进行评价，也是应急资源配置路径查询所面临的挑战之一。

最后，应急资源配置路径的查询一般是判断是否可达，是否是最优路径，是否能有优化的备选方案，但随着数据规模的不断增长，一些经典算法也受数据结构更复杂、数据量更大和查询更准确等因素的影响，如何有效地解决这些问题，并提高路径查询的效率，如何设计有效的算法以适应这些新的变化，将是应急资源配置路径查询所面临的一个挑战。所以，对上述的挑战开展研究对于大规模复杂多属性中路径的查询，将具有重要的作用和意义。

8.3.2 应急资源配置路径相关问题的解决方案概述

应急资源配置路径查询所面临的大规模、多属性、不确定和不同数据类型的复杂问题，以路径复杂属性的综合评价和路径查询的优化为研究主体，围绕可达性、最优路径和 TOP－K 路径等重要科学问题开展研究工作。

应急资源配置的可达性查询是一个经典的问题，但很多算法是建立在单属性的基础上，很少有文献涉及多属性的路径可达性的处理，数据类型比较复杂、数据量较大的多属性的路径查询更是少见。笔者在分析现有的可达性算法和复杂多属性的综合评价以后，第一，把应急资源配置路径的可达性查询分解成以节点为核心的路段选择问题；第二，一般的路径可达性查询只考虑边的因素，笔者不仅关注边的复杂多属性因素，而且也考虑复杂多属性对各个节点的影响，所以，利用虚拟节点技术把原来的应急资源配置有向图的节点扩展为边，形成的扩展图将使应急资源配置的路径可达性查询更加方便；第三，分析各个属性的特点，然后利用多属性决策技术算出各个路段属性的综合得分，这有效地解决了每条路段的多属性以及属性的多种数据类型的难点，也解决了应急资源配置路径可达性判断中不同属性造成的复杂因素干扰问题；第四，一般的算法是把图变化为有向无环图，但是破环就有信息的缺失，得到的有向无环图是原图的近似表示，并不能够完全表示原图的信息，所以利用环的收缩技术弥补了这个不足，也保证了信息的完整性；第五，利用最小—后序多标签技术对环收缩图创建标签；第六，还原收缩图实现可达性的查询。经实验分析，研究所提出的方法实现了复杂多属性约束的应急资源配置可达性的查询，提高了查询的效率。

应急资源配置的最优路径已经发展了几十年，也有一些经典的算法。目前，大规模的应急资源配置最优路径方法的查询效率比一些经典算法计算的效率都有所提高。但是，这些最优路径算法忽视了一个重要的现实问题，那就是路径的实际情况受多个属性因素的影响，所以本章便根据这些属性因素设计了两种算法。第一种算法针对的是复杂混合属性值的类型，因为根据不同的决策用户和不同的目的，路径属性的选取也是非常复杂的，并且属性的取值有确定值和不确定值，属性的数据类型和量纲也存在很大的不同。所以，如何解决好这些复杂的属性是多属性应急资源配置最优路径查询的前提，本章利用信息熵的技术分析各个属性的客观权值，并结合德尔斐法解决了不同属性影响下的路段评价。另外，在应急资源配置图节点和边的不断增长的前提下，本章为了提高查询效率，减少查询时访问节点的数量，根据复杂多属性应急资源配置图的特点，把图分为块以后，又按图数据特征的重要性把块用层次收缩技术建立概要图，同时利用双向搜索技术实现最优路径的查询。第二种算法针对的是语言评价类型的应急资源配置最优路径的查询，因为一般情况下，很多决策用户对某些属性的描述是采用直接语言值的，所以如何对这些纯语言值属性所影响的路段评价，是多属性应急资源配置路径查询所面临的一个难题。本章利用偏差函数和 LWAA 算子解决了各个语言值属性的权重和各个路段的评价。在此基础上，利用标签和社团技术解决应急资源配置最优路径的查询，也面临时间和空间不断增加的问题，以及对实现应急资源配置近似最优路径的查询问题。

应急资源配置 TOP - K 路径的目的是为救灾的物资配送提供几条备选路径，目前有节点不重复、节点重复、偏离路径和索引等其他技术。这些技术的确能解决单属性影响下的应急资源配置 TOP - K 路径的问题，而对于大规模复杂多属性的应急资源配置 TOP - K 路径并没有过多的介绍。但是，在现实的应急资源配置路径必然受到多个属性的影响，这些属性有些是确定值，但也有很多是不确定的值。本章把路径的属性分为三种情况来处理：第一种应急资源配置路径的属性主要由不确定数据和确定数据相混合构成，不确定数由区间数表示，然后通过极值技术和 TOPSIS 技术相结合的综合决策手段完成各个路段的评价，接着，利用分离路径的思想和图分解的技术加速 TOP - K 路径的查询。第二种情况的应急资源配置路径属性主要由模糊数构成，这些取值模糊的属性数据如何处理，这在现有的 TOP - K 路径的技术中鲜有提及，本章用模糊多属性决策的算法对每条路段进行综合评价，接着比较分析了智能算法，然后用遗传算法和分离路径相结合的技术实现了模糊属性影响的应急资源配置TOP - K 路径的查询。第三种情况的应急资源配置路径属性主要由犹豫模糊语言构成，本章针对犹豫模糊语言集，结合矩阵转换、信息熵、德尔斐和 TOPSIS 等技术实现路段的综合评价，并利用地标和社团相结合的算法实现了犹豫模糊语言集的应急资源配置 TOP - K 路径查询。

参考文献

[1] 彭春，李金林，王珊珊，冉伦．多类应急资源配置的鲁棒选址——路径优化 [J]. 中国管理科学，2017 (6)：143 - 190.

[2] Hoffman W. , Pavley R. A method of solution of the N - th best path problem [J]. Journal of the ACM, 1959, 6 (4)：506 - 514.

[3] Wang Z. P. , Li G. , Ren J. W. A new search algorithm for transmission section based on k shortest paths [J]. Transaction of China Electrotechnical Society. 2012, 27 (4)：193 - 201.

[4] Churchman C West, Ackoff Russell L. , Arnoff E Leonard. Introduction to operations research [M]. England：Oxford. 1957.

[5] Saaty T. L. The Analytic Hierarchy Process：Planning, Priority Setting [M]. New York：McGraw - Hill：Resource Allocation. 1980.

[6] Islam R. , Saaty T. L. The Analytic Hierarchy Process in the Transportation Sector [J]. Lecture Notes in Economics & Mathematical Systems. 2010, 634 (32)：79 - 91.

[7] Hwang C. L. , Yoon K. . Multiple Attribute Decision Making：Methods and Applications [M]. New York：Springer - Verlag, 1981.

[8] 司守奎，孙玺菁．数学建模算法与应用 [M]. 北京：国防工业出版社．2015. 3.

[9] Agrawal V. P, Kohli V. , Gupta S. Computer aided robot selection：The multiple attribute decision making approach [J]. Int J of Production Research, 1991, 29 (8)：1629 - 1644.

[10] Kim G. , Park C. , Yoon K. P. Identifying investment opportunities for advanced manufacturing system with comparative - integrated performanc measurement [J]. Int J of Production Economics, 1997, 50 (1)：23 - 33.

[11] Chen C. T. Extension of the TOPSIS for group decision making under fuzzy environment [J]. Fuzzy Sets and Systems, 2000, 114 (1)：1 - 9.

[12] Abo - Sinna M. A. , Amer A. H. Extensions of TOPSIS for multi - objective

large - scale nonlinear programming problems [J]. Applied Mathematics and Computation, 2005, 162 (1): 243 -256.

[13] Minyi Li, Quoc Bao Vo, Ryszard Kowalczyk. A Distributed Protocol for Collective Decision - making in Combinatorial Domains [C]. Proceedings of the 12th International Conference on Autonomous Agents and Multiagent Systems, Saint Paul, Minnesota, USA, 2013: 1117 -1118.

[14] Amir Tava, Wolfgang Banzhaf. A Hybrid Genetic Programming Decision Making System for RoboCup Soccer Simulation [C]. In Proceedings of the Genetic and Evolutionary Computation Conference 2017, Berlin, Germany. 2017: 1025 - 1032.

[15] Faiza Samreen, Gordon S. Blair, Matthew Rowe. Adaptive Decision Making in Multi - Cloud Management [C]. In Proceedings of Workshop on Cross-Cloud Brokers'14. Bordeaux, France, 2014.

[16] Samy Sá. Group Decision Making in Multiagent Systems with Abduction [C]. In Proceedings of the 10th International Conference on Autonomous Agents and Multiagent Systems. Taipei, 2011: 1369 -1370.

[17] Ferdaous Hdioud, Bouchra Frikh, Brahim Ouhbi. Multi - Criteria Recommender Systems based on MultiAttribute Decision Making [C]. In Proceedings of the 15th International Conference on Information Integration and Web - based Applications & Services. Vienna, Austria, 2013.

[18] Zadeh L. A. Fuzzy sets, information and control [J]. Information and Control, 1965, 8 (3): 338 -353.

[19] Chen Shu - Jen, Hwang Ching - Lai. Fuzzy Multiple Attribute Decision Making Methods Methods and Applications [M]. Berlin: Springer. 1992.

[20] 李晓冰，徐扬，邱小平．不同语言值集下的多属性群决策方法 [J]. 计算机工程与应用 . 2011, 47 (22): 27 -32.

[21] PENG An - hua, XIAO Xing - ming. Normalization Methods for Attribute Values in Fuzzy Multi - attribute Decision Making With Interval Numbers [J]. Machine Design and Research. 2011, 27 (6): 5 -8.

[22] LI Weixiang, ZHANG Guangming, LI Bangyi. The Weights Determination of Extended PROMETHEE II Method Based on Interval Numbers [J] . Chinese

Journal of Management Science. 2010, 18 (3): 101 -106.

[23] Fonseca C. M. , Fleming P. J. Multiobjective genetic algorithms [C]. IEE Colloquium on Genetic Algorithms for Control Systems Engineering, London, 1993: 6/1-6/5.

[24] Han Yu, Xinjia Yu, Su Fang Lim, et al. A Multi - Agent Game for Studying Human Decision - making [C]. In Proceedings of the 13th International Conference on Autonomous Agents and Multiagent. Paris, France, 2014: 1661 -1662.

[25] Sujoy Chatterjee, Malay Bhattacharyya. A Probabilistic Approach to Group Decision Making [C]. In Proceedings of the The 35th Annual CHI Conference on Human Factors in Computing Systems. 2017: 2445 -2451.

[26] Yuhang BAO, Zeqi ZHU, Yongjing XIONG. A Novel MADM Approach Based on Cross - entropy with intuitionistic Hesitant Fuzzy Sets [C]. In Proceedings of the International Conference on Management Engineering, Software Engineering and Service Sciences. Wuhan, China, 2017: 108 -112.

[27] Karim Benouaret, Djamal Benslimane, Aliel Hadjali, et al. Web Service Compositions with Fuzzy Preferences: A Graded Dominance Relationship - Based Approach [J]. ACM Trans. Internet Technol. 13, 4, Article 12 (July 2014), 33 pages.

[28] 赵焕焕，菅利荣，刘勇. 区间粗糙数多属性决策方法 [J]. 运筹与管理. 2016, 25 (2): 78 -82.

[29] Rosa M. Rodríguez, Luis Martı'nez, Francisco Herrera. Hesitant Fuzzy Linguistic Term Sets for Decision Making [J]. IEEE Transactions on Fuzzy Systems, 2012, 20 (1): 109 -119.

[30] Rosa M. Rodríguez, Luis Martı'nez, Francisco Herrera. A group decision making model dealing with comparative linguistic expressions based on hesitant fuzzy linguistic term sets [J]. Information Sciences, 2013, 241 (12): 28 -42.

[31] Liao Huchang, Xu Zeshui, Zeng Xiaojun. Hesitant Fuzzy Linguistic VIKOR Method and Its Application in Qualitative Multiple Criteria Decision Making [J]. IEEE Transactions on Fuzzy Systems. 2015, 23 (5): 1343 -1355.

[32] Jaynes E. T. Information Theory and Statistical Mechanics [J]. Physical

Review, 1957, 106 (4): 620 - 630.

[33] Abbasbandy S., Hajjari T. A new approach for ranking of trapezoidal fuzzy numbers [J]. Computers & Mathematics with Applications, 2009, 57 (3): 413 - 419.

[34] Jin X., Mobasher B., Zhou Y. A Web recommendation system based on maximum entropy [C]. International Conference on Information Technology: Coding & Computing, 2005 (1): 213 - 218.

[35] Akshay Jaiswal, R. B. Mishra. Cloud Service Selection Using TOPSIS and Fuzzy TOPSIS with AHP and ANP [C]. In Proceedings of the International Conference on Machine Learning and Soft Computing. Ho Chi Minh City, Viet Nam, 2017: 136 - 142.

[36] Shi Chuan, Zhang Zhiqiang, Luo Ping et al. Semantic Path based Personalized Recommendation on Weighted Heterogeneous Information Networks [C]. In Proceedings of the 24th ACM International Conference on Information and Knowledge Management. Melbourne, VIC, Australia, 2015: 453 - 462.

[37] Dennis D. Leber, Jeffrey W. Herrmann. Allocating Attribute - Specific Information - Gathering Resources to Improve Selection Decisions [C]. In Proceedings of the 2013 Winter Simulation Conference, Washington, DC, USA, 2013: 101 - 112.

[38] Nayyar A. Zaidi, Jesus Cerquides, Mark J. Carman et al. Alleviating Naive Bayes Attribute Independence Assumption by Attribute Weighting [J]. Journal of Machine Learning Research, 14, 2013: 1947 - 1988.

[39] 徐泽水，达庆利. 多属性决策的组合赋权方法研究 [J]. 中国管理科学，2002，10 (2): 84 - 87.

[40] Wang, T. C., Lee, H. D., Developing a fuzzy TOPSIS approach based on subjective weights and objective weights [J]. Expert Systems with Applications, 2009, 36 (5): 8980 - 8985.

[41] Yogalakshmi Jayabal, Chandrashekar Ramanathan. Mutual Information based Weighted Clustering for Mixed Attributes [C]. In Proceedings of the second ACM IKDD Conference on Data Sciences, Bangalore, India. 2015: 136 - 137.

[42] Pilsun Choi, Buhyun Hwang. Dynamic Weighted Sequential Pattern Mining

for USN System [C]. In Proceedings of the International Conference on Ubiquitous Information Management and Communication, Beppu, Japan. 2015: 136 - 137.

[43] Agrawal R. , Borgida A. , Jagadish H. V. Efficient management oftransitive relationships in large data and knowledge bases [C]. Proceedings of the ACM Sigmod international conference on Management of data, 1989: 253 - 262.

[44] Jin R. , Xiang Y. , Ruan N. , et al. 3 - hop: a high - compression indexing scheme for reachability query [C]. Proceedings of the ACM Sigmod international conference on Management of data, 2009: 813 - 826.

[45] Jin R. , Xiang Y. , Ruan N. , et al. Efficiently answering reachability queries on very large directed graphs [C]. Proceedings of the ACM Sigmod international conference on Management of data, 2008: 595 - 608.

[46] Cohen E. , Halperin E. , Kaplan H. et al. Reaehability and dlstance queries via 2 - hop label [J]. Siam Journal on Computing. 2002, 32 (5): 937 - 946.

[47] Sehenkel R. , Theobald A. , Weikum G. Efficient creation and incremental maintenance of the HOPI index for complex XML document collections [C]. Proceedings of the International Conference on Data Engineering, 2005, 38 (1): 360 - 371.

[48] Wang H. , He H. , Yang J. , et al. Dual labeling: Answering graph reachability queries in constant time [C]. Proceedings of the International Conference on Data Engineering, 2006: 75.

[49] Konstantin Tretyakov, Abel Armas - Cervantes, Luciano García - Bañuelos, et al. Fast Fully Dynamic Landmark - based Estimation of Shortest Path Distances in Very Large Graphs [C]. Proceedings of the Acm International Conference on Information and Knowledge Management, October 24 - 28, 2011: 1785 - 1794.

[50] Atish Das Sarma, Sreenivas Gollapudi, Marc Najorkt. A Sketch - Based Distance Oracle for Web - Scale Graphs [C]. Proceedings of the Acm International Conference on Web Search & Data Mining, February 4 - 6, 2010: 401 - 410.

[51] Andrey Gubichev, Srikanta Bedathur, Stephan Seufert, et al. Fast and Accurate Estimation of Shortest Paths in Large Graphs [C]. Proceedings of the acm

International Conference on Information and Knowledge Management, October 26 - 30, 2010. pp: 499 - 508.

[52] Ruoming Jin, Ning Ruan, Yang Xiang, et al. A Highway - Centric Labeling Approach for Answering Distance Queries on Large Sparse Graphs [C]. Proceedings of the ACM Sigmod international conference on Management of data, May 20 - 24, 2012. PP: 445 - 456.

[53] Robert Geisberger, Peter Sanders, Dominik Schultes, et al. Contraction hierarchies Faster and simpler hierarchical routing in road networks [C]. Proceedings of the International Workshop of Experimental Algorithms 2008: pp. 319 - 333.

[54] Michael Rice, Vassilis J. Tsotras. Graph Indexing of Road Networks for Shortest Path Queries with Label Restrictions [C]. Proceedings of the International Conference on Very Large Data Bases. 2010, 4 (2): 69 - 80.

[55] Vincent D. Blondel, Jean - Loup Guillaume, Renaud Lambiotte, et al. Fast unfolding of communities in large networks [J]. Journal of Statistical Mechanics: Theory and Experiment. 2008 (10): 155 - 168.

[56] Song Qing, Wang Xiaofan. Efficient Routing on Large Road Networks Using Hierarchical Communities [J]. IEEE Transactions on Intelligent Transaction System, 12 (1), MARCH 2011: 132 - 140.

[57] Edward P. F. Chan, Yaya Yang. Shortest Path Tree Computation in Dynamic Graphs [J]. IEEE Transactions on Computers, 58 (4), APRIL 2009: 541 - 557.

[58] Fang Wei. TEDI: Efficient Shortest Path Query Answering on Graphs [C]. Proceedings of the ACM Sigmod international conference on Management of data, 2010: 99 - 110.

[59] Takuya Akiba, Christian Sommer, Ken - ichi Kawarabayashi. Shortest - Path Queries for Complex Networks: Exploiting Low Tree - width Outside the Core [C]. International Conference on Extending Database Technology. 2012: 144 - 155.

[60] Gao wenyu, Li shaohua. Tree Decomposition and Its Application in Algorithms [J]. Computer Science. 2012, 39 (3): 14 - 18.

[61] Roberto De Virgilio, Antonio Maccioni, Riccardo Torlone. A Similarity Measure for Approximate Querying [C]. Proceedings of the International Conference

on Extending Database Technology, March 18 -22, 2013.

[62] Yuan Ye, Wang Guoren, Wang Haixun et al. Efficient Subgraph Search over Large Uncertain Graphs [C]. 2011 VLDB. Vol. 4, No. 11. 2011: 876 -886.

[63] Andrew V. Goldberg, Chris Harrelsony. Computing the Shortest Path: A Search Meets Graph Theory [EB/OL]. Microsoft Research. 2004.

[64] Colorni A, Dorigo M, Maniezzo V. Ant system for job - shop scheduling [J]. Belgian of Operations Research Statistics and Computer Science, 1994, 34 (1): 39 -53.

[65] Dorigo M., Maniczzo V., Colomi A. Ant system: optimization by a colony of cooperating agents [J]. IEEE Transactions on Systems, Man, and Cybernetics: Part B, 1996, 26 (1): 29 -41.

[66] Duan Haibin, Wang Daobo, Zhu Jiaqiang, et al. Development on ant colony algorithm theory and its application [J]. Control and Decision. Vol. 19 No. 12. Dec. 2004. pp: 1321 -1326.

[67] Wang Yue, Ye Qiudong. Improved strategies of ant colony algorithm for solving shortest path problem. [J]. Computer Engineering and Applications. 2012, 48 (13): 35 -38.

[68] Cohen E., Halperin E., Kaplan H. et al. Reaehability and dlstance queries via 2 -hop label [J]. Siam Journal on Computing. 2002, 32 (5). PP: 937 -946.

[69] Sehenkel R., Theobald A., Weikum G. Efficient creation and incremental maintenance of the HOPI index for complex XML document collections [C]. Proceedings of the International Conference on Data Engineering, 2005, 38 (1): 360 -371.

[70] Sehenkel R., Theobald A., Wezkum G. Hopi: An efficient connection Index for complex xml document collections [J]. Proceedings of the International Conference on Extending Database Technology, 2004: 237 -255.

[71] Jing Cai, Chung Keung Poon. Path - Hop Efficiently Indexing Large Graphs for Reachability Queries [C]. Proceedings of the Acm International Conference on Information and Knowledge Management. Toronto. October 26 -30, 2010: 119 -128.

[72] Yosuke Yanoz, Takuya Akiba, Yoichi Iwataz, et al. Fast and Scalable Reachability Queries on Graphs by Pruned Labeling with Landmarks and Paths [C]. Proceedings of the Acm International Conference on Information and Knowledge Management. San Francisco. Oct. 27 – Nov. 1, 2013: 1601 – 1606.

[73] Jin Ruoming, Ruan Ning, Saikat Dey, et al. SCARAB: Scaling Reachability Computation on Large Graphs [C]. Proceedings of the ACM Sigmod international conference on Management of data. Scottsdale, Arizona, USA. May 20 – 24, 2012: 169 – 180.

[74] Jin Ruoming, Wang Guan. Simple, Fast, and Scalable Reachability Oracle [C]. Proceedings of the 39th International Conference on Very Large Data Bases. Riva del Garda, Trento, Italy. 2013, 6 (14): 1978 – 1989.

[75] Andy Diwen Zhu, Wenqing Lin, Sibo Wang, et al. Reachability Queries on Large Dynamic Graphs: A Total Order Approach [C]. Proceedings of the ACM Sigmod international conference on Management of data, Snowbird, UT, USA. June 22 – 27, 2014: 1323 – 1334.

[76] Saikat K. Dey, Hasan Jamil. A Hierarchical Approach to Reachability Query Answering in Very Large Graph Databases [J]. Proceedings of the Acm International Conference on Information and Knowledge Management. Toronto. October 26 – 30, 2010: 1377 – 1380.

[77] Jin Ruoming, Ruan Ning, Xiang Yang, et al. Path – Tree: An Efficient Reachability Indexing Scheme for Large Directed Graphs [J]. ACM Transactions on Database Systems. 2011, 36 (1): 1 – 44.

[78] Sairam Gurajada, Martin Theobald. Distributed Set Reachability [C]. In Proceedings of the 2016 ACM Sigmod international conference on Management of data. San Francisco, CA, USA. 2016: 1247 – 1261.

[79] Chen Y. J., Chen Y. B. An efficient algorithm for answering graphreachability queries [C]. Proceedings of the IEEE 24th International Conference on Data Engineering. 2008: 893 – 902.

[80] Trissl S., Leser U. Fast and practical indexing and querying of very large graphs [C]. Proceedings of the ACM Sigmod international conference on Management of data. 2007: 845 – 856.

[81] Hilmi Yildirim, Vineet Chaoji, Mohammed J. Zaki. Grail: a scalable index for reachability queriesin very large graphs [J]. The Vldb Journal. 2012 (21): 509 - 534.

[82] Hilmi Yildirim, Vineet Chaoji, Mohammed J. Zaki. Dagger: A Scalable Index for Reachability Queries in Large Dynamic Graphs [J/OL]. http://dblp.uni - trier. de/db/journals/corr/corr1301. html#abs - 1301 - 0977.

[83] Yuan Ye, Wang Guo - ren. Answering probabilistic reachability queries over uncertain graphs [J]. Chinese Journal of Computers, 2010, 33 (8): 1378 - 1386.

[84] Zhu Ke, Zhang Wen - jie, Zhu Gao - ping, et al. BMC: an efficient method to evaluate probabilistic reachability queries [J]. Proceedings of Database Systems for Advanced Applications, Heidelberg, Germany, 2011: 434 - 449.

[85] Haitham Gabr, Andrei Todor, Alin Dobra et al. Reachability Analysis in Probabilistic Biological Networks [J]. Ieee/ACM Transactions on Computational Biology and Bioinformatics, 12 (1), 2015: 53 - 66.

[86] George Fishman. A comparison of four monte carlo methods for estimating the probability of s - t connectedness [J]. IEEE Transactions on Reliability, 1986, 35 (2): 145 - 155.

[87] Jin Ruo - ming, Liu Lin, Ding Bo - lin, et al. Distance constraint reachability computation in uncertain graph [J]. Proceedings of Very Large Databases, Seattle, Washington, 2011: 551 - 562.

[88] James Cheng, Zechao Shang, Hong Cheng, et al. KReach: Who is in Your Small World [C]. Proceedings of the 38th International Conference on Very Large Data Bases. August 27th - 31st 2012, Istanbul, Turkey. 2012, 5 (11): August. 1292 - 1303.

[89] Imen Ben Dhia. Access Control in Social Networks: A reachability - BasedApproach [C]. In EDBT/ICDT, March 26 - 30, 2012: 227 - 232.

[90] Xu Kun, Zou Lei, Jeffrey Xu Yu, et al. Answering Label - Constraint Reachability in Large Graphs [C]. Proceedings of the Acm International Conference on Information and Knowledge Management, October 24 - 28, Glasgow, Scotland, UK. 2011: 1595 - 1600.

[91] Miao Qiao, Hong Cheng, Lu Qin, et al. Computing weight constraint reachability in large networks [J]. The VLDB Journal. 2013 (22): 275 - 294.

[92] Jin Ruoming, Hong Hui, Wang Haixun, et al. Computing Label - Constraint Reachability in Graph Databases [C]. Proceedings of the ACM Sigmod international conference on Management of data, June 6 - 11, Indianapolis, Indiana, USA. 2010: 123 - 134.

[93] Lucien D. J. Valstar, George H. L. Fletcher, Yuichi Yoshida. Landmark Indexing for Evaluation of Label - Constrained Reachability Queries [C]. In Proceedings of the 2017 ACM Sigmod international conference on Management of data. Chicago, Illinois, USA. 2017: 345 - 358.

[94] Deng Jintian, Liu Fei, Peng Yun, et al. Predicting the Optimal Ad - hoc Index for ReachabilityQueries on Graph Databases [C]. Proceedings of the Acm International Conference on Information and Knowledge Management, October 24 - 28, Glasgow, Scotland, UK. 2011: 2357 - 2360.

[95] Mohamed Sarwat, Sameh Elnikety, He Yuxiong, et al. Mokbel. Horton +: A Distributed System for Processing Declarative Reachability Queries over Partitioned Graphs [C]. Proceedings of the International Conference on Very Large Data Bases, 2013, 6 (14): 1918 - 1929.

[96] Zhou Junfeng, Zhou Shijie, Jeffrey Xu Yu et al. DAG Reduction: Fast Answering Reachability Queries [C]. In Proceedings of the 2017 ACM Sigmod international conference on Management of data. Chicago, Illinois, USA. 2017: 375 - 390.

[97] Dijkstra E. W. A note on two problems in connexton with graphs [J]. Numerical Mathematics, 1959 (1): 269 - 271.

[98] Bellman R. On a routing problem [J]. In Quarterly of Applied Mathematics, 1958, 16 (1): 87 - 90.

[99] Robert W. Floyd. Algorithm 97: Shortest path [J]. Communications of the ACM, 5 (6): 345, 1962.

[100] Konstantin Tretyakov, Abel Armas - Cervantes, Luciano García - Bañuelos, et al. Fast Fully Dynamic Landmark - based Estimation ofShortest Path Distances in Very Large Graphs [C]. Proceedings of the Acm International Conference on Information and Knowledge Management, October 24 - 28, 2011: 1785 -

1794.

[101] Atish Das Sarma, Sreenivas Gollapudi, Marc Najorkt. A Sketch - Based Distance Oracle for Web - Scale Graphs [C]. Proceedings of the Acm International Conference on Web Search & Data Mining, February 4 - 6, 2010: 401 - 410.

[102] Andrey Gubichev, Srikanta Bedathur, Stephan Seufert, et al. Fast and Accurate Estimation of Shortest Paths in Large Graphs [C]. Proceedings of the acm International Conference on Information and Knowledge Management, October 26 - 30, 2010. pp: 499 - 508.

[103] Julian Dibbelt, Ben Strasser, Dorothea Wagner. Fast Exact Shortest Path and Distance Queries on Road Networks with Parametrized Costs [C]. In Proceedings of the 23rd ACM SIGSPATIAL International Conference on Advances in Geographic Information Systems., Bellevue, WA, USA. 2015.

[104] Ankita Likhyani, Srikanta Bedathur. Label Constrained Shortest Path Estimation [C]. In Proceedings of the 22nd ACM International Conference on Information and Knowledge Management. San Francisco, CA, USA. 2013: 1177 - 1180.

[105] Wang Sibo, Lin Wenqing, Yang Yi, et al. Efficient Route Planning on Public Transportation Networks: A Labelling Approach [C]. In Proceedings of the 2015 ACM Sigmod international conference on Management of data. Melbourne, Victoria, Australia. 2015: 967 - 982.

[106] Ruoming Jin, Ning Ruan, Yang Xiang, et al. A Highway - Centric Labeling Approach for Answering Distance Queries on Large Sparse Graphs [C]. Proceedings of the ACM Sigmod international conference on Management of data, May 20 - 24, 2012. PP: 445 - 456.

[107] Robert Geisberger, Peter Sanders, Dominik Schultes, et al. Contraction hierarchies Faster and simpler hierarchical routing in road networks [C]. Proceedings of the International Workshop of Experimental Algorithms 2008: pp. 319 - 333.

[108] Michael Rice, Vassilis J. Tsotras. Graph Indexing of Road Networks for Shortest Path Queries with Label Restrictions [C]. Proceedings of the International Conference on Very Large Data Bases. 2010, 4 (2): 69 - 80.

[109] Vincent D. Blondel, Jean - Loup Guillaume, Renaud Lambiotte, et al. Fast unfolding of communities in large networks [J]. Journal of Statistical Mechanics: Theory and Experiment. 2008 (10): 155 - 168.

[110] Song Qing, Wang Xiaofan. Efficient Routing on Large Road Networks Using Hierarchical Communities [J]. IEEE Transactions on Intelligent Transaction System, 12 (1), MARCH 2011: 132 - 140.

[111] Edward P. F. Chan, Yaya Yang. Shortest Path Tree Computation in Dynamic Graphs [J]. IEEE Tromsactions on Computers, 58 (4), APRIL 209: 541 - 557.

[112] Huo Wenyu, Vassilis J. Tsotras. Efficient Temporal Shortest Path Queries on Evolving Social Graphs [C]. In Proceedings of the Conference on Scientific and Statistical Database Management. Aalborg, Denmark. 2014.

[113] Gao wenyu, Li shaohua. Tree Decomposition and Its Application in Algorithms [J]. Computer Science. 2012, 39 (3): 14 - 18.

[114] Fang Wei. TEDI: Efficient Shortest Path Query Answering on Graphs [C]. Proceedings of the ACM Sigmod international conference on Management of data, 2010: 99 - 110.

[115] Takuya Akiba, Christian Sommer, Ken - ichi Kawarabayashi. Shortest - Path Queries for Complex Networks: Exploiting Low Tree - width Outside the Core [C]. International Conference on Extending Database Technology. 2012: 144 - 155.

[116] Roberto De Virgilio, Antonio Maccioni, Riccardo Torlone. A Similarity Measure for Approximate Querying [C]. Proceedings of the International Conference on Extending Database Technology, March 18 - 22, 2013.

[117] Cheng Jiefeng, Jeffrey Xu Yu. On - line Exact Shortest Distance Query Processing [J]. EDBT 2009, March 24 - 26, 2009: 481 - 492.

[118] Michalis Potamias, Francesco Bonchi, Carlos Castillo, et al. Fast Shortest Path Distance Estimation in Large Networks [J]. Proceedings of the Acm International Conference on Information and Knowledge Management, November, 2009: 867 - 876.

[119] Alberto Viseras, Valentina Karolj, Luis Merino. An asynchronous distributed constraint optimization approach to multi - robot path planning with complex

constraints [C]. In Proceedings of the The 32nd ACM Sigapp Symposium On Applied Computing, Marrakech, Morocco. 2017: 268 - 275.

[120] Roberto De Virgilio, Antonio Maccioni, Riccardo Torlone. A Similarity Measure for Approximate Querying [C]. Proceedings of the International Conference on Extending Database Technology, March 18 - 22, 2013.

[121] Takuya Akiba, Yoichi Iwata, Yuichi Yoshida. Fast Exact Shortest - Path Distance Queries on LargeNetworks by Pruned Landmark Labeling [C]. Proceedings of the ACM Sigmod international conference on Management of data, New York, USA. 2013: 349 - 360.

[122] Mohamed S. Hassan, Walid G. Aref, Ahmed M. Aly. Graph Indexing for Shortest - Path Finding over Dynamic Sub - Graphs [C]. In Proceedings of the 2016 ACM Sigmod international conference on Management of data. San Francisco, CA, USA. 2016: 1183 - 1197.

[123] Gao Jun, Jin Ruoming, Zhou Jiashuai et al. Relational Approach for Shortest Path Discovery overLarge Graphs [C]. Proceedings of the International Conference on Very Large Data Bases, 2012, 5 (4): 358 - 369.

[124] Andrey Gubichev, Srikanta Bedathur, Stephan Seufert, et al. Fast and Accurate Estimation of Shortest Paths in Large Graphs [C]. Proceedings of the acm International Conference on Information and Knowledge Management, October 26 - 30, 2010. pp: 499 - 508.

[125] Andrew V. Goldberg, Chris Harrelsony. Computing the Shortest Path: A* Search Meets Graph Theory [EB/OL]. Microsoft Research. 2004.

[126] ADLER J. L. A best neighbor heuristic search for finding minimum paths in transportation networks [C]. Proceedings of the 77th Transportation Research Board Annual Meeting. Washington DC, 1998.

[127] Pollack M. Letter to the Editor - The k t h Best Route Through a Network [J]. Operations Research, 1961, 9 (4): 578 - 580.

[128] Clarke S., Krikorian A., Rausen J. Computing the N best loopless paths in a network [J]. Journal of the Society for Industrial & Applied Mathematics, 1963, 11 (4): 1096 - 1102.

[129] Sakarovitch M. The k shortest chains in a graph [J]. Transportation

Research, 1968, 2 (1): 1 -11.

[130] Katoh N., Ibaraki T., Mine H. An efficient algorithm for k shortest simple paths [J]. Networks, 1982, 12 (4): 411 -427.

[131] Hadjiconstantinou E., Christofides N., Mingozzi A. A new exact algorithm for the vehicle routing problem based on q - paths and k - shortest paths relaxations [J]. Annals of Operations Research, 1995, 61 (1): 21 -43.

[132] Nielsen L R., Andersen K. A., Pretolani D. Finding the K shortest hyperpaths [J]. Computers & Operations Research, 2005, 32 (6): 1477 -1497.

[133] Matthew Carlyle W., Kevin Wood R. Near shortest and K shortest simple paths [J]. Networks, 2005, 46 (2): 98 -109.

[134] Liam Roditty. On the k - simple shortest paths problem in weighted directed graphs [C]. Proceedings of the eighteenth annual ACM - SIAM symposium on Discrete algorithms, 2007: 920 -928.

[135] Hershberger J., Maxel M., Suri S. Finding the k Shortest Simple Paths: a new algorithm and its Implementation [J]. ACM Transactions on Algorithms, 2007, 3 (4): 45.

[136] Hershberger J., Suri S. Vickrey. Prices and Shortest Paths: What is an Edge Worthy [C]. Proceedings of the 42nd IEEE symposium on Foundations of Computer Science, 2001: 252 -260.

[137] Gotthilf Z., Lewenstein M. Improved algorithms for the k shortest paths and the replacement paths problems [J]. Information Processing Letters, 2009, 109 (7): 352 -355.

[138] Sedeno - Noda A. An efficient time and space K point - to - point shortest simple paths algorithm [J]. Applied Mathematics and Computation, 2012, 218 (20): 10245 -10257.

[139] Bellman R., Kalaba R. on kth best policies [J]. Journal of the Society for Industrial & Applied Mathematics, 1960, 8 (4): 582 -588.

[140] David Eppstein. Finding - the k Shortest Paths [J]. SIAM Journal on Computing, 28 (2): 154 -165.

[141] Husain Aljazzar, Stefan Leue. Directed Explicit State - Space Search in the Generation of Counterexamples for Stochastic Model Checking [J]. IEEE Trans-

actions on Software Engineering. 36 (1): 37 - 60.

[142] Yen J. Y. Finding the k shortest loopless paths in a network [J]. Management Science, 1971, 17 (11): 712 - 716.

[143] Yen J. Y., Another algorithm for finding the K shortest loopless network paths [C]. In: Proc. 41st mtg. Operations Research Society of America, 1972 (20): 175.

[144] Ernesto de Queirós Vieira Martins, Marta Margarida Braz Pascoal, José Luis Esteves dos Santos. Deviation Algorithms for Ranking Shortest Paths [J]. International Journal of Foundations of Computer Science. 10 (3), September 1999.

[145] Martins, Ernesto Q. V., Pascoal, Marta M. B. A new implementation of Yen's ranking loopless paths algorithm [J]. Quarterly Journal of the Belgian, French and Italian Operations Research Societies, 2003, 1 (2): 121 - 133.

[146] Theodoros Chondrogiannis, Panagiotis Bouros, Johann Gamper et al. Alternative routing: k - shortest paths with limited overlap [C]. Proceedings of the 23rd {SIGSPATIAL} International Conference on Advances in Geographic Information Systems, Bellevue, WA, USA, November 3 - 6, 2015: 1 - 4.

[147] Takuya Akiba, Takanori Hayashi, Nozomi Nori, et al. Efficient TOP - K Shortest - Path Distance Queries on Large Networks by Pruned Landmark Labeling [C]. Proceedings of the Twenty - Ninth AAAI Conference on Artificial Intelligence, January 29, 2015: 2 - 8.

[148] Lijun Chang, Xuemin Lin, Lu Qin, et al. Efficiently Computing TOP - K Shortest Path Join [C]. 18th International Conference on Extending Database Technology, March 23 - 27, 2015: 133 - 144.

[149] Nick Gravin, Ning Chen. A Note on k - Shortest Paths Problem [J]. Journal of Graph Theory, 2011, 67 (1): 34 - 37.

[150] Gr'egoire Scano, Marie - Jos'e Huguet, Sandra Ulrich Ngueveu. Adaptations of k - Shortest Path Algorithms for Transportation Networks [C]. International Conference on Industrial Engineering and Systems Management, Oct 2015, Seville, Spain. 2015.

[151] Stefan Funke, Andre Nusser, Sabine Storandt. On k - Path Covers and their Applications [J]. The Vldb Journal, 2016, 7 (10): 893 - 902.

[152] Yu - Keng Shih, Srinivasan Parthasarathy. A single source k - shortest paths algorithm to infer regulatory pathways in a gene network. Bioinformatics. Volume 28, Issue 12. 149 - 158.

[153] Hasan M. Jamil. Efficient TOP - K Shortest Path Query Processing in Sparse Graph Databases [C]. In Proceedings of the 7th ACM International Conference on Web Intelligence, Mining and Semantics. Amantea, Italy. 2017.

[154] He Y., Liu Z., Shi J., et al. K - Shortest - Path - Based Evacuation Routing with Police Resource Allocation in City Transportation Networks [J]. PLoS ONE 10 (7): e0131962.

[155] Zeng Yifeng, Chen Yingke, Prashant Doshi. Approximating Behavioral Equivalence of Models Using TOP - K Policy Paths [C]. In Proceedings of the 10th international conference on Autonomous Agents and Multiagent Systems. Taipei. 2011: 1229 - 1230.

[156] Lu Jiaheng, Pierre Senellart, Chunbin Lin et al. Optimal TOP - K Generation of Attribute Combinations based on Ranked Lists [C]. In Proceedings of the 2012 ACM Sigmod international conference on Management of data. Scottsdale, Arizona, USA. 2012: 409 - 420.

[157] Peter Rutgers, Claudio Martella, Spyros Voulgaris et al. Powerful and Efficient Bulk Shortest - Path Queries: Cypher language extension & Giraph implementation [C]. In Proceedings of the Fourth International Workshop on Graph Data Management Experiences and Systems. Redwood Shores, CA, USA. 2016.

第9章　复杂多属性应急资源配置图的可达性查询研究

9.1　应急资源配置图可达性研究的目标和思路

应急资源配置图的可达性问题的本质是图数据为基础的查询，许多技术如 N - Hop、树、间隔标签、不确定图的处理等算法都涌现出来，也解决了很多图的可达性问题，但对于应急资源配置图的约束可达性，尤其在多属性约束条件下，对于这个新问题，我们目前还没有提出有效的解决办法。

第一，笔者用虚拟节点扩展的方法，把有关边和节点的混合问题简化为单纯边的问题，这样有利于应急资源配置图可达性的查询；第二，考虑到灾情、决策者或道路条件等实际情况对某些应急资源配置路径属性的取值有一定的限制，所以利用这些限制对应急资源配置图进行筛选，目的是减少图数据中边的数量，以提高查询的效率；第三，针对应急资源道路复杂多属性的情况，考虑到路径属性的相关性，用主成分分析的思想找出路径属性的权值，利用修正的TOPSIS 技术对每条路段评价，这样就会得到更加科学的评价结果；第四，为确保应急资源配置图中路径信息的完全性和查询的效率，利用环收缩技术和多间隔标签技术对综合评价后的路径图进行处理，以实现复杂多属性路径可达性的查询；第五，对提出的应急资源配置路径可达性查询技术的性能进行评价。

9.2　应急资源配置图可达性研究的价值及定义

应急资源配置图可达性查询具有重要的实际价值和理论意义，它是图数据路径研究的重要方面。如何提高图的可达性查询算法的效率，一直深受研究人员的重视，也是数据领域研究的热点之一。目前，针对图可达性查询研究的很多算法，如传递闭包算法、最优路径算法、N - Hop 的方法[1~8]、树的方法[9,10]、间隔标签的方法[11~17]、不确定图的处理方法[18~20]等。这些算法一般是在单一属性的条件下减少时间和空间的消耗，最后得到有效准确的查询结果。

但应急资源配置涉及的数据的规模、复杂性在不断增加，配送可达性查询将面临新的挑战，尤其在应急资源配置图的可达性基础上，多属性约束可达性查询不仅要满足两个节点 u 和 v 可达，而且要满足 u 和 v 可达的道路、规则、距离、权值等属性条件。所以，应急资源配置查询并不是简单地判断可达性，而是在可达的基础上还要判断是否符合一定的属性条件的约束[21~25]，只有符合属性条件的可达才是用户所关注的目标。事实上，描述不同实体之间的关系要从多个角度来进行考察，因而描述这些关系的边就需要用多个属性来进行刻画。一般这种多属性约束的应急资源配置图的可达性查询都是判断是否有路径从 a 到 b，且路径的每条边的条件必须满足特殊的标签或标签集[25]。这实际上是复杂多属性决策的可达性查询，其对现实生活有实际的指导意义。因为，在实际中，用户对规划方案的选择应该是基于多维代价的综合考虑，仅仅依靠某一属性而作出的选择并不明智，这也进一步说明复杂多属性的应急资源配置图可达性研究具有重要的价值。

研究时用到的符号及含义说明见表 9.1。

表 9.1　　符号及含义说明

符号	含义说明
O^+	正理想解
O^-	负理想解
p_i	第 i 条路径
ρ_j	信息贡献率
λ	特征值
T	属性的相关关系矩阵
S_i^*	目标值和正理想解之间的欧式距离
S'_i	目标值和负理想解之间的欧式距离

9.3 复杂多属性应急资源配送的可达性分析

9.3.1 应急资源配置图的可达性分析

9.3.1.1 一般的应急资源配置图的可达性分析

应急资源配置图的可达性分析是图的可达性的应用，对其的研究实际上就是图数据的可达性研究。在图数据的可达性研究中，James Cheng 等人[21]提出了查询在 k 步可达的节点的思想，但有两个技术难点：第一，计算最小节点覆盖本身是一个 NP 问题；第二，在选择长度为 k 的边后，把节点集 $\{v_0, \cdots, v_k\}$ 并入候选集 S 中，如果 $\{v_0, \cdots, v_k\}$ 中的节点和没有并入的节点有连接，直接删除就会有信息的丢失。Xu Kun 等人[23]主要介绍了一种基于约束标签的可达性查询，其主要步骤首先是利用单源的 Dijkstra 的近似算法把无向图求解，成为一个压缩树；其次把得到的压缩树通过求最大连通性化为各个子图；再次，把各个子图化简为二分图，分别求二分图节点的 2 - Hop 标签，即 $L_{in}(u)$ 和 $L_{out}(u)$；最后通过的 2 - Hop 标签求出可达性。

Imen Ben Dhia 提出主要处理约束条件的方法[22]，在其方法中建立了多个约束条件的集合，每次的查询都访问多个集合，这会影响查询的效率。Qiao Miao 等人提出了基于约束的可达性查询[24]，主要是把无向图转换为最小生成树，再把最小生成树转化为边、为基的索引树，然后通过索引树进行约束可达性的查询。Jin Ruoming 等人的核心思想是集合属性问题[25]，如果某个集合 A 满足约束可达的性质，其超集也就满足了可达性的要求，所以就可把超集约成为最小满足路径标签的集合。其主要是通过抽取样本，同时设立边的权值估计 $\hat{X}_{e,n}$ 和错误边界 $\varepsilon_{e,n}$，建立近似最大生成树，方便可达性的查询。

上述的这些方法在处理可达性查询方面确实改进了不少，但也存在一些不足，归纳起来主要有以下几个方面：

第一，所用的方法本身就是 NP 问题；

第二，在处理图结构的数据时，把图化简为树，或者是在创建候选集的过程中把选中的节点集从原集合中删除时并没有考虑这些节点和没选中节点的连接关系，不管是创建树还是创建候选集都存在信息的人为缺失这一共同的问题；

第三，在研究中很少关注复杂多属性对可达性的影响。

9.3.1.2　基于间隔标签的应急资源配置图的可达性分析

在处理应急资源配置图等有向图的可达性查询中，目前有一些文献进行了介绍，如有 N - Hop 技术、树技术、间隔标签技术[11~15]等，比较有效的是间隔标签技术。间隔标签技术主要是在有向资源配置图中用最小—后序标签或先序—后序标签两种技术。先序—后序标签分配 $L_u = [s_u, e_u]$ 给各个节点，其中 s_u 是从根节点开始的先序遍历的序号，e_u 是后序遍历的序号；最小—后序标签技术中 e_u 是后序遍历的序号，而 s_u 是 u 的子节点的最小序号。假设存在两个间隔标签的集合 $L_u = [s_u, e_u]$ 和 $L_v = [s_v, e_v]$，如果存在 $u \to v$，则 $L_v \subseteq L_u$。

实际上，最小—后序标签间隔标签技术存在一种异常，节点的间隔标签 $L_u = [s_u, e_u]$，包含 $L_v = [s_v, e_v]$，但存在节点 u 不可达节点 v 的问题。通过对有向图（见图9.1）的遍历后，最小—后序标签技术得到的标签值有异常现象（见图9.2）。例如节点 b 的标签值是 $L_b = [1,6]$，而节点 c 的标签值为 $L_c = [1,8]$，由间隔标签的原理可知，$c \to b$ 可达，但实际在原图上是不可达的。为解决这个问题，Hilmi Yildirim[27,28]等人使用多间隔标签技术解决了这种异常信息，此时 $L_u = L_u^1, L_u^2, \cdots, L_u^d$，$L_u^i (1 \leqslant i \leqslant d)$ 为第 i 次随机遍历有向图时所得到

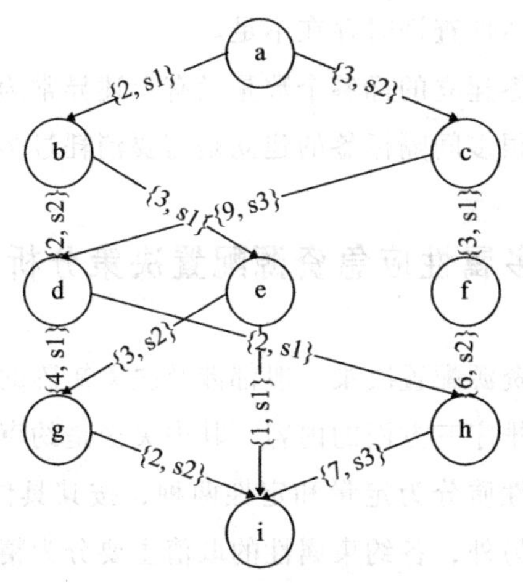

图 9.1　多属性的有向资源配置

的 u 的标签，当且仅当对所有的 $i \in [1,d]$ ，都含有 $L_v^i \subseteq L_u^i$ ，则 $L_v \subseteq L_u$ 成立，即 $u \to v$ 可达；反之则不可达。

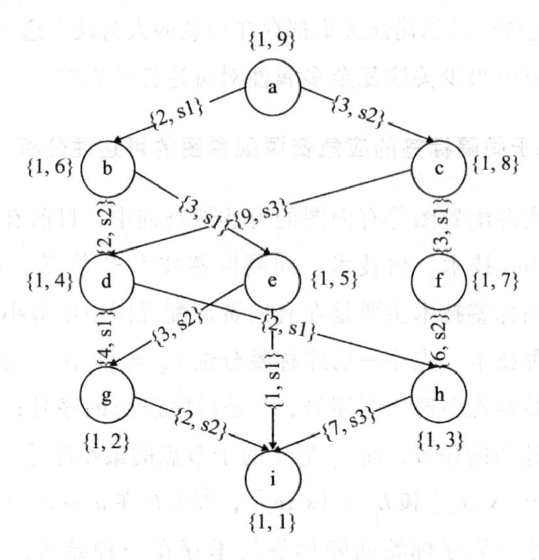

图 9.2 最小—后序标签遍历有向资源配置图的间隔标签

上述的方法确实解决了有向资源配置图的可达性问题，但也存在一些不足：

第一，其主要的方法依然是把有向资源配置图转化为最小生成树，然后通过最小生成树建立间隔标签。从严格意义来说，这一种近似的处理办法，肯定存在信息的人为缺失。

第二，在处理时并没有考虑有向资源配置图中的各种条件约束，这就导致在处理现实的约束可达性查询时存在不足。

第三，多间隔标签建立的标签个数是没有上述异常为止，这就有可能导致建立很多个标签，而很多间隔标签的建立是需要消耗过多的资源的。

9.3.2 复杂多属性应急资源配置决策分析

复杂多属性应急资源配置决策一般都涉及决策矩阵的规范化、各属性权重的确定和方案的综合排序三方面的内容，其中关键是约束属性的选取。一般来讲，属性的划分按其性质分为定量和定性两种，按其具体含义可分为效益型、成本型、区间型等。另外，各约束属性的取值主要分为精确数和不确定数等形式，而且各属性值往往具有不同的量纲，所以规范化处理也就成了复杂多属性应急资源配置决策前必不可少的一步，且规范化处理的方法不同，也将直接影响决策的结果。

一般，多属性决策的常用方法有简单线性加权法、TOPSIS[28] 法、层次分析法、ELECTRE 法等。TOPSIS 具有直观的几何意义，对原始数据的利用比较充分，信息损失比较少，应用范围广，是一种有效的多属性决策方法。TOPSIS 方法主要通过构造多属性决策问题的正理想解和负理想解，计算各方案与正理想解和负理想解的距离，以靠近正理想解和远离负理想解两个基准作为评价依据，来确定方案的排序。自 TOPSIS 法被提出以后，其应用范围不断扩大。

在多属性决策中，属性权重也对决策有很大的影响。TOPSIS 方法中属性的权重主要依据主观赋权法，它根据决策者主观上对各属性的重视程度来确定属性权重的方法，其原始数据由应急资源专家根据经验主观判断得到。这种方法忽视了属性值之间的相关关系或属性值的变异程度等客观信息。

9.4　应急资源配置图可达性的基础理论与优化

我们首先把应急资源配置图抽象为有向图 $G = (V,E,A,I)$，其中 V 是应急资源配置图节点的集合，E 是应急资源配置图边的集合；$A \subset R$ 是应急资源配置图的多属性值的集合，其中 $A = \{a_1,a_2,\cdots,a_i,\cdots,a_n\}$，$a_i$ 为第 i 个属性，$I:E \to A$ 是一个函数过程，分配各个边 $e \in E$ 的一个综合评价指数 $I(e)$。一条从 u 到 v 的路径 $P(u,v) = \{u,v_1,\cdots,v_d,v\}$，其中 $\{u,v_1,\cdots,v_d,v\} \subseteq V$，$\{(u,v_1),\cdots,(v_d,v)\} \subset E$，如果边 e 是配送路径 P 的一条边，我们说 e 属于 P，标记为 $e \in P$。

在资源配置有向图中，如果每条边有多个属性，而且对每个属性都有一定的条件限制，那么对每个节点来说，出边的每个属性和约束条件就构成其决策矩阵，如公式（9.1）所示。

$$D = \begin{bmatrix} d_{11} & d_{12} & \cdots & d_{1n} \\ d_{21} & d_{22} & \cdots & d_{2n} \\ \vdots & \vdots & \vdots & \vdots \\ d_{i1} & \cdots & d_{ij} & \cdots \\ \vdots & \vdots & \vdots & \vdots \\ d_{m1} & d_{m2} & \cdots & d_{mn} \end{bmatrix} \tag{9.1}$$

在公式 9.1 中，$M = \{1,2,\cdots,m\}$ 为出边的下标集合，$N = \{1,2,\cdots,n\}$ 为属性的下标集合，例如 $d_{i1},\cdots,d_{ii},\cdots,d_{in}$ 为第 i 条出边的所有属性值，$d_{1i},\cdots,d_{ii},\cdots,d_{mi}$ 为属性 i 在所有出边的属性值，此时 $D = \{d_{ij}\}_{m\times n}$ 为边的应急资源配置问题的决策矩阵。

9.4.1 应急资源配置图边和节点的约束

【定义 9.1】

给一个有向图 $G = (V,E,A,I)$，多条件约束可达性查询是指 $q = (u,v,C)$，其中 $u,v \in V$，$C = \{c_1,c_2,\cdots,c_n\}$ 是约束的多个条件，例如 $c_1 \geqslant x,\cdots,c_n \leqslant y$，或者 $c_i \in [x,y]$，q 是查询是否有这样一条应急配送路径 $P(u,v)$，对 $\forall e \in P(u,v)$，如果边的所有属性满足约束条件 C，则说明应急配送路径 $P(u,v)$ 是可达的[29]。

【例 9.1】

如图 9.1 所示，条件 1 是数值，而条件 2 描述状态，有 $\{s_1,s_2,s_3\}$ 三种状态，现需要查询节点 a 到节点 i 在条件 1 的值小于等于 3，并且条件 2 的状态不为 $s3$ 的情况下是否可达，即 $q = (a,i,\leqslant 3,\neq s3)$，通过搜索发现，图 G 中存在 $P(a,i) = \{a,b,e,i\}$，并且对 $\forall e \in P(a,i)$，有 $\omega(e) \leqslant 3$ 和 $s \neq s3$，由此可以得出，在多约束条件下，a 和 i 是可达的。

上述讨论的问题主要集中在边的属性具有条件值，而忽略了节点属性也含有条件值。如果同时考虑图中节点和边的属性值，那查询就变得复杂化，为使问题简化，可使用虚拟节点扩展方法。

虚拟节点扩展方法就是把应急资源配置图 G 中具有多个属性值的节点扩展为边的方法。首先，对具有多个约束属性值的节点相对应地创造一个虚拟点；其次把原来节点的属性值转化为原节点和相对应的虚拟节点的边的属性值，而把原节点的出边的起点，改为相应的虚拟节点，入边的终点则保持不变。例如，原来的路径是 $a \rightarrow b$，其中节点 a 具有权值，此时构造一个虚拟点 a'，节点 a 的属性值转化为 $a \rightarrow a'$ 的边的属性值，此时就由 $a \rightarrow b$ 演变为 $a \rightarrow a'$ 和 $a' \rightarrow b$，其中，节点 a 的属性值为 $a \rightarrow a'$ 边的值，$a' \rightarrow b$ 为原来 $a \rightarrow b$ 边的值。通过这样的过程，就可以把边和节点都具有属性值的问题简化为边的多属性约束可达问题，目的是简化图 G，提高了查询的效率。

【引理 9.1】

如果应急资源配置原图 G 中的节点具有约束性的值，并且存在满足定义 9.1 的一条应急路径，此时对应急资源配置原图 G 中具有约束性值的节点采用虚拟节点扩展方法计算后，仍然存在满足定义 9.1 的路径。

【证明】

第一，约束条件值的不变性。虚拟节点扩展方法只是把应急资源配置原图 G 中原来节点的约束条件值等值移到原节点和新创建的虚拟节点的边上，并没有改变值的大小，所以约束条件值没有发生变化。

第二，连接的不变性。因为虚拟节点扩展的方法只是改变了出边的起点，入边的终点并没发生变化，节点条件值的约束只是改为原节点和虚拟节点的边的约束，如果应急资源配置原图 G 中的节点约束值满足约束的条件，则应急资源配置扩展图 G' 中原节点和虚拟节点的边的约束也满足约束条件，即不改变边的连接性。

通过上述两方面的描述，引理 9.1 成立。

【例 9.2】

如图 9.3 所示，不仅每条边的属性具有条件值，而且每个节点的属性也具有条件值，这就相当于某个应急物资的资源配送过程，其速度和效率不仅受路上的交通工具和应急道路状况的影响，同时也受各个应急物资中心的仓储状况和处理速度的影响。

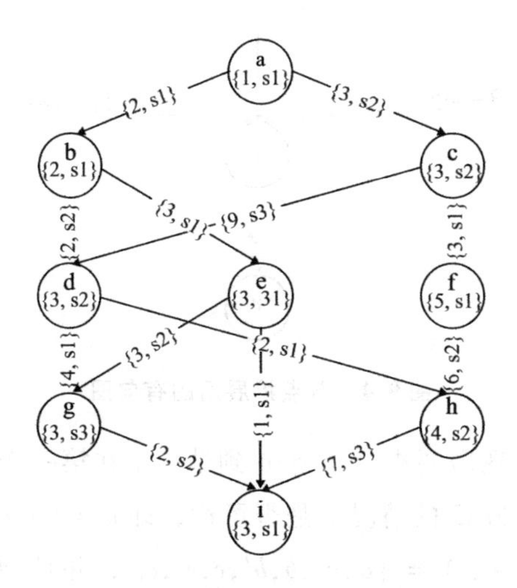

图 9.3　节点和边都具有多个属性值

利用虚拟节点扩展方法，使图9.3的每个节点都产生一个虚拟节点，例如节点 b 的属性值为2和 $s1$，此时产生虚拟节点 b'，节点 a 还是连接到节点 b，节点 b 的权值变为边 $b \to b'$ 的属性值，而此前由节点 b 为出发点的改为由节点 b' 作为出发点，这样就完成了节点 b 的扩展，同理其他节点也可完成扩展，最后结果如图9.4所示。

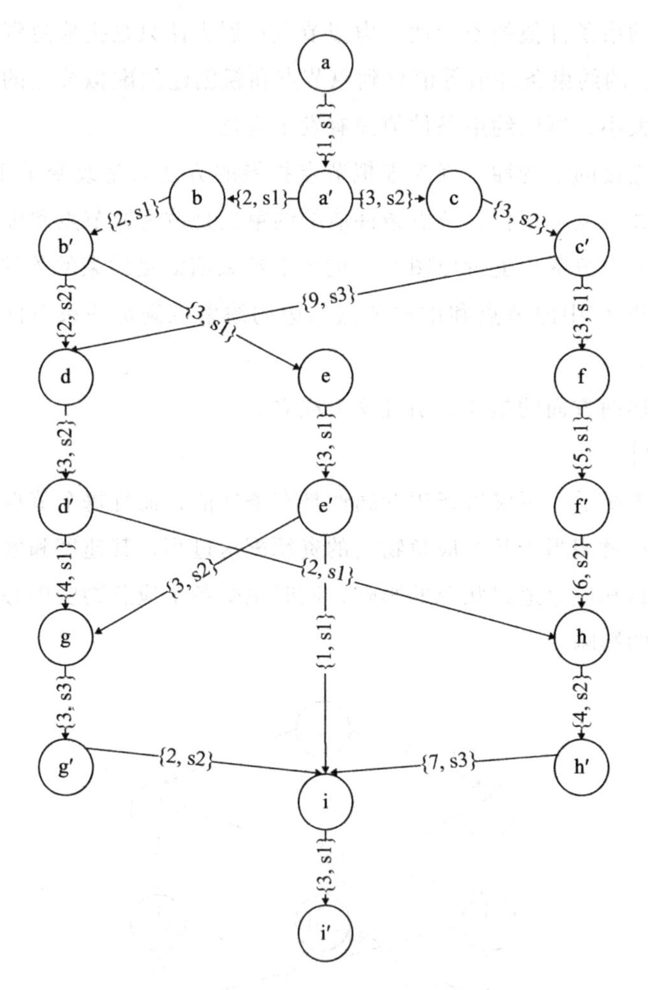

图9.4 节点扩展后的有向图

由图9.4所示，现需要查询节点 a 到节点 i 在第一个条件值小于等于3，并且条件2的状态不为 $s3$ 的情况下是否可达，即 $q = (a, i, \leqslant 3, \neq s3)$，通过搜索发现图9.4有 $P(a,i) = \{a, a', b, b', e, e', i\}$，并且 $\forall e \in P(a,i)$，满足条件 $attribute_1(e) \leqslant 3$ 和 $attribute_2(e) \neq s3$，由此可以得出 a 和 i 在约束条件

下是可达的，由于有了虚拟节点扩展的方法，很容易把节点的约束转化为边的约束，所以本章后续主要讨论边的约束可达性。

9.4.2　应急资源配置图的间隔标签

【定义9.2】

给定应急资源配置有向图 $G=(V,E)$，其中，$|V|=n$ 个节点，$|E|=m$ 条边，间隔标签按某种顺序分配每个节点 u 一个间隔标签 $L_u=[s_u,e_u]$，其中 s_u 为第一次分配的值，e_u 为第二次分配的值。设两个节点 u、v 的标签为 L_u 和 L_v，如果 $L_v \subseteq L_u (s_u \leqslant s_v$ 和 $e_v \leqslant e_u)$，则节点 u 能到达 v。

目前，存在的间隔标签的方法有很多，但其基本的方法主要有两种：第一种为先序—后序标签技术，第二种为最小—后序标签技术。

先序—后序标签技术对应急资源配置有向图的遍历，是从某节点开始按照深度优先的遍历，当所有的节点经过遍历后，每个节点都有两个序号值。其中，第一个值为第一次遍历的序号值 s_u，第二个值为最后一次回溯该节点时的序号值 e_u，这样就得到了该节点的间隔标签 $L_u=[s_u,e_u]$。

【例9.3】

图9.1中节点集合 $\{a, b, c, d, e, f, g, h, i\}$ 构成了一个应急资源配置有向图，用先序—后序标签技术从节点 a 开始进行深度优先的遍历，当完成所有节点遍历时，就得到了所有节点的间隔标签 $L_u=[s_u,e_u]$，如图9.5所示。此时的节点 b，其第一次遍历得到的值为2，最后一次遍历得到的值为13，这就构成了间隔标签 $L_b=[2,13]$，按此原理得到其他的节点间隔标签。当需要查询节点 b 能否到达节点 i 时，只需比较两个节点间隔标签中的值，因为此时节点 b 的间隔标签为 $L_b=[2,13]$，而 i 的间隔标签为 $L_i=[5,6]$，$(s_b=2)<(s_i=5)$，并且 $(e_i=6)<(e_b=13)$，所以 $b \rightarrow i$ 是可达的。

对应急资源配置有向图遍历完成后，先序—后序标签技术把应急资源配置有向图化简为有向的生成树，在树的连接范围内，的确能够快速地查处节点之间的可达性，但有向图来却发生了信息丢失的现象，例如图9.1所示，节点 c 和 d 本来是可达的，但在图9.5中却是不可达的。

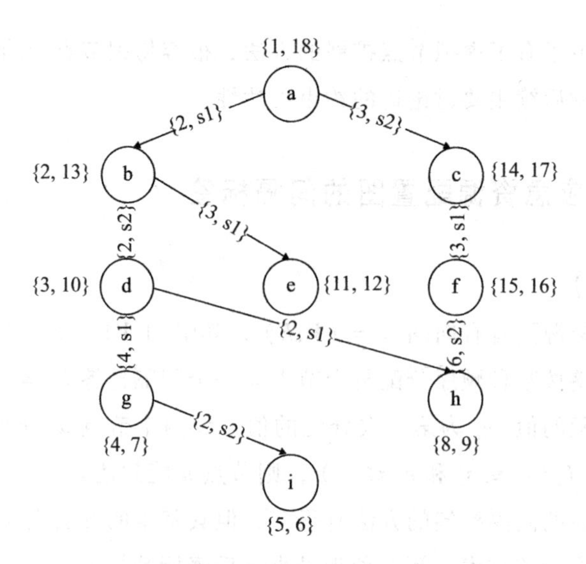

图 9.5 先序—后序标签遍历应急资源配置有向图的间隔标签

最小—后序标签技术的间隔标签 $L_u = [s_u, e_u]$ 的 s_u 为其子孙节点遍历的最小值，其分为两种情况：第一，节点为非叶节点，其中，$s_u = \min\{s_v \mid v \in children(u)\}$；第二，如果节点为叶节点，此时，$s_u = e_u$，而 e_u 是该节点最后一次遍历时的序号值。最后得出该方案与正理想解的接近程度，并以此作为评价各被评对象优劣的依据。

【例 9.4】

图 9.1 中节点集合 $\{a, b, c, d, e, f, g, h, i\}$ 构成了一个有向图，用最小—后序标签技术从节点 a 开始进行深度优先的遍历，如图 9.2 所示，此时的节点 b，其遍历的子孙节点的最小值为 1，最后一次遍历得到的值为 7，这就构成了间隔标签 $L_b = [1,7]$，按此原理得到其他的节点间隔标签[16,29]。当需要查询节点 b 能否到达节点 i 时，只需比较两个节点的间隔标签中的值，因为此时 b 的间隔标签为 $L_b = [1,7]$，而 i 的间隔标签为 $L_i = [1,1]$，$(s_b = 1) \leqslant (s_i = 1)$，并且 $(e_i = 1) < (e_b = 7)$，所以 $b \to i$ 是可达的。同理，节点 c 的标签值为 $L_c = [1,9]$，而节点 d 的标签值为 $L_d = [1,4]$，$(s_d = 1) \leqslant (s_c = 1)$，且 $(e_d = 4) < (e_c = 9)$，所以 $c \to d$ 可达。

【例 9.5】

图 9.2 中，对应急资源配置有向图进行遍历后，最小—后序标签技术得到的标签值有异常现象，例如节点 b 的标签值是 $L_b = [1,7]$，而节点 c 的标签值

为 $L_c = [1,9]$ ，由定义9.2可知，$c \rightarrow b$ 可达，但实际在原图上是不可达的。

9.4.3 应急资源配置的多属性决策

TOPSIS是逼近于理想解的排序方法。它首先对应急资源配置的原始决策矩阵归一化得到规范矩阵；其次，计算出规范矩阵中的正负理想解；最后，求出各被评方案与正负理想解之间的距离。

9.4.3.1 TOPSIS分析方法的步骤

（1）权重 $W = \{\omega_1, \omega_2, \cdots, \omega_n\}$ 的确定。因为应急配送路径多属性之间存在复杂关系，而属性之间可能存在一定的相关性，如果直接分析这些路径的属性，可能会受到属性之间的相互干扰而使问题复杂化[30]，而主成分分析可以使问题清晰，也便于得出准确的结果。所以可以使用主成分分析技术计算路径属性的权重，其具体的计算过程如下：

第一步 假设有 p 个专家，对 q 属性进行打分，打分的标度是｛5—非常重要，4—很重要，3—重要，2—不太重要，1—不重要｝，最后得到属性的评分矩阵。

第二步 对应急路径属性的评分矩阵进行标准化处理。

假设第 j 个专家对第 i 个属性的打分为 v_{ij} 。将各指标值 v_{ij} 转换成标准化指标 $\tilde{v}_{ij}$ ，如下式所示：

$$\tilde{v}_{ij} = \frac{v_{ij} - \mu_j}{s_j}, (i = 1,2,\cdots,q, j = 1,2,\cdots,p) \tag{9.2}$$

其中，$\mu_j = \frac{1}{n}\sum_{i=1}^{n} v_{ij}$ 为第 j 个目标的样本均值，$s_j = \frac{1}{n-1}\sum_{i=1}^{q}(v_{ij} - \mu_j)^2, (j = 1,2,\cdots,p)$ 为第 j 个目标的样本标准差。

第三步 计算路径的相关系数矩阵 T。

这一步要计算第 i 个路径属性和第 j 个路径属性的相关关系，具体如公式（9.3）和公式（9.4）所示：

$$t_{ij} = \frac{\sum_{k=1}^{n} \tilde{d}_{ki} \cdot \tilde{d}_{kj}}{n-1}, (i,j = 1,2,\cdots,p) \tag{9.3}$$

$$T=\begin{bmatrix} t_{11} & t_{12} & \cdots & t_{1p} \\ t_{21} & t_{22} & \cdots & t_{2p} \\ \vdots & \vdots & \vdots & \vdots \\ t_{i1} & \cdots & t_{ii} & \cdots \\ \vdots & \vdots & \vdots & \vdots \\ t_{p1} & t_{p2} & \cdots & t_{pp} \end{bmatrix} \tag{9.4}$$

其中，$t_{ii}=1$，$t_{ij}=t_{ji}$，t_{ij} 是 i 个专家打分和第 j 个专家打分的相关关系。

第四步　计算特征值和特征向量。

利用特征方程 $|\lambda I-T|=0$ 计算相关系数矩阵 T 的特征值。λ_1，λ_2，…，λ_p，对应的特征向量 u_1，u_2，…，u_p，其中 $u_j=(u_{1j},u_{2j},\cdots,u_{pj})^T$，由特征向量组成 p 个新的指标变量：

$$\begin{cases} y_1=\mu_{11}\tilde{\nu}_1+\mu_{21}\tilde{\nu}_2+\cdots+\mu_{p1}\tilde{\nu}_p \\ y_2=\mu_{12}\tilde{\nu}_1+\mu_{22}\tilde{\nu}_2+\cdots+\mu_{p2}\tilde{\nu}_p \\ \quad\cdots\cdots \\ y_p=\mu_{1p}\tilde{\nu}_1+\mu_{2p}\tilde{\nu}_2+\cdots+\mu_{pp}\tilde{\nu}_p \end{cases} \tag{9.5}$$

其中，y_1 是描述第一主成分，y_2 是第二主成分，y_p 是描述路径的第 p 个主成分。

第五步　计算特征值 λ_j（$j=1,2,\cdots,p$）的信息贡献率。

$$\rho_j=\frac{\lambda_j}{\sum_{k=1}^{m}\lambda_k},(j=1,2,\cdots,p) \tag{9.6}$$

其中，ρ_j 为主成分 j 的信息贡献率。

$$\alpha_p=\frac{\sum_{k=1}^{l}\lambda_k}{\sum_{k=1}^{p}\lambda_k} \tag{9.7}$$

公式（9.7）为主成分的累计贡献率，它的作用是选择主成分，但有信息的损失。

第六步　计算各个路径属性的权值。

$$Z_i=\sum_{j=1}^{p}\rho_j y_j,j=1,2,\cdots,p \tag{9.8}$$

其中，Z_i 为路径的第 i 个属性的综合评价结果。为了便于计算，对评价结果进行标准化计算：

$$\omega_i = \frac{Z_i}{\sum_{i=1}^{q} Z_i} \tag{9.9}$$

这就是路径属性的权重，并且 $\sum_{i=1}^{m} \omega_i = 1$。

（2）确定备选边的信息集 $D = [d_{ij}]_{m \times n}$，其中，满足 $1 \leqslant i \leqslant m, 1 \leqslant j \leqslant n$，$i$ 表示节点所连接的边的编号，j 表示同一边的不同属性信息，最后构成如公式（9.1）的决策矩阵。

（3）用向量规范化方法建立标准化初始决策矩阵。针对应急配送路径属性的决策矩阵是 $D = [d_{ij}]_{m \times n}$，向量规范化法根据数据类型是效益型还是成本型，可分为成本型归一化方法和效益型规范化方法。效益型规范化就是将应急配送路径属性值 d_{ij} 与属性值 $d_{ij}(j = 1,2,\cdots,n)$ 的平方和的平方根比较，成本型规范化就是应急配送路径属性值 d_{ij} 的逆与属性值 $d_{ij}(j = 1,2,\cdots,n)$ 的平方和的逆的平方根相比较，最终将路径决策矩阵 D 转变为规范化的决策矩阵：

$$R = \begin{bmatrix} r_{11} & r_{12} & \cdots & r_{1n} \\ r_{21} & r_{22} & \cdots & r_{2n} \\ \vdots & \vdots & \vdots & \vdots \\ r_{i1} & \cdots & r_{ij} & \cdots \\ \vdots & \vdots & \vdots & \vdots \\ r_{m1} & r_{m2} & \cdots & r_{mn} \end{bmatrix} \tag{9.10}$$

例如，在应急资源配置交通网络中的道路宽度、车辆速度和道路安全系数等属性都是值越大越好，所以是效益型的指标。此类指标的标准化表达式如公式（9.11）所示。

$$r_{ij} = \frac{d_{ij}}{\sqrt{\sum_{k=1}^{n} d_{ij}^2}}, i = 1,2,\cdots,m; j = 1,2\cdots n \tag{9.11}$$

例如，在应急资源配置交通网络中的距离、费用等属性都是越小越好，所以是成本型的指标。此类指标的标准化表达式如公式（9.12）所示。

$$r_{ij} = \frac{\frac{1}{d_{ij}}}{\sqrt{\sum_{k=1}^{n} \frac{1}{d_{ij}^2}}}, i = 1,2,\cdots,m; j = 1,2\cdots n \tag{9.12}$$

（4）利用权重和标准化矩阵的乘积得到加权判断矩阵。

$$B = RW = \begin{bmatrix} r_{11}\omega_1 & r_{12}\omega_2 & \cdots & r_{1n}\omega_n \\ r_{21}\omega_1 & r_{22}\omega_2 & \cdots & r_{2n}\omega_n \\ \vdots & \vdots & \vdots & \vdots \\ r_{i1}\omega_1 & \cdots & r_{ii}\omega_i & \cdots \\ \vdots & \vdots & \vdots & \vdots \\ r_{m1}\omega_m & r_{m2}\omega_2 & \cdots & r_{mn}\omega_n \end{bmatrix} = \begin{bmatrix} b_{11} & b_{12} & \cdots & b_{1n} \\ b_{21} & b_{22} & \cdots & b_{2n} \\ \vdots & \vdots & \vdots & \vdots \\ b_{i1} & \cdots & b_{ii} & \cdots \\ \vdots & \vdots & \vdots & \vdots \\ b_{m1} & b_{m2} & \cdots & b_{mn} \end{bmatrix} \tag{9.13}$$

（5）根据加权判断矩阵获取评估目标的正负理想解，在获取正负理想解的时候，也要考虑是成本型还是效益型的属性。由此得到的正负理想解方案为：$O^+ = (b_1^+, b_2^+, \cdots, b_n^+)$ 和 $O^- = (b_1^-, b_2^-, \cdots, b_n^-)$。

其中，正理想解：

$$b_j^+ = \begin{cases} \max(b_{ij}), j \in M^e & \text{效益型} \\ \min(b_{ij}), j \in M^c & \text{成本型} \end{cases} \tag{9.14}$$

负理想解：

$$b_j^- = \begin{cases} \min(b_{ij}), j \in M^e & \text{效益型} \\ \max(b_{ij}), j \in M^c & \text{成本型} \end{cases} \tag{9.15}$$

其中，M^e 为效益型指标，M^c 为成本型指标。

（6）计算各目标值与理想值之间的欧氏距离：

$$S_i^* = \sqrt{\sum_{j=1}^{m} (b_{ij} - b_j^+)^2}, j = 1, 2, \cdots, n \tag{9.16}$$

$$S'_i = \sqrt{\sum_{j=1}^{m} (b_{ij} - b_j^-)^2}, j = 1, 2, \cdots, n \tag{9.17}$$

S_i^* 为目标值和正理想解之间的距离，S'_i 为目标值和负理想解之间的距离。

（7）计算各个目标的综合评价指数。

$$I_i^* = \frac{S'_i}{S_i^* + S'_i}, i = 1, 2, \cdots, m \tag{9.18}$$

9.4.3.2 综合评价指数的讨论

通过公式（9.18）可以看出，综合评价指数 I_i^* 的值是个比值，其值的大小分别由目标值与正理想解和负理想解之间的距离决定，可以把 I_i^* 的取值分为三种情况来分析。

（1）假定 S_i^* 越来越大，此时可以得到 S'_i 的值越来越小，所以 I_i^* 的值越来越小，直到 0 为止；

（2）假定 S'_i 越来越大，此时可以得到 S_i^* 的值越来越小，所以 I_i^* 的值越来越大，直到 1 为止；

（3）当 S'_i 和 S_i^* 的值相等以后，I_i^* 的值为 0.5，评价指数处于临界状态。如果 $I_i^* > 0.5$ 就是上述（2）的情况，是希望得到的结果；如果 $I_i^* < 0.5$ 就是上述（1）的情况，是不希望得到的结果。所以，$I_i^* = 0.5$ 是个阈值，由此阈值可以判断 I_i^* 的状态。

9.4.4　应急资源配置的复杂多属性约束

复杂多属性约束的应急资源配置有向图的可达性查询主要考虑方向性和多属性约束两个主要因素。也就是说，间隔标签技术需要遍历复杂多属性约束图的每一个节点，并给每个节点分配间隔值。这既要考虑遍历的顺序，又要考虑遍历过程中的多属性约束问题。因为有了多属性约束的问题，原来可达的路径现在可能变得不可达。再说约束属性之间的关系，每个约束属性在可达判断中所起的作用等复杂的因素将导致可达性查询的难度会增加很多。如果盲目地使用传统的间隔技术，不仅不能准确判断，有些时候可能还会有误导作用。

9.4.4.1　支撑子图和间隔标签

【定义 9.3】

对于应急资源配置有向图 G 的一个非空的边集合 E'，则有由边集合 E' 诱导的 G 的子图是以 E' 作为边集，而至少与 E' 中一条边关联的那些节点构成的节点集 V'，则有这个子图 $G'(V',E')$ 称为 G 的边诱导子图，记为 $G[E']$。

【定义 9.4】

如果 V' 支撑 G 的所有节点，即 $V = V'$，由 V' 构成 G'，则称 $G' \subseteq G$ 是 G 的一个支撑子图（见图 9.6）。

【推论 9.1】

在属性约束下，如果用间隔标签技术对支撑子图 G' 创建标签值，则对应

急配送图 G 的创建标签值是等效的。

【证明】

第一，由定义 9.4 可知，支撑子图 G' 的 $V' = V$，所以用标签技术创建标签值时遍历 G' 和 G 的节点数量相同。

第二，因为有约束属性的限制，如果不满足约束属性的边相当于断开，而由这些断开的边就构成了集合 E''，所以 $E' = E - E''$，由定义 9.3、定义 9.4 可得，$G'(V,E')$ 是 G 的一个支撑子图，也就是说，用标签技术创建标签值时不会对不满足属性条件的边进行遍历。

综合上述两方面的讨论，推论 9.1 成立。

【例 9.6】

如果对图 9.1 所示的属性约束值限定为 $\omega(e) < 4$ 和 $s \neq s3$，那么将图 9.1 不满足约束属性的边 $e_{cd}, e_{dg}, e_{fh}, e_{hi}$ 删去后得到的应急配送支撑子图如图 9.6 所示。

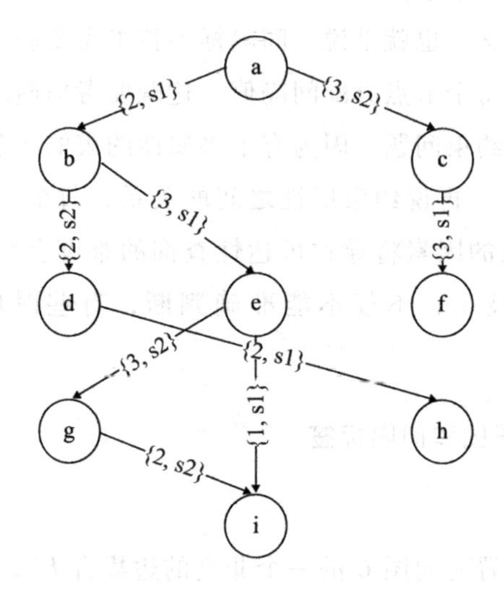

图 9.6　多属性约束的应急配送支撑子图

所以，对图 9.1 的遍历就演变为对支撑子图 9.6 的遍历，所得的标签值一致，如图 9.7 所示。最后通过对图 9.2 和图 9.7 的比较发现，经过约束属性值的处理后，最小—后序标签技术得到的标签值异常现象迅速减少，又因为，最小—后序标签技术应用在树的结果要比应用在有向图上好，所以，如何利用约束属性将有向图化简为树形图，在减少异常现象和搜索空间上方面有很多的好处。

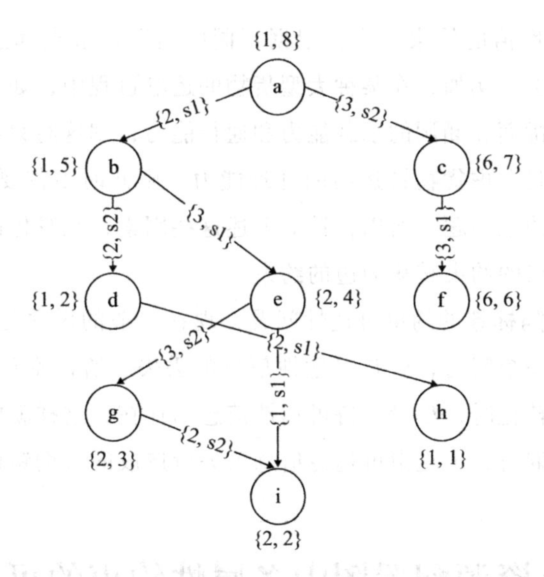

图 9.7　最小—后序标签遍历应急配送支撑子图的间隔标签

9.4.4.2　应急资源配置有向图的属性约束

应急资源配置有向图的建立主要考虑多属性的约束、节点和边的约束情形和有向图的信息完全性三个方面的问题，具体分析如下：

（1）在应急多属性的约束中，各个约束之间的关系和重要性对可达性的判断造成很大的困难。如果在每次的判断中都考虑约束属性之间的相关关系和重要性会影响可达性判断的效率，那么在考虑了这些难度后，利用多属性决策的 TOPSIS 分析方法，再对各种复杂的约束属性进行综合决策和判断。最后，在考虑多属性因素和重要性的基础上计算出单一的综合得分。在可达性查询中仅仅考虑综合得分，这样就提高了可达性查询的计算效率，也提高了多属性约束的准确性。

从另一个角度来说，考虑应急资源配置的约束属性，就可把原来的应急资源配置有向图化简，造成实际的可达性图的边数将减少。也就是说，图 G 变为 G'，而 G' 的边数的多少由多个约束属性的性质决定。属性条件越严格，图 G' 边数就会变得越少。所以在考虑上述的情况后，对图的可达性的判断中设计了三种情况：第一，仅限于满足应急资源配置图中多属性条件的约束，并依据此判断可达性；第二，找出满足一定倾向性的最优化的可达性判断；第三，在满足约束条件的基础上，找出满足一定倾向性的最优化的可达性判断。

（2）针对属性值的约束而言，根据不同的情况，节点和边的属性约束考虑的因素就有区别。例如，在某种大型货物的运输过程中，如果只考虑道路的通行情况，诸如桥面和涵洞的承载能力和通行能力，则这时只考虑边的约束即可；但如果要同时考虑货物转运站的处理能力，则此时不仅要考虑边的约束，还要考虑节点的约束问题。所以，针对上述这些因素，在具体的算法设计时就要考虑如何把节点的约束转化为边的约束。

（3）针对间隔标签的约束可达性问题，现在一般的做法是把图转化为树，但这种做法存在一个问题，就是可达性信息的丢失。所以本章针对这个问题，在处理有向图的转化时，尽量保持可达性信息的存在，这样就能避免利用间隔标签技术进行查询时，出现由可达性信息丢失所造成的查询错误。

9.5 应急资源配置图中多属性约束的可达性计算

应急资源配置路径分析中把起点到目标点的路径可达的决策问题拆分成各个节点的路段选择问题，对某节点的所有出边计算综合得分，以综合得分为依据判断可达性。这样就在后续的工作中不再考虑多属性造成的复杂问题，简化了可达性的计算。在每个路段中综合考虑各种属性的情况，如应急资源配置交通网络中车辆速度、安全系数、应急情况、预期路程、费用、决策用户的心态等属性，利用多属性决策法 TOPSIS 方法分析该问题，得出综合评价指数。然后结合环收缩技术、多间隔标签技术等实现可达性的查询。另外，考虑到查询过程中的实际情况，对可达性的查询分为优化查询和多属性约束查询。如果决策用户想知道比较满意的可达性查询，就选择优化查询，而决策用户如果仅仅想知道路径是否符合基本的条件，就选择多属性约束查询。可达性查询总体过程如下：

（1）判断应急资源配置有向图是否需要对图的节点扩展，如果是，则执行（2），否则执行（3）；

（2）执行虚拟节点扩展的过程；

（3）执行条件约束简化的过程；

（4）判断是否需要复杂多属性路径进行综合评价，如果是，则执行（5），否则执行（6）；

（5）执行综合评价指数的过程；

(6) 执行环收缩的过程；

(7) 执行创建多标签的过程；

(8) 输出优化的可达性结果。

9.5.1 虚拟节点扩展

一般情况下，图的约束可达问题存在两种情况：第一，只考虑图中的边的约束；第二，同时考虑边和节点的约束。对于第一情况，大家关注得比较多，对原图不作任何预处理，在处理时只考虑边的约束条件即可。但第二种情况就比较复杂，不但要考虑边的约束，也要考虑节点的约束，实现起来比较困难，所以对应急资源配置图，应考虑用虚拟节点扩展的方法。具体的过程如下：

(1) 输入大规模的节点和边都有约束的复杂多属性有向图 G；

(2) 如果应急资源配置有向图构成“森林”，则先建立一个虚拟根节点，其权值为 0，创建该虚拟根节点到各个树的根节点的边，其约束权值为 0；

(3) 从根节点开始进行遍历；

(4) 如果为虚拟根节点，则对根节点不作任何处理，直接对其子节点进行遍历，进入 (6)，否则进入 (5)；

(5) 如果为原图，则直接从根节点 v 开始进行遍历；

(6) 对每个节点 v，创建虚拟节点 v'，并连接节点 v 和 v'，边 vv' 的权值为节点的权值；

(7) 修改 v 的出边起点为 v'，入边的终点保持不变；

(8) 重复 (6) 和 (7) 直到 G 中的节点遍历完成为止；

(9) 输出扩展的应急资源配置有向图 G'。

通过上述的过程，我们就能把有向图的多元因素简化为单一边的处理，提高处理的效率。

9.5.2 条件约束简化

应急资源配置约束属性图的建立主要考虑约束属性的条件、节点和边的属性约束情形和有向图的信息完全性等。因为是约束可达性问题，所以，如果约束属性的条件不满足，在进行图的可达性查询时最终是要被删除的，如果把筛选放在后面，就会增加时间和空间的消耗，而这些消耗对查询没有贡献。但要是把筛选放在前面，就有两个好处：第一，减少时间和空间的消耗，提高查询的效率；第二，因为有了筛选，也有助于减少多间隔标签的个数。

为提高分析效率，可把复杂多属性应急资源配置有向图根据多约束条件化简，具体的做法描述如下：当对每条边进行遍历时，首先判断边的复杂多属性值能否满足条件的约束，如果能满足所有的约束条件，该边保留，只要不满足约束条件的任何一个，则把该边及其属性值删除，这样做是有现实依据的：大型设备的运输有很多属性的约束，比如当路过某座桥梁，该桥允许通过的最大重量是 100 吨，而如果此大型设备重达 150 吨，那这座桥梁对于这个大型设备来说是不能通的，所以这一个属性值就要求运输必须改线。通过条件约束简化得到的有向图大量减少了错误信息和异常信息，有效地促进了间隔标签查询技术的效率的提高，具体过程如下所示：

（1）输入扩展的应急资源配置有向图；

（2）从根节点开始对每一条边进行遍历；

（3）如果边的取值满足约束条件，则保留此边的信息和约束条件，否则进入下一步；

（4）删除不满足条件的边的信息和约束条件；

（5）如果应急资源配置图中的边已完成遍历，则进入（6），否则跳转至（2）；

（6）输出化简的应急资源配置有向图。

上述过程只是对每一条边进行遍历，所以其算法复杂度为 $O(m)$ ，其中 m 为边的数目。如果对图 9.1 所示的条件约束值限定为 $\omega(e) < 4$ 和 $s \neq s3$ ，通过上述过程把图 9.1 不满足约束条件的边 e_{cd}、e_{dg}、e_{fh}、e_{hi} 删去后得到应急资源配置支撑子图，如图 9.6 所示。

9.5.3 复杂多属性路径综合评价

下面对应急资源配置有向图中的复杂的多属性路径进行综合评价。因为属性有效益和成本等的类型，而且它们的属性值有精确值和不确定值等情况。这些属性的不同，会影响综合评价指数的计算。为了减小这些不同属性的影响，结合 TOPSIS 方法和主成分分析技术，分别对这些属性数据进行标准化处理，最后得到综合评价指数。根据前面对综合评价指数 C_i^* 的讨论，取阈值 $t = 0.5$，也就是说，$C_i^* \geqslant 0.5$ 是希望见到的优化结果，而 $C_i^* < 0.5$ 是不理想的结果。所以，此时利用阈值过滤就可求出优化后的应急资源配置有向图。具体过程如下所示：

（1）根据属性评分矩阵，用主成分分析技术算出各个属性的权重；

（2）确定备选路径的信息集 $P = [a_{ij}]_{m \times n}$；

（3）对属性进行归一化处理，建立标准化初始决策矩阵；

（4）路径属性的权重 $W = \{\omega_1, \omega_2, \cdots, \omega_n\}$ 和初始决策矩阵相乘，求出加权判断矩阵；

（5）根据加权判断矩阵获取评估目标的正负理想解；

（6）计算各目标值与理想值之间的欧氏距离；

（7）计算各个目标的综合评价指数；

（8）如果需要优化处理，则执行（9），否则退出；

（9）通过阈值对综合评价指数进行过滤。

通过上述过程计算综合评价指数以后，就可把应急资源配置图的多个属性值化简为只有综合评价指数的单一指标图。这样根据综合评价指数的大小就可以判断应急资源配置图中某节点的出边哪一个是最优的选择，最后根据具体的需要可以判断是否满足了多约束的可达性。

9.5.4　图中的环收缩

一般的算法在此处的做法是破环，其目的是把应急资源配置图变转化为有向无环图，但是破环就有信息的缺失，换句话说，得到的有向无环图是原图的近似表示，并不能够完全表示原图的信息，本章的做法是先寻找环，找到环后对每个环做标记，并把每个环中的节点收缩为一个标记的虚拟节点，把相关节点的出边和入边连接到此虚拟节点，并保持不变，然后对这个缩减后的应急资源配置图用间隔标签技术创建标签，最后再恢复为缩减前的应急资源配置图，并把环中的节点标注为相同标记的虚拟节点的标签，具体过程如下所示：

（1）输入化简的应急资源配置有向图；

（2）从根节点开始对应急资源配置图数据的每一条边进行遍历，并把根节点入栈；

（3）如果当前被遍历的节点 u 的相邻节点 v 不在栈中，说明没构成环，继续对其相邻节点进行遍历；

(4) 如果当前被遍历的节点 u 的相邻子节点 v 已在栈中，说明存在环，此时给所有构成环的节点做标记；

(5) 把具有相同标记的环缩为一点 v_i，并把环中所有节点的出边和入边改为 v_i 的出边和入边；

(6) 当应急资源配置图中所有节点完成遍历后结束本算法。

【例 9.7】

环收缩如图 9.8、图 9.9、图 9.10、图 9.11 所示。

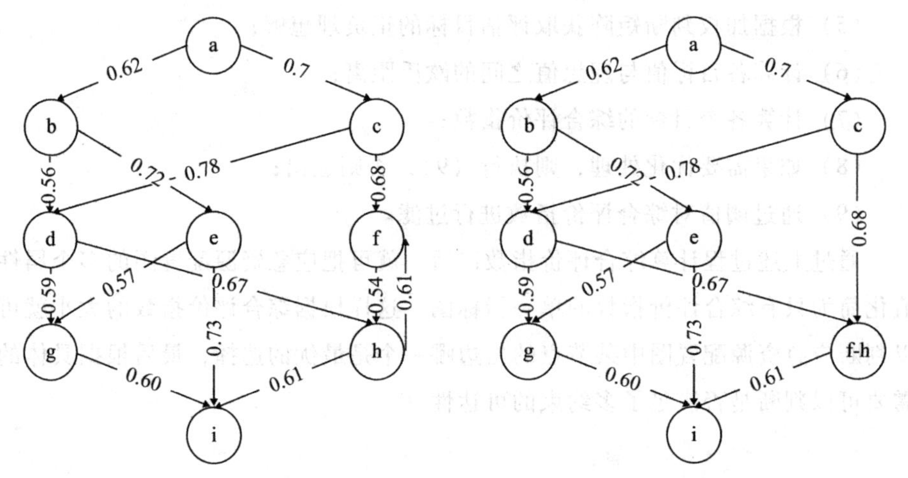

图 9.8 有环的应急资源配置有向图　　　图 9.9 环收缩后的应急资源配置有向图

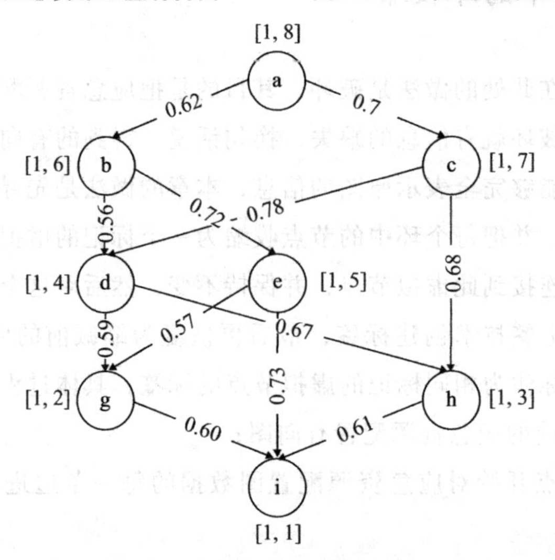

图 9.10 环缩减后的最小—后序标签应急资源配置有向图

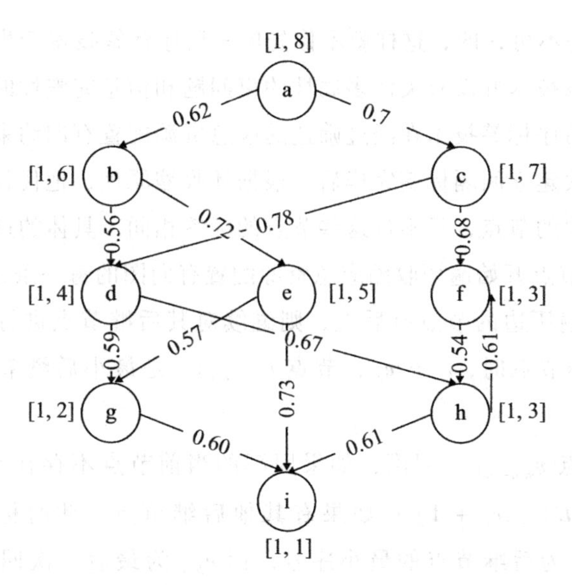

图 9.11　环恢复后的最小—后序标签应急资源配置有向图

通过观察图 9.11 发现，虽然 f 和 h 节点的标签一致，但并不影响图 9.8 原来的可达性，并且保存了应急资源配置原图的信息，没有人为的信息缺失。

9.5.5　创建多间隔的标签

间隔标签技术主要有两种形式，第一种为先序—后序标签技术，第二种为最小—后序标签技术，其他的方法都是这两种方法的扩展。因为通过对应急资源配置有向图的遍历后，先序—后序标签技术在应急资源配置有向图的连接范围内，的确能够快速地查询节点之间的可达性，但就应急资源配置有向图来说，却发生了信息丢失的现象，如图 9.1 所示，节点 c 和 d 本来是可达的，但在图 9.5 中却是不可达的。

最小—后序标签技术创建的间隔标签会产生部分异常信息，这些异常信息主要是间隔标签包含了一些本不可达的信息。针对这种情况，Hilmi Yildirim 等人[16]利用多间隔标签的技术解决了这个问题，具体的描述是 $L_u = L_u^1, L_u^2, \cdots, L_u^d$，其中，$L_u^i (1 \leqslant i \leqslant d)$ 为第 i 次随机遍历应急资源配置有向图所得到的 u 的标签。当且仅当对所有的 $i \in [1,d]$，都含有 $L_v^i \subseteq L_u^i$，则 $L_v \subseteq L_u$ 成立，说明节点 u 和 v 是可达的。如果其中的某一个间隔标签存在 $L_v^i \subsetneq L_u^i$，则可以证

明节点 u 和 v 是不可达的，这样就不像先序—后序标签技术产生信息丢失，而无法弥补。但该技术并没有关注多属性约束问题和信息完整性的问题，所以本章采用最小—后序标签技术在经过筛选的应急资源配置有向约束图上建立了标签索引。在每次建立间隔标签完毕后，根据环收缩原理，把代替环的虚拟节点恢复为各个环中的节点，只不过这些节点的标签相同。具体的过程如下：

（1）从根节点开始遍历收缩应急资源配置有向图的每一条边。

（2）如果遍历边的节点有后继，则继续对其后继节点进行遍历，当节点 $v_{min-children}$ 无后继节点时，$s_v = e_v$，节点 $v_{min-children}$ 是最小后继节点，其标签为 $L^i[s_v, e_v]$。

（3）从节点 $v_{min-children}$ 回溯，如果回溯的当前节点不存在其他后继节点，此时其标签为 $L^i[s_v, e_v + 1]$；如果有其他后继节点，此时标签应为 $L^i[s_v, e_{last}]$，其中，s_v 为后继节点的最小序号，而 e_{last} 为最后一次回溯该节点的序号值。

（4）如果回溯的过程回到根节点，且根节点再无未遍历的后继节点，这次标签的建立结束。

（5）从根节点开始，重新开始对收缩有向图的每一条边进行遍历，只不过此时遍历的和根节点相连的起始边和前几次不同，并转到第（2）步。

（6）此时检查环标记，如果标记为空，说明此应急资源配置图无环，转到第八步；如果标记不为空，则转到第（7）步。

（7）根据环的标记，把虚拟节点恢复为收缩前的节点，并把虚拟节点的标签值赋给环中所有的节点。

（8）如果再无其他的环，则转向第九步；如果有其他的环，则转向第（7）步。

（9）结束本算法。

【例 9.8】

如图 9.12 所示，b 的标签分别为 $L_b^1 = [1,6]$，$L_b^2 = [1,8]$，c 的标签分别为 $L_c^1 = [1,8]$，$L_c^2 = [1,6]$，虽然 $L_b^1 \subset L_c^1$，但是 $L_b^2 \not\subset L_c^2$，所以 $c \to b$ 不成立，这样就克服了异常的现象。

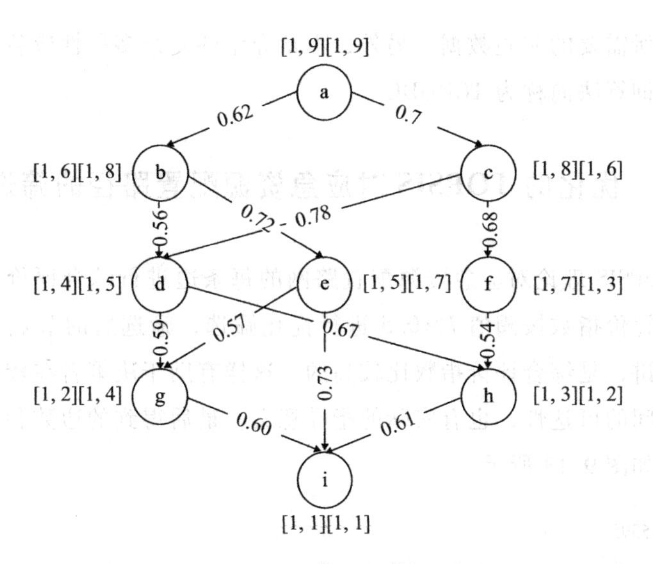

图 9.12　最小—后序标签遍历应急资源配置有向图的多间隔标签

9.5.6　应急资源配置可达性的查询

通过上述的过程描述，此时只要利用多间隔标签进行查询，如果满足最小—后序标签的要求，则说明可达。例如：应急资源配置交通网络的路径有道路宽度、速度、道路安全系数和距离四个属性，如果这两个节点是可达的，则说明两节点之间是满足这四个属性的约束。还有一种情况就是想要知道每两个节点之间的关系是否可达，在这种条件下，如果用单个节点对进行查询，显然效率不高，此时可考虑批处理的方法，一次性导入所要查询的案例，并分出哪些是满足约束条件的，哪些是不满足约束条件的，这样就提高了工作的效率。

9.6　性能比较分析

数据集通过如下方式优化得到：首先确定由每个地标产生 N 个节点，然后通过地标之间的连接关系产生 M 条边；其次，以每条边的道路宽度、速度、道路安全系数和距离等作为约束属性，其中，道路宽度为区间性数据，速度、道路安全系数为效益型数据，距离为原始数据且为成本型数据。综合上述特点，产生了所需要的实验数据。另外，本章介绍的复杂多属性应急资源配置图的可达性查询算法简称为 TCRQDG。

9.6.1 优化的 TOPSIS 对应急资源配置路径的筛选和处理

通过 TOPSIS 理论对应急资源配置路网的每条边进行综合评价，最后把计算出的综合评价指数按阈值 $I \geqslant 0.5$ 进行优化筛选，筛选后的节点和边相对多属性条件来讲，是综合评价指数比较高的。这样有助于决策者在较好的情况中判断节点之间的可达性，也有实际的指导意义，最后得到的边数和原始的边数进行对比，如图 9.13 所示。

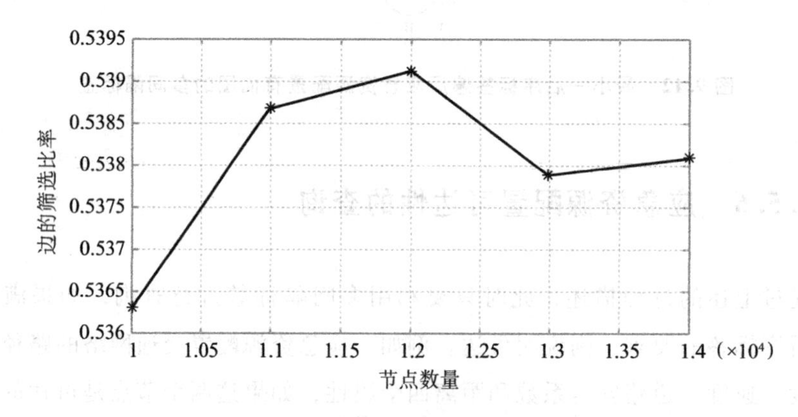

图 9.13 节点数量和边的筛选比例

按上述方法最后得到筛选比例的标准差为 0.001083，比例的取值范围为 0.002839，这些数据反映筛选后的比例离散程度较小，这些值偏离平均值很少。平均值为 0.538，中位数为 0.5381，平均值和中位数几乎一致，这些值反映出筛选后的数值是比较合理的。另外，从平均值的大小来看，优化后的边数几乎少了一半，所以就减少了后续几步的工作量，提高了工作效率。

对应急资源配置有向图每个路径的决策过程，都需要用 TOPSIS 进行综合评价，所以每次的 TOPSIS 决策时间对查询过程都有一定的影响。另外，通过增加实验的数据量来分析数据规模的扩大对 TOPSIS 决策时间的影响，具体实验结果如图 9.14 所示。

通过实验得到，每次的 TOPSIS 处理时间都在微秒级，每次的 TOPSIS 时间的标准差是 0.00001907 秒，值的范围是 0.00005175 秒。由此可以看出，每次

TOPSIS 处理时间略有不同，这可能和决策的边的数量有关，但整体区别都在几十微秒。另外，均值是 0. 0002462 秒，中位数是 0. 0002446 秒，由此可以看出，随着数据量的增加，单次 TOPSIS 处理时间变化不明显，这就说明数据规模对单次处理时间影响不大。

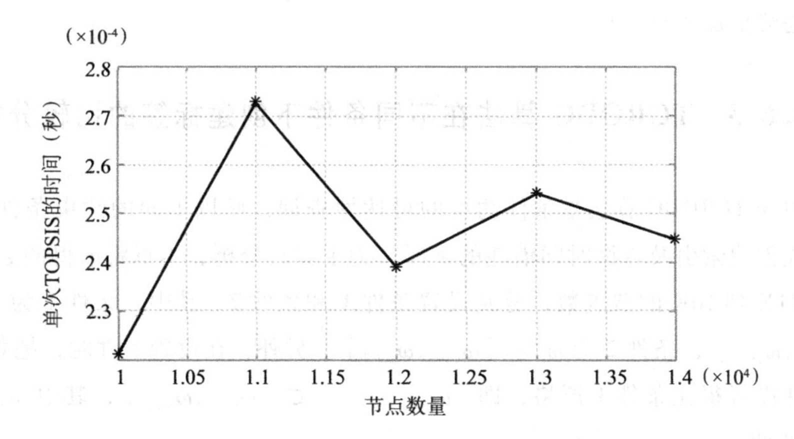

图 9.14　单次 TOPSIS 处理时间

9.6.2　TCRQDG 算法和 PLL 算法的查询效率的比较分析

下面比较的是 Yosuke Yanoz 等人[29]的 PLL 算法。该算法首先创建两跳的标签 $L_{in}(v)$ 和 $L_{out}(v)$，然后利用路径的方法进行剪枝的操作。TCRQDG 算法通过虚拟节点扩展、环收缩等技术的处理，保留了原图中的信息。具体查询效率的比较如图 9. 15 所示。

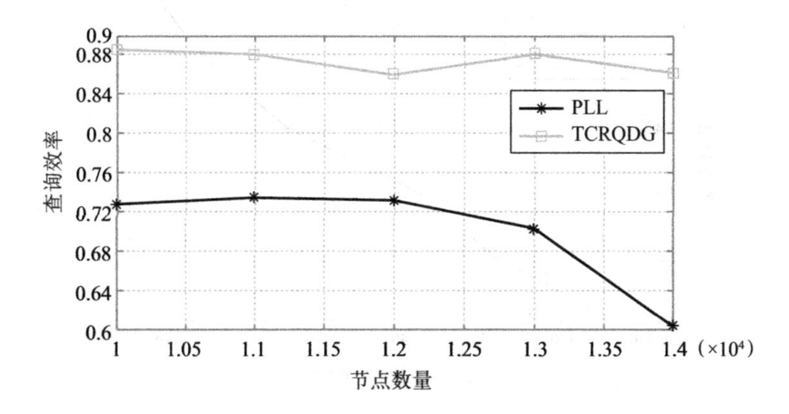

图 9. 15　PLL 和 TCRQDG 查询时间的比较

通过图 9.15 发现，TCRQDG 算法查询效率的平均值是 0.8738，PLL 算法查询效率的平均值是 0.7008。从两个查询效率的曲线来看，TCRQDG 算法也比 PLL 算法要高效。另外，随着节点数据量的增加，TCRQDG 算法的查询效率变化较小，而 PLL 算法的查询效率有所下降。当节点数量超过 13K 后，下降的趋势更加明显。

9.6.3 TCRQDG 算法在不同条件下创建标签的比较分析

因为 TCRQDG 算法是条件约束的可达性查询，所以不同的约束条件可能会造成创建索引及查询时间消耗的不同。为了比较分析，本章将取得的数据量定为 11K 到 16K 的节点数，分别设置条件 1 和条件 2。其中，条件 1 为 $\omega_1 \in [\omega_{min1}, \omega_{max1}]$，条件 2 为 $\omega_2 \in [\omega_{min2}, \omega_{max2}]$。另外，在设置条件时，把条件 2 的条件设置得比条件 1 严格，即 $[\omega_{min2}, \omega_{max2}] \subset [\omega_{min1}, \omega_{max1}]$，其中 ω_{max1} 是 ω_{max2} 的两倍。

在不同的条件下，TCRQDG 算法创建索引的时间可能不同。如果条件严格，通过算法 9.3 条件筛选过程就把更多的不满足条件的边删除了，这样在后续的环的标记、创建标签和查询的过程中就会减少大量的工作，提高可达性查询的效率。

通过图 9.16 的比较分析，不同条件下相同节点数量的创建标签时间是不相同的，因为条件 2 比条件 1 的条件更严格，所以从图 9.16 中可以观察到：

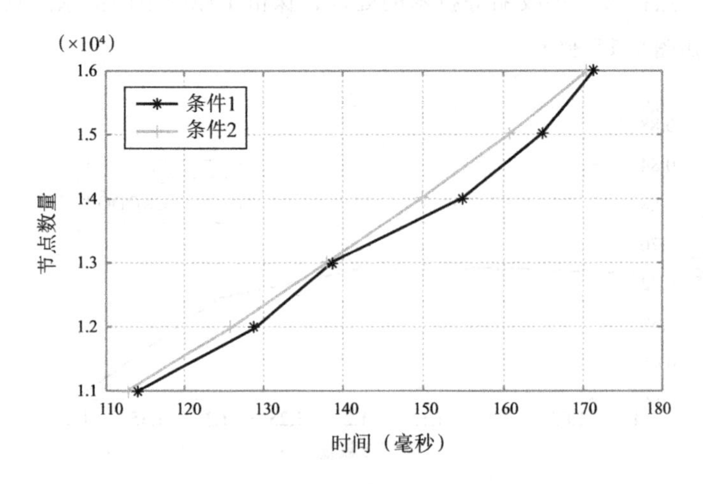

图 9.16 不同条件下的创建时间的比较

①条件 2 创建标签的时间在每个数量集内都比条件 1 的少，这就说明，条件筛选的过程发挥了很好的作用，一方面减少了不必要的工作，另一方面也满足了约束可达的要求；②不管是哪种条件，随着数据量的增加，创建标签的时间也随着增加，这也符合实际情况。

9.6.4　TCRQDG 算法在不同条件下查询的比较分析

相同的数据量，通过不同约束条件的筛选，创建索引的时间是不一样的，边的数量也会随着约束条件的筛选而有所不同。此时，批处理的可达性查询的所用时间就有所不同。

通过图 9.17 发现，两种条件下的可达性查询时间是不同的。通过观察发现，条件 1 查询所用的时间比条件 2 查询所用的时间多一些，这是因为条件 2 的条件比条件 1 更严格，所以在筛选后有效边的数据量在减少，查询所用的时间就有所减少，从而提高了有效性查询的效率。

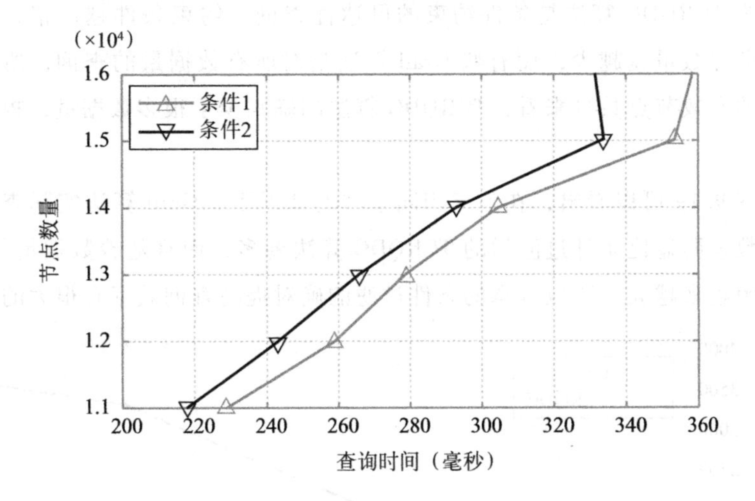

图 9.17　不同条件下查询时间的比较

通过图 9.18 的比较分析发现，不同条件下的所用总时间是由不同的，条件 1 的总时间比条件 2 的总时间要多一些，这也和条件的筛选有关。筛选条件越严格，有效的数据量就会越少，后续标签的创建和查询所用的时间就有所减少。

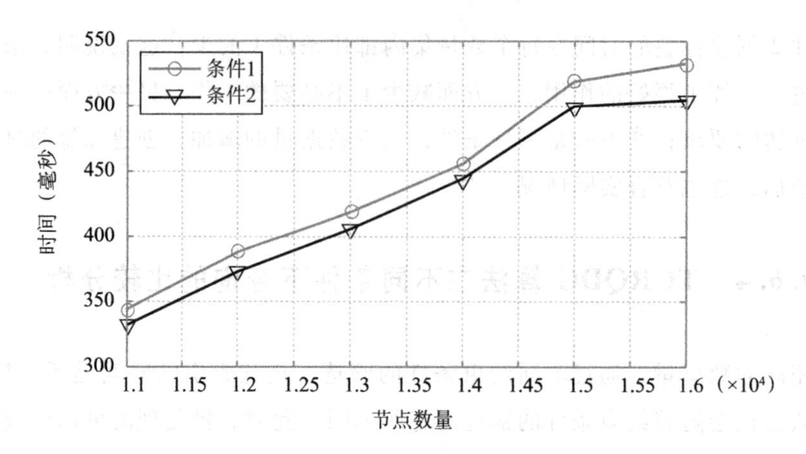

图 9.18 不同条件所用总时间的比较

9.6.5 TCRQDG 算法和 Grail 算法的有效查询节点数量的比较分析

因为 TCRQDG 算法是条件约束的可达性查询，约束条件越严格，过滤后剩余的节点数量就越少，而有些 Grail 算法是对所有数据量的查询，所以就实际查询的有效节点数量来看，TCRQDG 算法的确减少了很多数据量，提高了查询的效率。

由图 9.19 可以看出，在限定相同条件的情况下，Grail 算法实际查询的有效节点数量明显比条件过滤后的 TCRQDG 算法要多，而且随着数据量的增加，这种差距越来越大，所以本章的条件过滤的确对提高查询效率有很大的帮助。

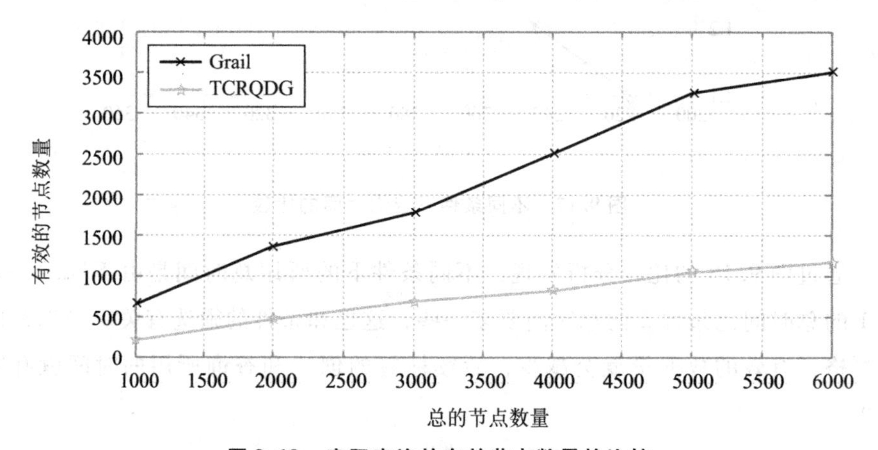

图 9.19 实际查询的有效节点数量的比较

参考文献

[1] Cohen E., Halperin E., Kaplan H. et al. Reaehability and dlstance queries via 2 - hop label [J]. Siam Journal on Computing. 2002, 32 (5). PP: 937 -946.

[2] Sehenkel R., Theobald A., Weikum G. Efficient creation and incremental maintenance of the HOPI index for complex XML document collections [C]. Proceedings of the International Conference on Data Engineering, 2005, 38 (1): 360 - 371.

[3] Sehenkel R., Theobald A., Wezkum G. Hopi: An efficient connection Index for complex xml document collections [J]. Proceedings of the International Conference on Extending Database Technology, 2004: 237 - 255.

[4] Jing Cai, Chung Keung Poon. Path - Hop Efficiently Indexing Large Graphs for Reachability Queries [C]. Proceedings of the Acm International Conference on Information and Knowledge Management. Toronto. October 26 - 30, 2010: 119 - 128.

[5] Yosuke Yanoz, Takuya Akiba, Yoichi Iwataz, et al. Fast and Scalable Reachability Queries on Graphs by Pruned Labeling with Landmarks and Paths [C]. Proceedings of the Acm International Conference on Information and Knowledge Management. San Francisco. Oct. 27 - Nov. 1, 2013: 1601 - 1606.

[6] Jin Ruoming, Wang Guan. Simple, Fast, and Scalable Reachability Oracle [C]. Proceedings of the 39th International Conference on Very Large Data Bases. Riva del Garda, Trento, Italy. 2013, 6 (14): 1978 - 1989.

[7] Jin Ruoming, Ruan Ning, Saikat Dey, et al. SCARAB: Scaling Reachability Computation on Large Graphs [C]. Proceedings of the ACM Sigmod international conference on Management of data. Scottsdale, Arizona, USA. May 20 - 24, 2012: 169 - 180.

[8] Andy Diwen Zhu, Wenqing Lin, Sibo Wang, et al. Reachability Queries on Large Dynamic Graphs: A Total Order Approach [C]. Proceedings of the ACM

Sigmod international conference on Management of data, Snowbird, UT, USA. June 22 -27, 2014: 1323 -1334.

[9] Saikat K. Dey, Hasan Jamil. A Hierarchical Approach to Reachability Query Answering in Very Large Graph Databases [J]. Proceedings of the Acm International Conference on Information and Knowledge Management. Toronto. October 26 -30, 2010: 1377 -1380.

[10] Jin Ruoming, Ruan Ning, Xiang Yang, et al. Path - Tree: An Efficient Reachability Indexing Scheme for Large Directed Graphs [J]. ACM Transactions on Database Systems. 2011, 36 (1): 1 -44.

[11] Agrawal R., Borgida A., Jagadish H. V. Efficient management oftransitive relationships in large data and knowledge bases [C]. Proceedings of the ACM Sigmod international conference on Management of data, 1989: 253 -262.

[12] Wang H., He H., Yang J., et al. Dual labeling: Answering graph reachability queries in constant time [C]. Proceedings of the International Conference on Data Engineering, 2006: 75.

[13] Chen Y. J., Chen Y. B. An efficient algorithm for answering graphreachability queries [C]. Proceedings of the IEEE 24th International Conference on Data Engineering. 2008: 893 -902.

[14] Jin, R., Xiang, Y., Ruan, N., Wang, H. Efficient answering reachabilityqueries on very large directed graphs [C]. Proceedings of the ACM Sigmod international conference on Management of data. Vancouver, Canada. 2008: 595 -608.

[15] Trissl S., Leser U. Fast and practical indexing and querying of very large graphs [C]. Proceedings of the ACM Sigmod international conference on Management of data. 2007: 845 -856.

[16] Hilmi Yildirim, Vineet Chaoji, Mohammed J. Zaki. GRAIL: A Scalable Index for Reachability Queriesin Very Large Graphs [J]. The VLDB Journal. 2012 (21): 509 -534.

[17] Hilmi Yildirim, Vineet Chaoji, Mohammed J. Zaki. DAGGER: A Scalable Index for Reachability Queries in Large Dynamic Graphs [J/OL]. http: //dblp. uni - trier. de/db/journals/corr/corr1301. html#abs -1301 -0977.

[18] George Fishman. A comparison of four monte carlo methods for estimating the probability of s - t connectedness [J]. IEEE Transactions on Reliability, 1986, 35 (2): 145 - 155.

[19] Yuan Ye, Wang Guo - ren. Answering probabilistic reachability queries over uncertain graphs [J]. Chinese Journal of Computers, 2010, 33 (8): 1378 - 1386.

[20] Jin Ruo - ming, Liu Lin, Ding Bo - lin, et al. Distance constraint reachability computation in uncertain graph [J]. Proceedings of Very Large Databases, Seattle, Washington, 2011: 551 - 562.

[21] James Cheng, Zechao Shang, Hong Cheng, et al. KReach: Who is in Your Small World [C]. Proceedings of the 38th International Conference on Very Large Data Bases. August 27th - 31st 2012, Istanbul, Turkey. 2012, 5 (11): August. 1292 - 1303.

[22] Imen Ben Dhia. Access Control in Social Networks: A reachability - BasedApproach [C]. In EDBT/ICDT, March 26 - 30, 2012: 227 - 232.

[23] Xu Kun, Zou Lei, Jeffrey Xu Yu, et al. Answering Label - Constraint Reachability in Large Graphs [C]. Proceedings of the Acm International Conference on Information and Knowledge Management, October 24 - 28, Glasgow, Scotland, UK. 2011: 1595 - 1600.

[24] Miao Qiao, Hong Cheng, Lu Qin, et al. Computing weight constraint reachability in large networks [J]. The VLDB Journal. 2013 (22): 275 - 294.

[25] Jin Ruoming, Hong Hui, Wang Haixun, et al. Computing Label - Constraint Reachability in Graph Databases [C]. Proceedings of the ACM Sigmod international conference on Management of data, June 6 - 11, Indianapolis, Indiana, USA. 2010: 123 - 134.

[26] Gary Chartrand, Ping Zhang. Introduction to Graph Theory [M]. New York: McGraw - Hill Higher Education, 2005.

[27] Robert Geisberger. Contraction hierarchies Faster and simpler hierarchical routing in road networks [D]. Karlsruhe: Universität Karlsruhe (TH). 2008.

[28] Hwang C. L., Yoon K. Multiple Attribute Decision Making: Methods and Applications [M]. New York: Springer - Verlag, 1981.

[29] Yosuke Yanoz, Takuya Akiba, Yoichi Iwataz, et al. Fast and Scalable Reachability Queries on Graphs by Pruned Labeling with Landmarks and Paths [C]. Proceedings of the Acm International Conference on Information and Knowledge Management. San Francisco. Oct. 27 – Nov. 1, 2013: 1601 – 1606.

[30] 司守奎，孙玺菁. 数学建模算法与应用 [M]. 北京：国防工业出版社. 2015. 3.

第10章　复杂多属性应急资源配置图的最优路径查询

10.1　应急资源配置最优路径研究的目标和思路

最优路径算法已经发展了几十年，如Dijkstra算法、A^*算法、Floyd－Warshall算法，它们都建立在信息较少、规模不大的前提下，所以在处理应急资源配置图等大规模复杂多属性图的效率方面有一定的局限性。另外，最优路径算法一般关注单个属性，而应急资源配置路径的现实情况是受多方面因素的影响，而且这些因素又有各自的特点，通常具有不同的量纲和数量级，如果直接用原始指标值进行分析，就会突出数值较高的指标在综合分析中的作用，削弱数值水平相对较低的指标的作用，这就要求对各个属性值分别处理。所以，在考虑这些复杂的情况后，把属性分为复杂混合属性值和纯语言评价值两类。

对于第一类的复杂混合属性值的类型：

首先要把各个不同的属性值按标准化处理，这样有利于保证路径分析结果的可靠性；其次，必须充分考虑不同属性对路径影响的大小，所以利用信息熵技术得到各个属性的客观权值，通过德尔菲法得到用户的主观权值，综合这两种权值后得到各条路径的综合得分；最后，根据复杂混合属性应急资源配置图的特性建立分块，并且在分块的基础上利用收缩分层的方法建立各分块的概要信息。在进行图的查询时，只要搜索相关块和有关块中节点和边的概要信息就可以了，这样就大量减少了访问的空间和时间，最终加快了复杂多属性应急资源配置最优路径的搜索。

对于第二类语言评价值的类型，一是把不同语言标度的语言评价值转换到同一标度下；二是利用偏差函数算出各个属性在用户或决策者心中的权重；三是如果是多用户，则利用 LWAA 算子聚合各个决策者的语言评价值，然后算出路径综合得分，如果是单个用户，则直接利用 LWAA 算子计算出各个路径的综合得分，而对于多个决策用户而言，还需要把所有决策者对各应急资源配置路径属性的综合评价值进行集结；四是把语言评价值构建的应急资源配置图分为不同的社团，并创建不同的标签信息；五是在进行图的查询时根据标签的信息得到上限路径，并在上限路径的基础上得到近似最优路径，因为只是在标签集和社团内查询，大量减少了访问的空间和时间，提高了查询的效率。

10.2 应急资源配置最优路径研究价值及定义

复杂多属性应急资源配置图的最优路径问题是经典最优路径的发展，也是更符合现实需求的路径分析技术。所以，如何解决这些复杂的属性值，如何提高最优路径的查询效率就是关注的焦点。在面对复杂属性这种情况时，又根据实际需求，把属性分为混合属性和语言值两种。所谓混合属性，是指路径上有不同类型、不同量纲的属性值，此时就面临如何把这些属性融合起来对节点的每一条路径综合评价，从而得出科学合理的结论。另外，这些属性在综合评价时所占的权重又有所不同，如果单纯利用主观权值的技术得到的结果不太客观，则利用信息熵的方法得到客观权值。最后把这两种权值组合起来得到综合权值。

语言值的属性，是指对应急资源配置道路的属性评价一般是按纯语言给出的不确定值，有时候属性的语言标度又有所不同，所以，如何把这些不确定值量化在同一个决策矩阵中，如何对这些属性融合而得到更加客观的评价指数是本章解决的目标之一。另外，决策者可能不止一位，这时又面临如何把多个决策者的建议综合起来的问题。所以提出单决策者和多决策者的技术分别解决这一问题。

当给出每条路径的综合评价指数以后，就面临如何从这些应急资源配置路径中得到优化路径的问题。在分析了大量的优化路径算法后，提出两种求解最优路径的算法：第一种，利用分块、收缩层次和双向搜索的技术求优化路径的算法；第二种，利用标签、社团的技术求解近似的优化路径。这两种算法分别和一些经典算法进行了比较，证明的确能改善优化路径的查询（见表 10.1）。

表 10.1　符号及说明

符号	说明
A	应急资源配置路径的决策矩阵
R	规范化的决策矩阵
Ω	权值
θ_i	用户对第 i 个属性的心理倾向性
$\overline{L}$	语言评价标度
E_j	第 j 个属性的信息熵
p_i	信号源符号 s_i 的概率
$H(x)$	信息熵

10.3　应急资源配置的最优路径分析

10.3.1　应急资源配置最优路径的技术分析

应急资源配置最优路径问题面对规模越来越大的复杂多属性图的情况，主要有地标、分层技术、启发式的方法等。这些方法在处理最优路径的问题时有各自的特点，同时也有交叉。在设立地标的算法中，地标的选取一般是那些最有希望出现在最优路径上的节点或边。例如，在应急资源配置交通网最优路径问题中通常选取为重要的交通枢纽或者是根据灾情而指定的一些标志性建筑、中转站点等。另外，根据方向设为正向和反向地标，然后利用双向查询技术寻找最优路径。分层技术的基本思想是在求解复杂问题时首先抓住问题的关键点，而忽略其他次要的细节性部分，随后再对细节部分加以完善。主要技术有如下几种：第一，先建立应急资源配置路径查询的骨架，然后在骨架中的节点分别找到仓库和灾点。第二，一些文章[1,2,3]提出按照重要性对点进行排序，然后按照顺序对节点进行收缩，收缩的同时建立快捷路径。按此原理，最后创建一个应急资源配置层次图，此应急资源配置层次图保证了最优距离的特征。第三，类比于人类社区的概念，查询的时候分为社区内的节点间的查询和社区之间的查询。第四，通过权值异常的边确定权值异常的点，然后根据权值的增减和内部点或者是外部点判断是否需要对局部变化的点的最优路径进行更新，并生成新的应急资源配置最小生成树。双向搜索技术就是把初始问题分解成两个对等的子问题，然后分别处理，达到减小算法搜索空间。加速算法执行的目的：第一，有学者使用贪心算法搜索最优路径；第二，利用样本技术建立正向和反向地标，然后找出起点的正向搜索和目标点的反向搜索的交集，并最终找出最优路径；第三，利用 A* 算法和双向搜索组合的技术实现应急资源配置最优路径的查询。

上述这些技术的应用的确加快了应急资源配置最优路径的查询，但是这些技术基本上建立在单属性的基础上。而现实中存在许多属性，如灾情、数量、时间、距离、费用、路况、舒适度、安全性，心理，熟悉程度等，只有综合考虑这些属性才能得出更好更科学的结论。所以，这些单属性最优路径的查询技术对现实的指导意义不够强。

10.3.2　应急资源配置多属性决策权值技术

应急资源配置图的路径优化查询中，不同的属性权值将对道路的规划、物流优化路径的选择、物流仓储的选择等复杂的多属性决策问题产生很大的影响。所以，如何科学合理地运用这些权值的计算技术，对准确而有效地获取优化的路径结果具有十分重要的意义。

客观赋权法的信息熵问题，首先，由 E. T. Jaynes[4] 在 1957 年提出基于信息熵的多属性决策技术，这个技术的主要理论是：当预测一个随机事件的概率分布时，预测应当满足全部已知约束条件，且不能对结果有任何的主观假设，也就是要根据属性出现的概率进行不偏不倚的判定。在这样的情况下，预测结果也最为客观。所以，通过信息熵得到权值就是根据各属性传递给决策者信息量的大小决定相应属性的权重，它反映了不同属性在决策中所起作用的大小[5,6]。但这种客观的结果没有考虑决策用户的经验、知识、偏好等的主观意向，因此，确定的权重可能与人们的主观愿望或实际情况不一致，使人感到困惑，而且这种赋权方法依赖于实际的问题域。因而，通用性和决策人的可参与性较差，没有考虑决策人的主观意向，且计算方法大都比较烦琐。而主观赋权法根据决策者主观上对各属性的重视程度来确定属性权重，其原始数据由专家或用户根据经验主观判断而得到。主观赋权法的优点是应急资源配置专家或用户可以根据实际的应急资源配置决策问题和专家自身的知识经验合理地确定各属性权重的排序，不至于出现属性权重与属性实际重要程度相悖的情况。但决策或评价结果具有较强的主观随意性，客观性较差，同时增加了决策分析者的负担，应用中存在很大局限性。

从以上的论述可以得到，主观赋权法的优势在于以应急资源配置决策用户对属性的理解或喜好来确定权值，但在属性客观性方面较差；而客观赋权法并不关心决策用户对属性的影响，只根据属性数据的客观特点来确定权值，有时候会得到和应急资源配置决策用户实际需求不一致的现象。针对主客观赋权法各自的优缺点提出的综合赋权法是要兼顾到决策者对属性的偏好，同时又力争减少赋权的主观随意性，使属性的赋权达到主观与客观的统一，进而使决策结果真实、可靠。因此，合理的赋权方法应该同时基于指标数据之间的内在规律和专家经验对决策指标进行赋权[7,8]。目前，这种确定权重的主客观信息集成方法的研究已经引起了学者重视，并且得到了一些初步的研究成果。

10.3.3 语言型多属性评价方式分析

语言型多属性综合评价的过程主要是语言属性的信息转换、语言信息的集结和路径的综合评价。这实际上是纯语言多属性评价的拓展，也受到了许多学者的广泛关注。现有语言评价的方式主要有三类[9,10]：第一，以扩展原理为背景的计算方式，这种方式最大的特点是近似性，因为它是将语言评价信息用模糊技术处理，最后运用扩展原理对数据进行计算和分析。这个方式的主要技术要求是设计好隶属度函数，并且强化模糊决策结果和初始语言评价信息的联系。第二，是利用语言评价集合自身的结构，再对评价信息进行处理，这种方式的主要技术特点在于对不同的语言评价信息进行集结。集结技术有原始和有序两种不同的处理思路，前者是利用语言评价集结本原的结构，同时利用 LWAA、PLWAA 等方式对语言评价信息集结；后者是按照语言评价集中的某种顺序，并利用 OWA、LOWA 等方式对语言评价信息集结。第三，利用二元语义的方式对语言评价信息进行处理，这种方式的优势是能有效减少信息的缺失，也能在一定程度上提高计算的精确性，这种技术需要解决好二元表示的复杂性。

这些语言型多属性技术在图数据的路径上介绍得不多。但是，在现实的应急资源配置路径中，随着各种处理技术不断发展，为了用户的使用方便，越来越多的属性都用人类的自然语言来描述，这时有关路径的这种不确定的语言描述的量化和融合问题也越来越突出。

10.4 应急资源配置最优路径基础理论与优化

10.4.1 应急资源配置图数据相关理论

【定义 10.1】

应急资源配置图 G 是一个有序的三元组 [$V(G)$, $E(G)$, $\Psi(G)$]，其中 $V(G)$ 是非空的节点集，内部元素称为图 G 的节点，$E(G)$ 是与 $V(G)$ 不相交的边集，内部的元素称为图 G 的边。$\Psi(G)$ 是关联函数，是应急资源配置图 G 的每条边对应于 G 的无序点对。若 e 是一条边，而 μ 和 ν 是使 $\Psi_G(e) = (u, v)$ 的节点，则称 e 连接 u 和 v，节点 u 和 v 称为 e 的端点，常记为 $e = (u, v)$[11]。

【定义 10.2】

假设 $G = (V, E)$ 与 $G' = (V', E')$ 是应急资源配置图的任意子图，如果 $V' \subseteq V$，$E' \subseteq E$，则称图 G' 是应急资源配置图 G 的子图，记为 $G' \subseteq G$，称 G 为 G' 的超图。若 $G' \subseteq G$，其中 $V(G') = V(G)$，则称 G' 是 G 的生成子图或支撑子图。若 $G' \subseteq G$，其中 $V(G') = V(G)$ 和 $E(G') = E(G)$ 至少有一个不成立，则称 G' 是 G 的真子图，或当 $G' \subseteq G$ 但 $G' \neq G$，记为 $G' \subset G$，称 G' 为 G 的真子图。

【定义 10.3】

假设 V' 是 $V(G)$ 的一个应急资源配置图的非空子集，以 V' 为节点集，以两端点均在 V' 中的边的全体为边集，然后组成应急资源配置图 G 的子图，称为 G 的由 V' 导出的子图，记为 $G[V']$。

【定义 10.4】

假设 E' 是 $E(G)$ 的非空子集，以 E' 为边集，以 E' 中的边相关联的全部

节点为节点集 G 的子图，称为 G 的由 E' 导出的子图，简称为 G 的边导出的子图，记为 $G[E']$。

10.4.1.1　应急资源配置图的割和块

【定义 10.5】

一个关联应急资源配置图的割是把图分解成两个非空的子图，且两个子图有一个公共节点，这个公共节点被称为图的割点，割点是各个子图的组成部分。

【定义 10.6】

如果一个应急资源配置图是连接的，并且没有割点的时，此应急资源配置图是不能分割的，否则这个图是可分割的。

【定义 10.7】

一个应急资源配置图的块是不可分割的，并且是满足属性的最大团。

10.4.1.2　图的收缩

【定义 10.8】

对于应急资源配置图 G 和 G 的一条边 $e=uv$，如果 G' 是按照如下方式进行，在应急资源配置图 $G\backslash v$ 中，连接 u 到 v 的所有邻接点，且这些邻接点与 u 不邻接，我们称 G' 是由 G 通过一次边收缩得到的（同理 $G\backslash u$ 成立）[12]。

由定义 10.8 所规定的边的收缩理论可知，假设收缩 n 次得到的图为 G^n，另外，假设 H 为有关 G 的节点集 $V(G)$ 的一个划分 $\{V_1, V_2\cdots, V_k\}$，且如果 V_i 的某个节点邻接于 V_j 的某个节点（$i\neq j$），则 V_i 和 V_j 相邻接。

【命题 10.1】

如果构成 H 的节点集和应急资源配置图 G 收缩 n 次的点集相对应，则 G^n 和 H 同构。

【证明】

假设应急资源配置图 G 的节点集是 $\{x, y, z, u, v, w, t, p\}$，第一次收缩边 $e=zu$ 后得到 G'，第二次收缩边 $e=wt$ 后得到 G''，设 H 的点集 $V(G)$ 的一个划分是 $\{V_1, V_2, V_3, V_4, V_5, V_6\}$，其中，$V_1=\{x\}$，$V_2=\{y\}$，$V_3=\{z, u\}$，$V_4=\{v\}$，$V_5=\{w\}$，$V_6=\{t, p\}$。将图 10.1 和图 10.2 进行比较，则 G'' 和 H 同构。

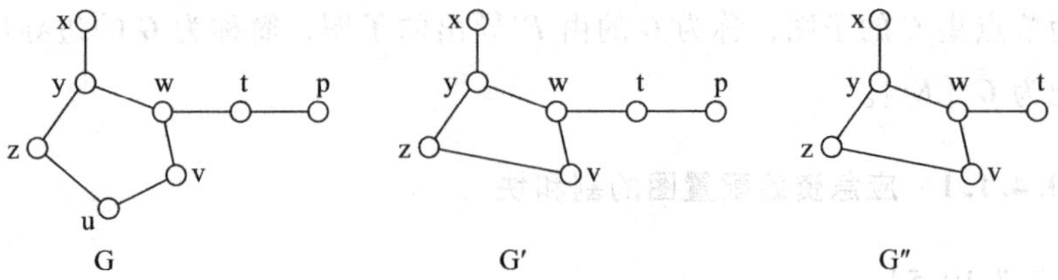

G　　　　G′　　　　G″

图 10.1　图 G 的收缩

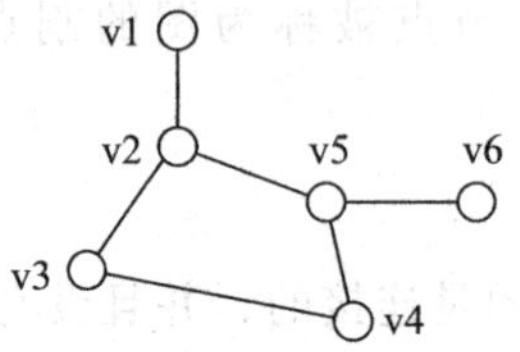

图 10.2　H 的点集

10.4.1.3　应急资源配置图社团和节点的重要性

（1）应急资源配置图的社团。应急资源配置图的社团是有关图的一种结构单元，就其本质来说，社团是图的子图，它的特征是社团内是高度连通的，但与其他社团之间的连接很稀疏。另外，社团内的节点依据与社团外节点是否有边的连接，将社团内的节点分为边界节点集和非边界节点集。

（2）应急资源配置图节点的重要性。应急资源配置图的节点的重要性的评估方法，依据图的特征，从应急资源配置图的局部和全局等方面对节点进行评估[13]。目前，节点重要度判据主要有度值中心性、介数中心性、接近中心性、半局部中心性、PageRank 算法和融合中心性等，本章主要介绍度值中心性和介数中心性。

①度值中心性。度值中心性，是指节点的度值越大，节点越重要，用 dg_i 表示节点 v_i 的度值。这个判断方法是评估节点重要性简单有效的方法[14]。对于应急资源配置有向图而言，需要分别计算节点的入度和出度；对于应急资源配置无向图而言，可直接计算其度值。因为图的规模是变化的，所以度值中心性通常采用归一化来评估节点重要度。

$$C_d(i) = \frac{dg_i}{N-1} \tag{10.1}$$

公式（10.1）中，N 为应急资源配置图的规模，dg_i 为节点的度。度值中心性计算复杂度低，消耗的时间少。

②介数中心性。介数中心性基于应急资源配置图的全局信息，计算了图中所有节点对之间最优路径的数目，节点对之间的最短路径通常存在多条，若节点 v_i 位于最短路径的次数越多，则该节点越重要。介数中心性的定义为：

$$C_b(v) = \sum_{s \neq v \neq t \in V} \frac{\gamma_{st}^{v}(v)}{\gamma_{st}} \tag{10.2}$$

公式（10.2）中 V 为应急资源配置图中节点的集合，γ_{st} 为源节点 s 和目标节点 t 之间最优路径的数目，$\gamma_{st}^{v}(v)$ 为源节点 s 和目标节点 t 之间经过节点 v 的最优路径的数目。

10.4.2 信息熵和权重

10.4.2.1 信息熵

在信息论里面，熵的大小是反映系统不确定性的测度。一般而言，信息出现的概率越大，就表明它被传播得更广泛，或者被引用的程度更高。从信息传播学的角度来看，信息熵能表示出信息的价值。由此，信息熵就是一个衡量信息价值高低的标准，它可以作出有关信息传播的更多推论。所以在信息世界里，信息熵越大，则传输的信息越多，信息熵越小，则传输的信息越少[15]。

【定义10.9】

信息熵：假设 X 是一个离散随机变量，即它的取值范围 $B = \{x_1, x_2, \cdots, x_q\}$ 是有限可数的。设 $p_i = P\{X = x_i\}$，其中 $0 \leqslant p_i \leqslant 1 (i = 1,2,\cdots,q)$，$\sum_{i=1}^{r} p_i = 1$，则 X 的熵定义为：

$$H(X) = -\sum_{i=1}^{q} p_i \log_a p_i \tag{10.3}$$

如果从函数的角度看，信息熵 $H(X)$ 又可看作 q 个信号源符号 $s_i(i = 1, 2,\cdots,q)$ 的概率分布 $p_i(i = 1,2,\cdots,q)$ 的函数，所以可以把公式（10.3）表示成函数形式：

$$H(p_1, p_2, \cdots, p_q) = -\sum_{i=1}^{q} p_i \log_a p_i \tag{10.4}$$

$H(p_1,p_2,\cdots,p_q)$ 又称为熵函数。因为 $\sum_{i=1}^{q} p_i = 1$，所以熵函数 $H(p_1,p_2,\cdots,p_q)$ 是 $p_1,p_2,\cdots,p_q$ 的特殊矩函数。若把信号源 X 的 q 个符号 $s_i(i=1,2,\cdots,q)$ 的概率分布 $p_1,p_2,\cdots,p_q$ 看作矢量 P 的 q 个分量，即 $P=(p_1,p_2,\cdots,p_q)$，则熵函数又可表示为：

$$H(p_1,p_2,\cdots,p_q) = H(P) \tag{10.5}$$

上述三个式子表示信息的本质是一致的，只不过需要根据不同的情况选择不同的形式。

另外，信息熵具有如下的性质。

（1）对称性：$H(P)$ 的取值与分量 $p_1,p_2,\cdots,p_q$ 的具体顺序无关。这表明信号源的熵只与信号源的概率空间的总体结构有关，与各个概率分量和各信号源符号的对应关系，以及各信号源符号本身无关。

（2）确定性：$H(1,0)=H(1,0,0)=H(1,0,0,\cdots,0)=0$。这个性质表明当任一概率分量等于1时，才能使信息熵等于零，除了这种情况以外，信号源信息熵均大于零。换句话说，当信号源任一符号必然出现，则其他符号就几乎不可能出现了。

（3）非负性：$H(P)\geqslant 0$。这个性质表明信号源在发出符号以前总存在一定的不确定性；发出符号以后，总能提供一定的信息量。

（4）扩展性：信号源的取值数增多时，假设这些取值对应的概率极小，虽然信号源发出这些符号后能提供一定的信息量，但终因其概率接近于零，在信息熵中占有很小的比重，导致总的信息熵维持不变。

（5）可加性：统计独立信号源 X 和 Y 的联合信号源的熵等于信号源 X 和 Y 各自的熵之和，即 $H(XY)=H(X)+H(Y)$。也就是说，联合信号源 (XY) 每发出一个消息所能提供的平均信息量等于信号源 X 和 Y 各自发出一个符号所提供的平均信息量之和。

（6）极值性：在离散信号源的情况下，当信号源的各符号是等概率分布时，熵值达到最大。这表明等概率分布的信号源平均不确定性是最大的。

10.4.2.2　应急资源配置图路径的复杂多属性权重

设 $X=\{x_1,x_2,\cdots,x_n\}$ 为可选择应急资源配置图路径集，$U=\{u_1,u_2,\cdots,u_m\}$ 为应急资源配置图路径的属性集，对路径 x_i 按照属性 u_j 进行测度，得到 x_i

关于 u_j 的属性值 a_{ij}，从而构成路径决策矩阵 D。

$$D = \begin{bmatrix} d_{11} & \cdots & d_{1i} & \cdots & d_{1n} \\ \vdots & \cdots & \vdots & \cdots & \vdots \\ d_{i1} & \cdots & d_{ii} & \cdots & d_{in} \\ \vdots & \cdots & \vdots & \cdots & \vdots \\ d_{m1} & \cdots & d_{mi} & \cdots & d_{mn} \end{bmatrix} \tag{10.6}$$

如公式（10.6）所示，应急资源配置图路径决策矩阵里的属性值都反映一定的信息，而信息熵可以衡量应急资源配置图路径信息不确定性的大小。所以，信息熵权重的大小就是对应急资源配置图路径决策方案内某一属性所包含的信息进行综合，然后按比例确定各个属性权重的过程。它可以用于权重未知的复杂多属性决策问题的客观权重的确定。应急资源配置图路径属性权重的计算过程如下：

第一步　利用极差变换法对决策矩阵标准化

针对应急资源配置图路径的决策矩阵 $D = [d_{ij}]_{m\times n}$，根据效益型和成本型的数据类型，极差变换法可分为成本型归一化的方法和效益型归一化的方法。效益型规范化就是路径属性值 d_{ij} 和第 j 个属性最小值的差与第 j 个属性最大值和最小值的差相比较；成本型规范化就是路径的第 j 个属性最大值和 d_{ij} 的差与第 j 个属性最大值和最小值的差相比较，最终将路径决策矩阵 A 转变为规范化的决策矩阵 $R = [r_{ij}]_{m\times n}$：

如果是效益型的值，则：

r_ij = (d_ij - d_j^min)/[d_j ^(max_j ^min],i = 1,⋯,m,j = 1,⋯,n　(10.7)

如果是成本型的值，则：

r_ij = [d_j ^(max_ij)]/[d_j ^(max_j ^min],i = 1,⋯,m,j = 1,⋯,n　(10.8)

最后得到：

$$R = \begin{bmatrix} r_{11} & r_{12} & \cdots & r_{1n} \\ r_{21} & r_{22} & \cdots & r_{2n} \\ \vdots & \vdots & \vdots & \vdots \\ r_{i1} & \cdots & r_{ij} & \cdots \\ \vdots & \vdots & \vdots & \vdots \\ r_{m1} & r_{m2} & \cdots & r_{mn} \end{bmatrix} \tag{10.9}$$

第二步　计算第 i 条路径第 j 个属性的比值

$$p_{ij} = \frac{r_{ij}}{\sum_{i=1}^{m} r_{ij}} \tag{10.10}$$

第三步　第 j 个属性的信息熵

$$E_j = -\frac{1}{\ln n}\sum_{i=1}^{n} p_{ij}\ln(p_{ij}) \tag{10.11}$$

第四步　计算应急资源配置图中路径各个属性的信息熵权重

$$w_j = \frac{1 - E_j}{\sum_{j=1}^{m}(1 - E_j)} \tag{10.12}$$

应急资源配置图路径的信息熵权重 $w = (w_1, w_2, \cdots, w_j, \cdots, w_m)$，应满足 $w_j \geqslant 0, j \in m$，且 $\sum_{j=1}^{m} w_i = 1$。

10.4.3 应急资源配置图的语言评价值

应急资源配置图路径的多属性表述由于受用户或决策用户的心理和经验等因素的影响，以及路径属性本身所具有的模糊性，故对各条应急资源配置路径属性的描述，是很难给出精确数值的。所以，决策者或用户偏向于用“熟悉”“不熟悉”或“一般”等自然语言表述属性的特征。另外，应急资源配置图路径的多属性综合决策中需要考虑每个属性对决策者的影响，也就是说，不同的属性有不同的权重。但是受到路径问题的复杂性和决策者等主客观因素的影响，数值型的权值是很难给出的，这就凸显出语言表述的优势[16]。

10.4.3.1 语言评价值的决策问题

在应急资源配置图数据路径属性的语言表述中，假设有一个有限应急资源配置图备选路径集 $S = \{S_1, S_2, \cdots, S_P\}(P \geqslant 1)$，其中，$S_i$ 表示第 i 条路径；应急资源配置图路径的有限属性集为 $D = \{D_1, D_2, \cdots, D_q\}(q \geqslant 1)$，其中，$D_j$ 表示路径的第 j 个属性，w_j 表示路径的第 j 个属性的权重，并且 w_j 是一个语言评价值；决策用户的集合为 $U = \{u_1, u_2, \cdots, u_m\}(m \geqslant 2)$，集合中 u_k 表示第 k 个决策用户及其权重，且 u_k 为一个语言评价值。假设 $L = \{l_1, l_2, \cdots, l_n\}$ 表示用户偏好信息的应急资源配置路径语言评价集合。一般，L 中语言评价因素的个数 n 取为奇数。另外，要求应急资源配置图的路径语言评价的集合 L 必须具有以下特点：

（1）应急资源配置图路径语言评价集合 L 的语言评价因素之间是有序的，假设有 $i \geqslant j$，则 $l_j \leqslant l_i$。

（2）应急资源配置图路径语言评价集合 L 存在逆算子 N，满足 $N(l_i) = l_j$，其中 $j = n + 1 - i$。

（3）应急资源配置图路径语言评价集合 L 存在取值最大的算子 max，当 $l_j \leqslant l_i$ 时，则 $\max(l_j, l_i) = l_i$。

（4）应急资源配置图路径语言评价集合 L 存在取值最小的算子 min，当 $l_j \leqslant l_i$ 时，则 $\min(l_j, l_i) = l_j$。

通过对应急资源配置图路径决策的描述，应急资源配置图路径的多属性语言评价有三种语言评价形式：第一种是反映各个属性重要性的权重评价集；第二种是描述应急资源配置每条路径满足某个路径属性的约束的偏好信息评价集；第三种是描述决策用户权重的权重评价集。所以，在应急资源配置多属性路径语言评价问题中，各个语言评价值集合表示的内容不同，决策过程中所采用的语言术语也可能不同，每个属性语言评价的粒度大小也可能不同。由此，为了解决应急资源配置图路径综合决策中不同的语言评价值集合问题，一般需要将不同的语言评价值集合规范化。

10.4.3.2　语言评价值的规范化

应急资源配置图数据路径的很多属性都可能用自然语言来描述，例如决策用户对道路的熟悉程度、用户对道路的偏好等。但这时就会出现多个属性用多种语言值描述的情况，并且各种属性的语言评价值的元素又不一致，所以如何把这些不同的语言评价值规范化处理将有利于综合评价。在规范化这些语言评价值时要考虑约束要素：第一，因为不同应急资源配置图路径属性的语言评价值集合中应该满足不同的等级要求，所以集合元素个数可能不同，在规范化语言评价值时选择语言评价值集合中元素最多的个数作为评价粒度，粒度的大小一般取奇数；第二，在选择规范化应急资源配置图路径的语言评价值时，集合中的每个元素应该是唯一的；第三，应急资源配置图路径的语言评价元素之间应该具有明显的差异性，每个元素所代表的等级应该是清晰的。

（1）应急资源配置图路径语言评价标度。假设 $\bar{L}$ = {l_1 = 最差，l_2 = 差，l_3 = 比较差，l_4 = 有点差，l_5 = 一般，l_6 = 可以，l_7 = 比较好，l_8 = 好，l_9 = 最好} 为语言评价标度。决策用户在对应急资源配置图路径进行评价时，得到应急资源配置图路径 P 关于属性 A 的属性值 $r_{ij} \in \bar{L}$，$\bar{L}$ 为事先设定的语言评价标度，从而构成语言决策矩阵 $R = \{r_{ij}\}_{mn}$。

关于语言评价标度 $\bar{L}$：设有两个语言变量 $l_\alpha, l_\beta \in \bar{L}$，$\lambda \in [0,1]$，那么语言评价标度的运算规则是：① $l_\alpha \oplus l_\beta = l_{\alpha+\beta}$；② $l_\alpha \oplus l_\beta = l_\beta \oplus l_\alpha$；③ $\lambda l_\alpha = l_{\lambda\alpha}$；④ $\lambda(l_\alpha \oplus l_\beta) = \lambda l_\alpha \oplus \lambda l_\beta$。

但是这种标度 $\bar{L}$ 中存在不合理的现象，例如，l_2 = 差，l_6 = 可以，通过运算规则可得到 $l_2 + l_6 = l_8$ = 好，这明显和实际有出入。所以，徐泽水[17]针对这个问题提出了改进均匀变化的语言评价标度。

$$\bar{L} = \{l_\alpha \mid \alpha = -t, \cdots, -1, 0, 1, \cdots, t\} \tag{10.13}$$

公式（10.13）中 l_α 是语言评价值，l_{-t} 代表语言评价值的下限，l_t 代表语言评价值的上限。所以对应急资源配置图路径评价标度得到的新的语言评价标度为 $\bar{L}$ = {l_{-4} = 最差，l_{-3} = 差，l_{-2} = 比较差，l_{-1} = 有点差，l_0 = 一般，l_1 = 可以，l_2 = 比较好，l_3 = 好，l_4 = 最好}。这个新标度也满足条件：①如果 $\alpha < \beta$，则 $l_\alpha < l_\beta$；②存在负的算子 $neg(l_\alpha) = l_{-\alpha}$，需要注意的是，$neg(l_0) = l_0$。此时，上面的例子得到 $l_{-3} + l_1 = l_{-2}$ = 比较差，而这个结果符合实际的情况。

如果语言评价标度是非均匀变化的，戴跃强等人[18]提出了一种语言评价下标以零为中心对称，语言评价值个数为奇数的语言评价标度：

$$\bar{L} = \left\{l_\alpha \mid \alpha = -\frac{2(t-1)}{t+2-t}, -\frac{2(t-1-1)}{t+2-(t-1)}, \cdots, 0, \cdots, \frac{2(t-1-1)}{t+2-(t-1)}, \frac{2(t-1)}{t+2-t}\right\} \tag{10.14}$$

上式可以简化为：

$$\bar{L} = \left\{l_\alpha \mid \alpha = -(t-1), -\frac{2}{3}(t-2), \cdots, 0, \cdots, \frac{2}{3}(t-2), (t-1)\right\} \tag{10.15}$$

同理，公式（10.15）中 l_α 是语言评价值，$l_{-(t-1)}$ 代表语言评价值的下限，$l_{(t-1)}$ 代表语言评价值的上限。应急资源配置图路径结合后可得到新的非均匀变化的语言评价标度，当 $t = 5$ 时，为 $\bar{L}$ = {l_{-4} = 最差，l_{-2} = 差，l_{-1} = 比较差，$l_{-0.4}$ = 有点差，l_0 = 一般，$l_{0.4}$ = 可以，l_1 = 比较好，l_2 = 好，l_4 = 最好}。这个新标度也满足条件：①如果 $\alpha < \beta$，则 $l_\alpha < l_\beta$；②存在负的算子 $neg(l_\alpha) = l_{-\alpha}$，需要注意的是，$neg(l_0) = l_0$。

（2）应急资源配置图路径语言评价值的规范化设计。在某些文献中也介绍了规范化属性语言评价值的函数[19,20]，提出了一些具体的规范化函数。在考虑了语言评价值约束要素的同时，利用线性函数的简单直接性，笔者设计了一个线性规范函数，实现了不同语言值规范化的处理。

假设存在 n 个应急资源配置图路径属性的语言评价值集合，其中第 i 个属性的语言评价值集合为 $L_g^i = \{l_1^i, l_2^i, \cdots, l_g^i\}$，此时 n 个属性评价集合中的元素个数 g 可能是不同的。所以，规范化函数的设计如下步骤所示。

第一步　在 n 个属性的语言评价值集合中找出 g 最大的值 g_{max}，然后根据 g_{max} 值设计标准语言评价值集合，例如：L = {l_1 = 最差，l_2 = 差，l_3 = 比较差，l_4 = 有点差，l_5 = 一般，l_6 = 可以，l_7 = 比较好，l_8 = 好，l_9 = 最好}。

第二步　在分析 g 值时有两种情况需要考虑：第一种情况是 $g < g_{max}$，这是由小的区间映射到大的区间；第二种情况是 $g = g_{max}$，这是等区间的映射。但不管上述哪种情况的映射，都必须满足信息不丢失、等价和唯一性的特点。

第三步　线性规范函数的设计如下：

如果 $l_1^i = 1$，则：

$$l_1 = l_1^i \tag{10.16}$$

如果 $l_m^i \neq 1$，则：

$$l_m = | \frac{g_{max}}{g_m^{i^i} 7_{max}} \tag{10.17}$$

公式（10.17）中，m 为标准语言评价值集合的序号，l_m 为标准语言评价值集合中的第 m 个评价值，g^i 为第 i 个属性原始评价值的个数，l_m^i 为第 i 个属性原始的第 i 个语言评价值的序号。

通过上述的线性规范函数，就把不同属性的语言评价值集合规范到统一的标准范围内，这样有利于图数据路径综合决策的处理。

10.5　复杂多属性应急资源配置最优路径的查询

在当前大数据的时代，应急资源配置决策要求随着信息量的巨大发展变得越来越准确，而这体现出来的不仅是应急资源配置图的规模的扩大，而且是各种影响因素的增加。所以，想要得到准确查询结果的时候，必须面临节点规模和复杂多属性的考验，这就要求要用更加快速而全面的方法处理数据。本章首先使用信息熵的技术获取各个路径的客观权值，用调查方法得到专家或用户的主观权值，然后综合这两种方法求出每条路径的综合得分；其次，使用应急资源配置图的分块和图的层次收缩相混合的技术，减少了对复杂多属性应急资源配置图的检索空间，节约了查询时间，提高了效率；最后，利用双向搜索技术获取复杂多属性图的最优路径。

10.5.1 应急资源配置最优路径算法的框架

在考虑复杂多属性和查找精确度的前提下，分别考虑应急资源配置路径的混合属性和纯语言值属性，利用信息熵和 LWAA 技术分别得到路径的综合评价指数，最后通过图的分块技术、分层收缩技术和双向搜索技术来加速搜索过程（简称为“BBCH 算法”），从而提高应急资源配置最优路径查询的效率，具体过程如下所示。

（1）如果是语言评价决策矩阵，转到（2）；否则，利用信息熵的综合得分算法计算应急资源配置图每条路径的综合得分，转到（4）。

（2）如果是多决策者路径多属性语言评价，转到（3）；否则利用单决策者路径多属性语言评价算法计算应急资源配置最优路径每条路径的综合得分后转至（4）。

（3）利用决策者路径多属性语言评价算法计算应急资源配置图每条路径的综合得分。

（4）利用应急资源配置图的分块算法对输入图 G 分块。

（5）利用块的层次收缩算法可得到稀疏应急资源配置图。

（6）利用双向查询算法加速搜索。

10.5.2 复杂多属性应急资源配置图路径的主客观综合得分

选择应急资源配置图路径的属性时，既要考虑决策者的心理原因，也要考虑数据的客观选择，所以本章主要考虑每条路径的行驶距离、行程时间、拥挤程度、熟悉程度、道路等级、价值等属性。因为不同的用户对上述六项的关注点不一样，所以在考虑主观权重时，可以由决策用户对这属性赋予权值，这样就可以体现出决策用户的心理倾向性。

在这些属性中像拥挤程度、熟悉程度是明显带有不确定性的语言值。针对这些特性，考虑这两个不确定值的通用性，把评价的标度设为{非常重要、很重要、重要、一般、不重要，很不重要、非常不重要}七个等级，分别给评价标度相对应的取值为{3、2、1、0、-1、-2、-3}。另外，像行驶距离、行程时间、费用、道路等级等可以用准确值给出，但不同的属性对属性值的要求有所不同。例如，道路等级等效益值是越大越好，费用和行程时间等成本值是越小越好。所以，不同的属性应该采取不同的标准化技术，最后才能把复杂的多属性数据集中在一起讨论，具体的过程如下所示：

(1) 利用公式 (10.7) 和公式 (10.8) 的极差变换法对决策矩阵 D 进行标准化；

(2) 利用公式 (10.10)、公式 (10.11) 和公式 (10.12) 求各个属性的权重 w_j；

(3) 利用 $w_{总j} = \sqrt{w_{主j} \times w_j}$ 求各个属性的综合权重；

(4) 利用 $z_i(w) = \sum_{j=1}^{m} r_{ij} w_{总j}$ 求出每条路径的综合得分。

10.5.3 应急资源配置图的分块

由定义 10.1 可知，在求解应急资源配置图 G 中任意两点之间的最优路径就是遍历 $V(G)$、$E(G)$ 所经过的点和边。由定义 10.2 可以得到应急资源配置图的块实际上是应急资源配置图 G 的子图，也即是说，应急资源配置子图 $G' \subset G$，再由定义 10.6 和 10.7 可知，应急资源配置图的块是不可再分的最大连通子图。通过命题 10.1 的证明说明各个块之间不连通或者通过割点连接，割点可以属于不同的块，两个块可以共用一个割点。所以，对块的划分关键是找出割点，其基于以下两个事实：第一，假设节点 s 不是根节点，如果 s 是割点当且仅当 s 点的后继没有后向边；第二，如果 s 为根，则 s 为割点当且仅当 s 有不止一个子节点。

在小规模的应急资源配置图上找出割点的时间效率，是可以接受的，但如果直接在大规模复杂多属性应急资源配置图上找出割点，其工作量和时间效率比较低，所以为了提高分块的效率，本章直接通过连通分支的策略首先将大图分割为包，分割完毕后的每个包并不一定是最终的通过割点所得到的图的分块，但此时已将分割时搜索的空间约束在包内，减少了时间消耗，然后判断每个包中是否有割点，最后通过割点完成应急资源配置图的分块。详细过程如下：

（1）判断输入的应急资源配置图是否具有连通分支，如果有连通分支，则进行第（2）步；如果没有则视为一个包，转向第（3）步。

（2）根据应急资源配置图的连通分支的特性把图分为包（Bag）。

（3）判断每个包（Bag）是否连通，如果连通转向第（4）步；否则转向第（2）步。

（4）选取分得的每个 Bag_i（$i=1, \cdots n$，n 为包的总数），针对每个 Bag_i，如果假设 Bag_i 含有 K 个点，按序列 1 到 K 判断每个点以及序号小于该点所构成的连通性，如果删除该节点，Bag_i 变为不连通，则该节点为割点。

（5）根据应急资源配置图每个割点的位置把包（Bag）分为块（Block）。

（6）输出分好的块以及相关的割点。

10.5.4 块的收缩和分层

一般来说，经过应急资源配置图分块后产生的子图的规模减小了很多，但根据应急资源配置图的某些具体的连接特点，产生的子图的规模有可能也很大，此时如果求最优路径也要消耗大量的时间和空间，如果能对应急资源配置子图的最优路径求解进行加速，必能更好地提高计算的效率。目前的加速算法主要有地标、分层技术、启发式的方法等，Robert Geisberger[21,22] 和 Dominik Schultes 提出的层次收缩算法[23] 能把一个稠密图简化为稀疏图，且能保持图的基本特征，能提高计算的效率，节省时间和空间的需求。

层次收缩算法的基本思想是通过某种属性的重要性对应急资源配置图中的节点进行排序，然后对相邻两条边的三个节点进行重要性的比较。例如：$V=\{v_1, \cdots, u, v, w, \cdots, v_n\}$，$E=\{e_1, \cdots, e_{k-1}, uv, vw, e_{k+1}, \cdots, n\}$，此时如果 u 和 w 的重要性大于 v，并且 $dist_3 = dist_1 + dist_2$ 的距离是最优距离，就可以删除 v 连接 u 和 w，或更新距离值。

本章对层次收缩算法作了一下改进：第一，通过空间的压缩后，计算所有复杂多属性节点对的最优路径；第二，层次收缩算法在判断删去 v 后的综合得分 $CS_3 = CS_1 + CS_2$ 是否是最优路径时，需要找到另外一条路径，并且计算出该路径的综合得分是小于 CS_3 时才进行删除。虽然文中提出了很多限制措施以减小搜索空间，但还是需要消耗大量的时间和空间。本章采取的把应急资源配置图分为包甚至更小的块，就直接减小了算法的搜索规模，可谓一石二鸟。

【命题 10.2】

对于应急资源配置图 $G = (V, E)$ 和节点集 $V' \subseteq V$，最优路径覆盖的应急资源配置图 $G' = (V', E')$，其中 E'是边的极小集，在这个应急资源配置图 G' 中的最优路径 $CS(\mu,w)$ 和应急资源配置图 G 中 u 到 w 的最优路径相等。

【证明】

第一，假设存在应急资源配置图 $G = (V, E)$，其中 $V = \{u, v, w\}$，$E = \{e_1, e_2\}$，两条边 $e_1 = uv$ 和 $e_2 = vw$，它们的综合得分为 CS_1 和 CS_2，现删去节点 v，连接 uw 构成新的应急资源配置图 $G' = (V', E')$，其中 $V' = \{u, w\}$，$E' = \{e_3\}$ 的边 $e_3 = uw$，其综合得分为 $CS_3 = CS_1 + CS_2$，由定义 10.8 可知，此为一次图的收缩，u 到 w 的综合得分 $CS(\mu,\omega)$ 和收缩 v 前一致。

第二，如应急资源配置图 $G = (V, E)$，其中 $V = \{v_1, v_2, \cdots, v_n\}$，$E = \{e_1, e_2, \cdots, e_n\}$。假设存在相邻的两个边 $e' = uv$ 和 $e'' = vw$，其节点为 $\{u, v, w\}$，删去节点 v，连接 u 和 w 到 v 的所有邻接点，且这些邻接点与 u 不邻接，更新边的距离，得到应急资源配置图 $G_1 = (V_1, E_1)$，$V_1 = V/v$。由定义 10.8 可知，此为一次图的收缩，由命题 10.1 可知，G 和 G_1 同构，所以 u 到 w 的综合得分 $CS(\mu,\omega)$ 保持不变。同理，收缩 m 次后，得到 $G^m = (V^m, E^m)$，其中 $V' = V/ (v_1, \cdots, v_m)$，综合得分 $CS(\mu,\omega)$ 保持不变。

通过上述两步的证明，命题 10.2 成立。

具体块的层次收缩过程如下所示：

(1) 按照应急资源配置图中节点的主客观综合得分对节点排序。

(2) 利用重要性求解应急资源配置图中任意节点对之间的最优距离。

(3) 从起点开始寻找出块中相邻的两条边的三个节点 u、v、w。

(4) 比较三个节点 u、v、w 的重要性。

(5) 如果 u 和 w 的综合得分大于 v，计算 $d(u,\omega) = d(u,v) + d(v,\omega)$。

(6) 寻找另一条 u 和 w 的路径，且不含节点 v，计算其路径距离 $d'(u,\omega)$。

（7）如果 $d(u,w) \leq d'(u,w)$，则压缩节点 v，并且更新边 $e=(u,w)$，在此处更新有两种情况：① $e=(u,w)$ 以前不存在，此时直接写入 $d(u,w)$ 的值；② $e=(u,w)$ 以前存在，此时用 $d(u,w)$ 更新以前的值。

（8）返回到上面步骤（2），重复上述过程直至到达终点。

（9）所有的节点都已求解完毕。

10.5.5 应急资源配置图任意节点最优路径的查询

10.5.5.1 设计理念与正确性

计算任意节点对的最优距离，所以，经过算法 10.2、算法 10.3、算法 10.4 的运行后，所查询的节点对存在以下几种情况：

第一，所查询的节点对在同一个块中，这是最简单也最易操作的情况，因为查询在同一个块中，所需的空间和时间也是最少的，而且这个过程基本不关注割点的问题，除非割点就是所求的目标点。

第二，所查询的节点对在相邻块中，这时的查询涉及两个块，而两个块之间通过割点相连接，所以在查询时必须考虑两个块中源点到割点的最优距离以及目标点到割点的最优距离。

第三，所查询的节点对不在相邻块和同一块中，这时就要考虑源点和目标点之间的最优距离经过哪些块，分别求源点和同一块中的割点的最优距离、源点和目标点不在同一块中时求割点和割点的最优距离、割点和同一块中目标点的最优距离。

考虑到查询设计的关键因素是割点，综合定义 10.5、定义 10.6、定义 10.7 得到如下命题。

【命题 10.3】

假设 G 是应急资源配置图，则：

（1）应急资源配置图 G 的任意两块至多有一个公共节点；

（2）应急资源配置图 G 的块来自应急资源配置图 G 的一个分解；

（3）各个环被包含在同一个块中。

【证明】

（1）假设存在两个块 B_1 和 B_2 至少存在两个公共节点，又因为它们是关于应急资源配置图 G 的最大不可分的子图，而且 B_1 和 B_2 两者相互不包含，所以只有 $B = B_1 \cup B_2$ 能包含这两个子图。假设 $v \in V(B)$，此时 $B - v = (B_1 - v) \cup (B_2 - v)$ 是连接的，这是因为 $B_1 - v$ 和 $B_2 - v$ 相互连接，并且至少含有一个公共节点。由此，可以判断 B 没有割点，是无环和不可分割的。但是这与 B_1 和 B_2 的极大化是矛盾的。

（2）应急资源配置图 G 的各个边产生一个不可分割的子图（一个或两个节点），这些边被包含在应急资源配置图 G 的不可分割的子图或块中。另外，由（1）可知，没有边被包含在两个块中。所以，这些块组成了图的一个分解。

（3）综上所述，应急资源配置图 G 的一个环是不可分割的子图，所以被包含在图的一个块中。

【命题 10.4】

如果目标点和源点不在同一块中，那么通过块之间的割点获得的最优路径即为所求的最优路径。

【证明】

第一，假设通过块之间的割点求得的最优路径不是实际的最优路径，此时说明块和块的联系除了割点以外还有其他的联系点，这和定义 10.5、命题 10.3 相矛盾，也就是说如果块和块之间有最优路径，必然经过割点。

第二，通过命题 10.2 就可以证明通过收缩的子图所求的最优路径依然为所求的最优路径。

通过上述的描述，证明命题 10.4 成立。

由定义 10.5 和命题 10.3、命题 10.4 可知，块和块之间的联系通常是靠一个割点联系起来，也就是说，如果两个块相邻，就有同一个割点，这样在设计查询算法时就有以下考虑：首先，判断源点和目标点所属的块，以及块和块之间的关系。其次，如果源点和目标点所属为同一块，只需在同一块中查找。再次，如果源点和目标点所属为相邻块，此时就可以分为三步：第一步，求源点到相邻块割点的最优距离；第二步，因为相邻块是同一个割点，所以此时的割点变为目标块中的起点，由它直接去求和目标点的最优距离；第三步，这两步的和为所求的最优距离。最后，如果两块不相邻，也可以分为三步：第一步，求源点到相邻块割点的最优距离，实际上在同一块中求最优距离；第二步，求源点和目标点都不在同一块的但必须经过的块和块之间的割点的距离；第三步，求最后一块的割点和目标点的距离。

10.5.5.2 双向加速技术

考虑到设计分为包和块之间的应急资源配置图最优距离查询，这时仓储所在的块和目标点所在的块可能不在同一个块中，此时有两种方法：第一种，从源点所在的块开始搜索，如果目标点不在当前的块中，就通过割点查找与其相邻的块，如此类推，直至找到目标点或在所有相连通的块中未找到目标点。显然，此方法的效率不高。第二种，采用双向搜索的技术，即仓储和目标点同时开始搜索，首先判断目标点和仓储是否在同一块中，如果在同一块中，直接查询最优距离；如果不在同一块中，同时分别查找源点和目标点所在块的相邻块，判断相邻块中是否包括各自的目标，如果没有就记录所经过块的序号，然后再查找当前块的相邻块，直至查找过程相遇在同一块中。具体的过程如下所示：

（1）判断起点和终点是否在同一个块中；

（2）如果在同一块中，直接利用分层收缩技术得到的信息计算最优距离；

（3）如果不在同一块中，查询与仓储和终点相连的块；

（4）如果相连的块是同一个块，即通过计算起点到割点的距离、割点和割点之间的最优距离、终点到割点的最优距离，最后得到所求仓储和目标点的最优距离；

（5）如果相连的块不是同一个块，则继续各自双向搜索与仓储和目标点的当前块相连的块；

（6）如果找到相连的块，返回步骤（4）；

（7）当搜索结束，如果找不到相连的块，则说明仓储和终点没有路径。

【例 10.1】

如图 10.3 所示，所有数据分为三个块，其中，起点 1 所在的块包含的数据是：1、2、3、4、5、6，4 为割点；终点 16 所属的块包含的数据为：9、12、13、14、15、16，9 为割点；查询块包含的数据为：4、7、8、9、10、11，4 和 9 同为割点，说明这三块通过割点是相连的，由命题 10.4 可知，分别求 1 到割点 4、割点 4 到割点 9、割点 9 到终点 16 的最优距离就是所求的最优距离。

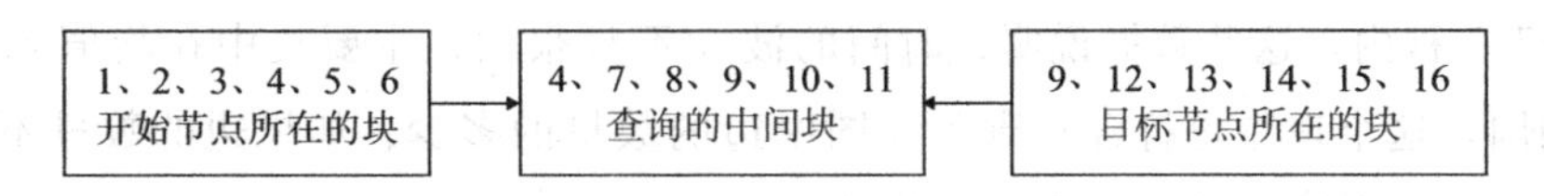

图 10.3　应急资源配置图块查询算法

10.5.6　性能比较分析

10.5.6.1　综合得分相关的分析

因为实际的应急资源配置路径是受多种属性约束的，所以怎样把这些复杂的多个属性综合为可以评价的指标是非常重要的，下面分为三种情况对复杂多属性评价指标的计算进行讨论。

（1）节点数量为 2K，边的数量分别为 6K、7K、8K、9K、10K 的情况下，讨论时间的变化情况。

从图 10.4 可以看出，随着应急资源配置图中边的数量的增加，时间也随着增加，而且从拟合线和实际的趋势来看，两者基本上是重合的。这种情况也符合实际，因为本章的主要关注对象为多属性影响下的边，而随着边的数量的增加，需要的计算量自然也会增加。

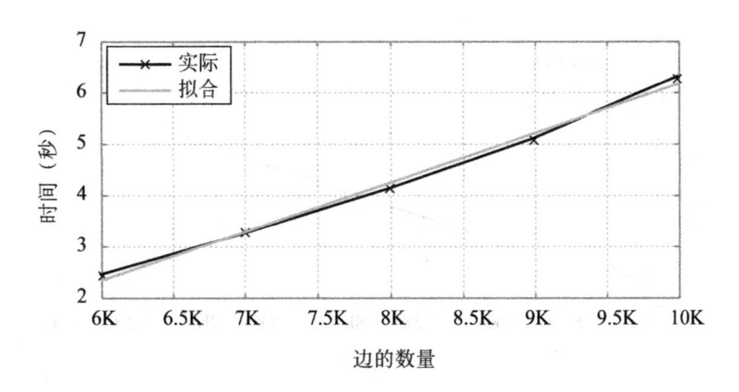

图 10.4　边数和时间的关系

（2）边的数量为 2K，节点的数量分别为 1K、2K、3K、4K、5K 的情况下，讨论时间的变化情况。

从图 10.5 中可以看出，如果保持边的数量不变，只是增加节点的数量，时间基本没有增加，而且时间的变化范围为 0.1522 秒，基本在标准方差

0.06723 秒内。这些数据说明，时间的波动不是很大，主要集中在均值 6.263 的周围。这个现象也符合本章关注图中边的数量的多少，如果边的数量不变，处理复杂多属性边的时间应该变化较小。

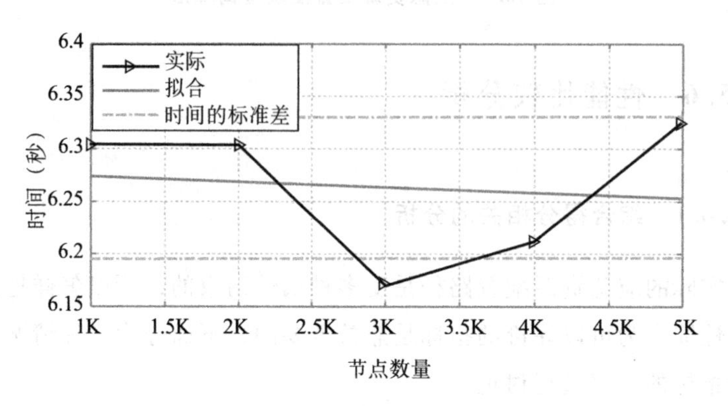

图 10.5 节点数量和时间的关系

（3）节点数量分别为 1K、2K，边的数量分别为 6K、7K、8K、9K、10K 的情况下，讨论时间的变化情况。

从图 10.6 中可以看出，尽管节点数量不同，但是在相同边的情况下，两次试验所用的时间变化不大，其线性趋势基本一致，由此反映出复杂多属性路径综合得分计算的主要影响因素是边的数量。

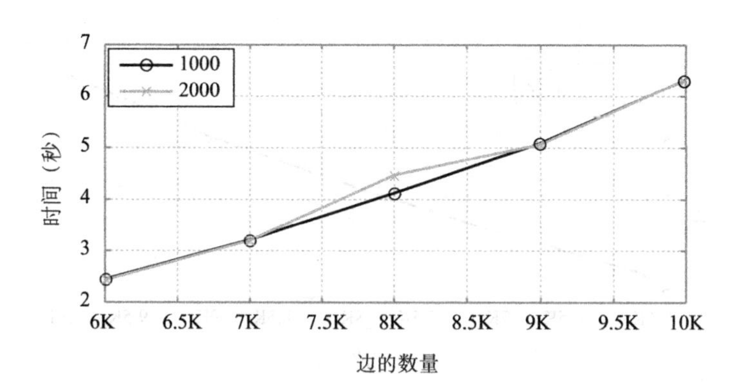

图 10.6 不同节点数量的时间变化

10.5.6.2 算法之间的比较分析

由于本章针对的是查询任意点对之间的最优距离，ECTreeSketch 算法[24]首先利用地标节点建立草图，然后利用约束条件剪枝和双向搜索的技术找到最优路径。本节通过 BBCH 算法（本章提出的分块双向层次收缩的查询算法的简称）和 ECTreeSketch 算法的比较，来说明 BBCH 算法的性能。

在试验设计时考虑到两种算法都需要预处理，所以把比较分析的过程分为两步：第一步是预处理的比较；第二步是查询时的比较。又因为 ECTreeSketch 算法的预处理时间较长，所以在设计实验时把节点数量选在 1K 个节点到 2K 个节点。同时，为了克服和 BBCH 在预处理时间上的差距，便于两个算法的比较，在画图时把 ECTreeSketch 算法的预处理时间求以 10 为底的对数后与 BBCH 算法的预处理时间进行比较。

通过图 10.7 的左子图比较，发现 ECTreeSketch 算法的预处理时间比 BBCH 算法长很多，就是说，ECTreeSketch 算法的预处理时间经以 10 为底的对数运算后数值比 BBCH 算法得到的值大。通过分析发现，ECTreeSketch 算法预处理时间长的原因是每个节点都要与所有的地标节点进行计算。

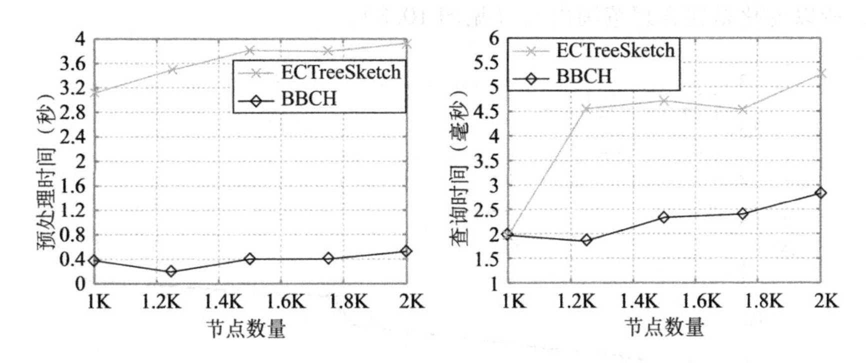

图 10.7　BBCH 算法和 ECTreeSketch 算法的比较

通过图 10.7 的右子图比较，发现 ECTreeSketch 算法的查询时间比 BBCH 算法要多一些，而且随着节点数量的不断被增加，ECTreeSketch 算法的查询时间的增长趋势比 BBCH 算法要明显一些。通过分析发现：第一，BBCH 算法在查询时只是查询了与起点和终点相关的数据块；第二，在相关的数据块中又有层次的收缩，就造成相关块的数据节点和边数的数量相对原始的相关数据有很大的减少。

10.5.6.3　同一块和不同块之间的比较分析

BBCH 算法设计思想是分块，所以在查询时必然要考虑两方面的因素：第一，查询的起点和终点在同一块；第二，查询的起点和终点的不在同一块中。

就第一种情况而言，因为其不涉及块和块之间的查询，所以查询的过程比较简单；就第二种情况而言，其不仅涉及块内的查询，而且还涉及块和块之间的查询，此时调用双向搜索算法必然比第一种情况复杂一些。

在设计实验时，我们设置实际数据 San Francisco Road Network[25] 和北京路网[26] 的数据量逐渐增加，所分的块的数量也不断增加，通过图 10.7 的比较，可以观察到：第一，不管分块与否，随着数据量的增加，查询的时间都在逐渐增长，这符合实际的情况；第二，查询的时间消耗在同一块内和不同块之间是不同的，并且不同块的时间消耗确实比同一块的要高一些，这也符合算法设计的实际情况；第三，随着数据量和块数量的增加，不同块和同一块查询时间的发展趋势是相关的，尤其在块数量增加到一定程度时，查询时间会发生一个突变，这恰恰是实验设计时刻意放大数据量的原因。由此我们得到结论，BBCH 算法的不同块之间的查询和同一块内的查询是略有不同的，但两者也是相关的，所以变化是在合理范围内的（见图 10.8）。

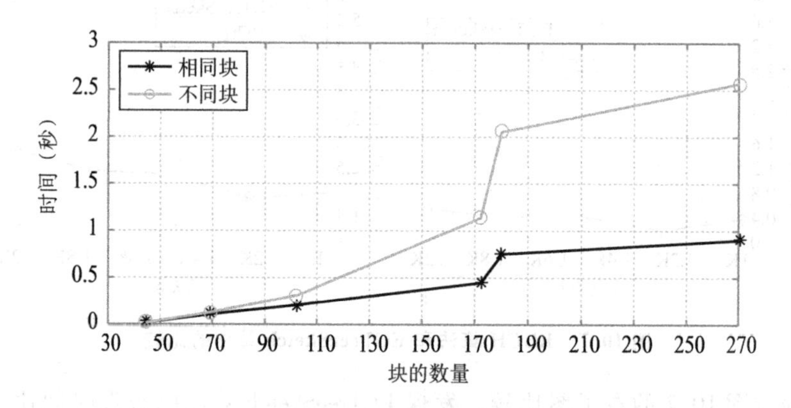

图 10.8 BBCH 算法中查询在相同块和不同块之间的比较

10.5.6.4 平均查询时间和同一块中查询时间的比较

为了比较 BBCH 算法在同一块内的查询时间和平均查询时间，本章选取的边的数量为 60K 到 110K 之间。另外，为了更加客观，本章每次查询 300 对路径之间的平均查询时间，而且 300 对路径的查询包括不同块之间的，也包括同一块内的路径查询。

通过图 10.9 的比较发现，平均查询时间比在同一块内查询的时间要多，而且从增长趋势来看，平均查询时间要比同一块内的查询时间要明显一些。这是因为同一块的查询范围局限在同一个块内，这就导致查询的数据量减少很多，而平均查询时间不但涉及同一块内的查询，也包括不同块内的查询，所以同一块内的查询时间比平均查询时间要少。

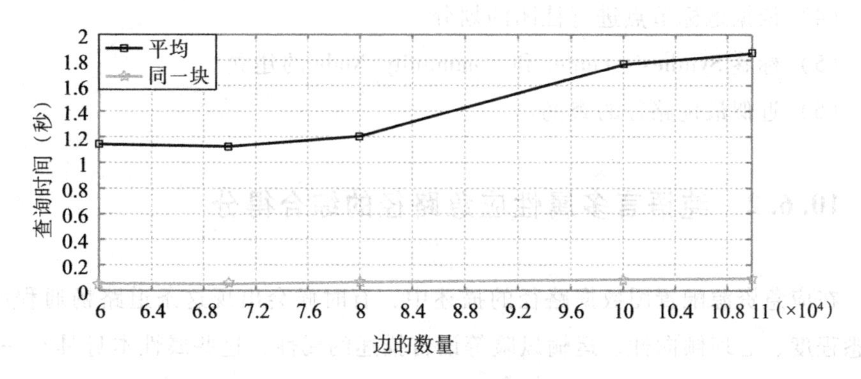

图 10.9　平均和同一块中查询时间的比较

10.6　纯语言属性的应急资源配置近似最优路径分析

随着各种信息技术的发展，越来越多的实际应用越来越方便。反映在应急资源配置路径的查询中，人们的语言表述越来越多。怎样有效地把语言描述的道路的多个属性综合起来，得到人们真正需要的应急资源配置最优路径，也越来越重要。所以，利用语言综合评价技术得到路径的综合得分，再以地标为中心建立社团，最后通过查询社团内部或社团之间的交集可以找到近似的应急资源配置最优路径。

10.6.1　纯语言属性的应急资源配最优路径算法的描述

本算法首先用 LWAA 技术得到应急资源配置图路径的综合评价指数，其次按照重要性找到地标节点，然后按照地标节点把应急资源配置图中的节点按综合得分的最优值构成社团，在划分社团的同时，记录各个节点到各个地标的标签，最后利用各个地标找到近似最优路径。整体过程如下：

（1）如果是单语言评价决策矩阵，利用单决策者路径多属性语言评价算法，计算每条路径的综合得分后转至步骤（3）。

（2）如果是多决策者路径多属性语言评价，利用决策者路径多属性语言评价算法，计算每条路径的综合得分。

（3）对应急资源配置图中的节点按重要性找到地标节点。

（4）依据地标节点进行社团的划分。

（5）标签 Synthesis_center 和 Community_Node 的建立。

（6）近似最优路径的查询。

10.6.2 纯语言多属性应急路径的综合得分

在应急资源配置图数据路径的描述中，有时候会出现这条道路畅通程度、熟悉程度、心理倾向性、运输风险等语言描述的属性，这些属性本身具有一定的不确定性，如何有效地处理这些属性，会使最优路径的判断更加合理，也能使用户或决策用户的选择更加方便。

【定义 10.10】

设 LWAA：$L \to \bar{L}$，若 LWAAω（$l_{\alpha 1}$，$l_{\alpha 2}$，…，$l_{\alpha n}$）$=\omega_1 l_{\alpha 1} \oplus \omega_2 l_{\alpha 2} \oplus$，…，$\oplus \omega_n l_{\alpha n}$，其中 $\omega=$（ω_1，ω_2，…，ω_n）为语言评价集（$l_{\alpha 1}$，$l_{\alpha 2}$，…，$l_{\alpha n}$）的权值向量，$\omega_j>0$，$j=1$，2，…，n，$\sum_{j=1}^{n} \omega_j=1$ 则称函数 LWAA 为语言评价加权算数平均算子。

假设应急资源配置图备选路径有 m 条，利用 LWAA 算子对语言评价矩阵的属性值进行集结，得到各条路径的综合得分 $z_i(w)=LWAA\omega(r_{i1}, r_{i2}, r_{i3}, \cdots, r_{in})=\sum_{j=1}^{n} w_j r_{ij}, i \in m$，显然，综合得分分值越大，则相应的路径就越优。

10.6.2.1 应急资源配置图路径属性优化权重的计算

（1）单决策用户的权重计算。决策用户对不同的应急资源配置路径有不同的心理倾向性，并且这些心理倾向性一般用自然语言的形式给出，即 $\theta_i, i \in \{1,2,\cdots,m\}$。另外，决策用户对路径的喜好和对路径属性的偏好有一定差异。为了更加符合实际的决策，对各种权重的考虑一般是让上述这两种差异变得很小。由此引入偏差函数[27]：

$$F_i(\omega)=d^2[z_i(\omega),\theta_i], i \in \{1,2,\cdots,m\} \tag{10.18}$$

公式（10.18）表明，综合得分和心理倾向性之间的差别越小，函数的值就越小。由此，应急资源配置图路径优化的权重的计算主要依赖于建立多目标优化模型：

$$\begin{cases} \min F_i(\omega) = d^2[z_i(\omega), \theta_i], i \in \{1,2,\cdots,m\} \\ s.t.\ \omega_j \geqslant 0, \sum_{j=1}^{n} \omega_j = 1 \end{cases} \tag{10.19}$$

另外，利用理想解的距离算法思想，找出语言决策矩阵的正理想值 $r^+ = \{r_1^+, r_2^+, \cdots, r_n^+,\}$，此时反映属性偏好的属性值应该与正理想值的偏差越小越好。所以，实际的优化权重的计算应该是属性值与路径偏好的差和属性值与正理想值之间差的综合考虑。由此，调整后的权值计算公式是：

$$\begin{cases} \min H(\omega) = \alpha \sum_{i=1}^{m} d^2[z_i(\omega), \theta_i] + \beta \sum_{i=1}^{m} \sum_{j}^{n} d^2(r_{ij}, r_j^+)\omega_j^2 \\ s.t.\ \omega_j \geqslant 0, \sum_{j=1}^{n} \omega_j = 1, \alpha + \beta = 1, \alpha \geqslant 0, \beta \geqslant 0 \end{cases} \tag{10.20}$$

通过公式（10.20）的计算，就可以得到比较理想的各个属性的权值。

（2）多决策用户的权重计算。根据公式（10.20）得到的权值是根据单个决策用户的偏好算出的结果，如果决策用户有 Q 个，此时应急资源配置图路径的选择往往是由 Q 个决策用户共同商量而定的。假设这 Q 个决策用户的话语权值为 $\omega^k, k \in \{1,2,\cdots,q\}$，并且 $\sum_{k=1}^{q} \omega^k = 1$。此时，可以用调整的 LWAA 算子算出由多个决策用户共同作用的权重，具体如公式（10.21）所示：

$$\overline{w}_j = LWAA\omega^k(\omega_{1j}, \omega_{2j}, \cdots, \omega_{kj}, \cdots, \omega_{qj}) = \sum_{k=1}^{q} \omega^k \omega_{kj}, k \in \{1,2,\cdots,q\}, j \in \{1, 2,\cdots,n\} \tag{10.21}$$

通过公式（10.21）的计算，得到了多个决策用户共同影响的多属性的权值。

10.6.2.2 语言评价值的路径综合得分

因为实际应急资源配置路径的选择有很多的情况，有时候应急资源配置最优路径的选择是单个决策用户的行为，有些时候是多个决策用户的行为，所以综合得分的计算根据决策者的数量分为单个决策者和多个决策者两种算法。

（1）单个决策用户的路径综合得分。单用户的决策仅仅考虑决策者对应急资源配置路径属性的偏好和对路径的偏好，所以具体的算法过程如下所示：

①利用语言评价标度构建语言评价决策矩阵；

②如果各个属性评价标度不一致，则利用公式（10.14）、公式（10.15）把语言评价标度化为统一标度；

③输入决策用户对图路径的心理倾向性值 $\theta_i, i \in \{1,2,\cdots,m\}$ ；

④利用公式（10.20）求各个属性的综合权重；

⑤利用 LWAA 算子求出每条路径的综合得分。

（2）多个决策用户的路径综合得分。多个用户的路径，不仅要考虑决策者对路径属性的偏好和对路径的偏好，还要考虑多个用户的决策值的聚合问题，具体过程如下所示：

①利用语言评价标度构建语言评价决策矩阵；

②如果各个属性评价标度不一致，则利用公式（10.16）、公式（10.17）统一语言评价标度；

③输入决策者对图路径的心理倾向性值 $\theta_i, i \in \{1,2,\cdots,m\}$ ；

④利用公式（10.20）求单个用户对各个属性的权重；

⑤利用公式（10.21）求多个用户对各个属性的综合权重；

⑥利用 LWAA 算子对每位决策者对各个路径属性的评价信息 r_{ij} 进行集结，得到每个决策者对路径属性的综合评价值 $u_j^k, j \in \{1,2,\cdots,n\}, k \in \{1,2,\cdots,q\}$ ；

⑦利用 LWAA 算子对所有决策者对各个路径属性的综合评价值进行集结，得到所有决策者对路径的综合得分 $u_i, i \in \{1,2,\cdots,m\}$。

10.6.3 应急资源配置图的地标社团近似最优路径

在得到纯语言表述的路径综合得分的基础上，本部分主要讨论地标社团近似最优路径（本书简称 LCEOP），主要包括地标节点的选取、社团和标签的建立、近似最优路径的查询三部分。

10.6.3.1 应急资源配置图地标节点的选取

应急资源配置图地标节点的选取是很重要的一步，介数中心性的度量的前提是要计算每个节点对之间的最优距离，这是看似简单但是非常耗时。而度值中心性体现的是节点对其邻接点的直接影响力，一个节点的度值越大，和该节点有直接联系的邻接点就越多，也就越重要。度值中心性还具有计算复杂度低、消耗的时间少的特点，所以本部分以度值中心性为标准选取地标节点。

10.6.3.2　应急资源配置图社团和标签的建立

依据度值中心性得到的地标节点，然后计算节点与各个地标节点的最优值。如果节点 v_j 与地标节点 $Label_i$ 的最优值在所有地标节点中是最优的，就把该节点 v_j 划入地标 $Label_i$ 的社团。另外，为提高应急资源配置最优路径最优距离的计算效率，本部分使用路径共享的优化策略：在计算各个节点和各地标节点之间的最优距离过程中，如果遇到已访问的节点，且目的地标节点一致，可以直接形成级联即可[28]。

为了避免重复计算，在计算节点和地标节点的过程中，同时建立两个标签集 Synthesis_center ｛节点编号；节点所在的社团标号；目的地标节点编号；目的地标节点的社团编号；节点到目的地标的最优值；经过哪些节点｝ 和 Community_Node ｛社团编号；地标节点；该节点的编号；节点到社团地标节点最优值｝。这两个标签集的建立是近似最优距离查找的基础。

10.6.3.3　应急资源配置图近似最优路径的查询

近似最优距离的查找主要通过标签 Distance_center 的交集实现，具体分为两种，一种是上限路径的计算，另一种是近似最优路径的计算。上限路径的计算是一种粗略的计算，也是一个标准，如果近似最优路径计算出来的路径的最优值超过这个值，那肯定是不合理的，而近似最优路径的计算分为社团内部的查询和社团之间的查询。

（1）查询的三角不等式。

【定理 10.1】

一个可度量的应急资源配置图 G 中，d 表示应急资源配置图 G 中节点对之间的路径的最优值。假设存在任意的三个节点 s、u 和 t，则 $d(s,t)$ 的查询一定满足三角不等式 $d(s,t) \leqslant d(s,u) + d(u,t)$ 和 $d(s,t) \geqslant d(s,u) - d(u,t)$。

【证明】

设起点为 s，地标节点为 u，终点为 t，起点到地标节点最优路径的最优值为 $d(s,u)$ ，起点到终点最优路径的最优值为 $d(s,t)$ ，地标节点到终点最优路径的最优值为 $d(u,t)$。

第一，对于 $d(s,t) \leqslant d(s,u)+d(u,t)$，创建一个虚拟节点，延长起点到地标节点路径至虚拟节点，地标节点到虚拟节点 v 的路径的最优值和地标节点到终点的路径的最优值相等，起点到虚拟节点路径的最优值 $d(s,v)$ 如图 10.10 所示。

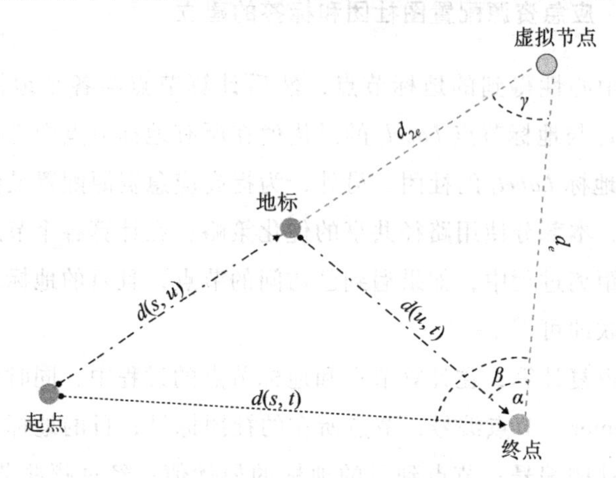

图 10.10 两边之和大于第三边

因为 $d_1 = d(u,t)$，所以 $\angle\gamma = \angle\alpha$；

因为 $\angle\alpha < \angle\beta$，所以 $d(s,v) > d(s,t)$；

因为 $d(s,v) = d(s,u) + d(u,v)$，所以 $d(s,t) < d(s,u) + d(u,t)$ 成立；

如果终点和虚拟节点重合，此时存在 $d(s,v) = d(s,u) + d(u,t)$；

所以 $d(s,t) \leqslant d(s,u) + d(u,t)$ 成立。

第二，对于 $d(s,t) \geqslant d(s,u) - d(u,t)$，假设 $d(s,u) > d(u,t)$，延长 $d(u,t)$ 至虚拟节点，使 $d(s,u) = d(u,t) + d_{2e}$，连接虚拟节点和起点并使其最优值为 d'_e，如图 10.11 所示。

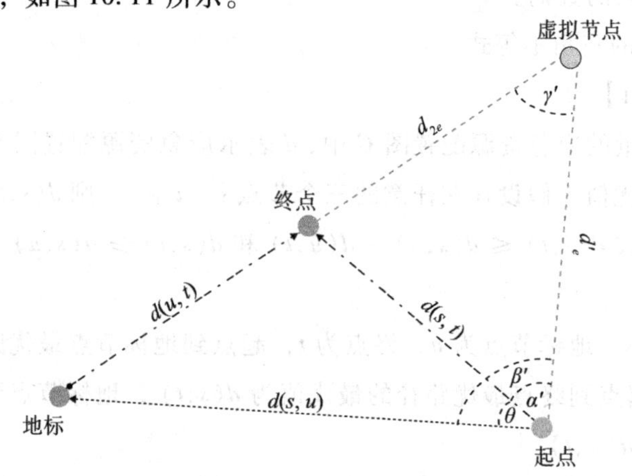

图 10.11 两边之差小于第三边

因为 $d(s,u) = d(u,t) + d_{2e}$，所以 $\angle\gamma' = \angle\beta'$；

因为 $\angle\alpha' = \angle\beta' - \theta = \angle\gamma' - \theta$，所以 $\angle\alpha' < \angle\gamma'$；

因为三角形的特点是大角对大边，所以 $d_{2e} < d(s,t)$；

因为 $d_{2e} = d(s,u) - d(u,t)$，所以 $d(s,u) - d(u,t) < d(s,t)$；

如果起点和虚拟节点重合，此时存在 $d(s,v) = d(s,u) + d(u,t)$；

所以 $d(s,t) \geqslant d(s,u) - d(u,t)$ 成立。

综上所述，定理 10.1 成立。

（2）应急资源配置图社团内部的查询。根据定理 10.1 的描述，上限路径的计算结果只是一个粗糙的值，如果要得到更加准确的近似最优路径，本部分在上限路径确定的基础上，计算社团的两个边界点之间的最优路径。

如图 10.12 所示，应急资源配置图上限路径是源节点到社团的边界点 label_source，边界点 label_source 到所在社团的地标节点，由地标节点再到 label_target，最后 label_target 到目标节点，其路径最优值是 $d_{up} = d_s + d_1 + d_2 + d_t$；经过调整过后的近似最优是上限路径，是源节点到社团的边界点 label_source，边界点 label_source 到 label_target，最后 label_target 到目标节点，其路径最优值是 $d_o = d_s + d_3 + d_t$；很明显 $d_o < d_{up}$，这符合定理 10.1 所述的理论。

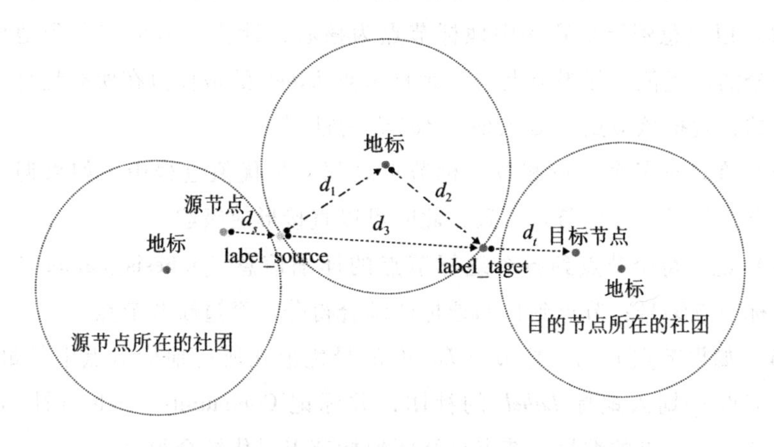

图 10.12　应急资源配置图不同社团的查询

（3）应急资源配置图社团内部的查询。在定理 10.1 的基础上，如果查询的源节点和目标节点在同一个社区内，因为标签集中记录的是节点到地标的最优路径，所以也需要调整最优路径。

如图 10.13 所示，标签集里记录的是上限路径，也就是源节点到地标节点，地标节点到目标节点，其路径最优值是 $d_{up} = d_1 + d_2$。因为是在同一个社团内部，大大减少了数据量，所以直接求解源节点和目标节点的最优路径，其路径最优值是 $d_o = d_3$，很明显 $d_o < d_{up}$，这也符合定理 10.1 所述的理论。

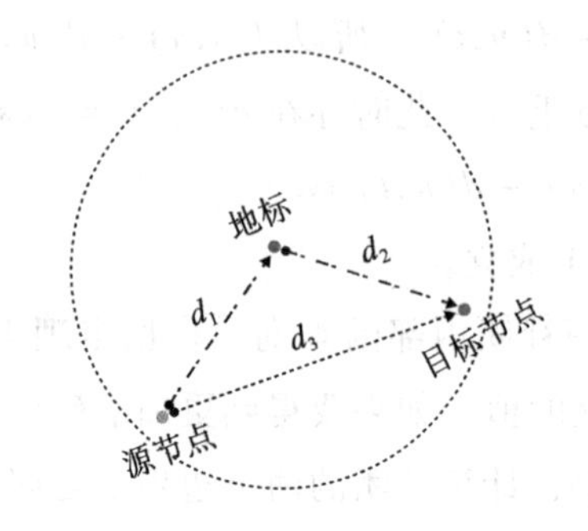

图 10.13 应急资源配置同一社团的查询

10.6.3.4 LCEOP 算法过程

通过地标节点的选取、社团和标签的建立和近似最优路径的查询三个方面的描述，具体的地标社团近似最优路径的查询过程如下：

（1）对应急资源配置图中的节点按公式（10.2）的重要性找到地标节点。

（2）以应急资源配置图中地标节点为核心，计算非地标节点到地标节点综合得分的最优值。如果节点 v_j 与地标节点 $Label_i$ 的最优值在所有地标节点中是最优的，就把该节点 v_j 划入地标 $Label_i$ 的社团。

（3）在计算各个节点和各地标节点之间的最优值过程中，如果遇到已访问的节点，且目标地标节点一致，此时可以直接形成级联。

（4）记录每个节点到各个地标节点的详细信息 Synthesis_center {节点编号；地标节点编号；节点到目的地标的综合得分；经过哪些节点}。

（5）如果节点 v_j 与地标节点 $Label_i$ 的最优值在所有地标节点中是最优的，就把该节点 v_j 划入地标 $Label_i$ 的社团，并标记 Community_Node {社团编号；地标节点；该节点的编号；节点到社团地标节点最优综合得分}。

（6）在 Synthesis_center {节点编号；地标节点编号；距离；经过哪些节点} 中加入节点所在的社团编号和目的地标节点的社团编号，更新后的 Synthesis_center {节点编号；节点所在的社团标号；目的地标节点编号；目的地标节点的社团编号；节点到目的地标的距离；经过哪些节点}。

（7）通过标记 Synthesis_center 的交集即可找到源点 s 和目标节点 t 的上限

路径，即上限路径的最优值为 Score_upper = distance1 + distance2。如果粗略计算，到此就可结束了；如果精确计算就转（8）。

（8）如果查询节点 *s* 和 *t* 为同一社团，只需在同一社团内部查询源节点 *s* 和目标节点 *t* 的最优路径即可。

（9）如果 *s* 和 *t* 为不同社团，首先在 Synthesis_center 的交集中找出两个最外层的节点 label_source 和 label_taget。具体过程是：依据上限路径的计算，已经确定了地标节点，依据 Synthesis_center 标签中记录的“经过哪些节点”的逆序，然后分别按“源点”到“目的地标节点”和“终点”到“目的地标节点”在 Community_Node {社团编号；地标节点；该节点的编号；节点到社团地标节点的最短距离} 中查找。

（10）用 *s* 到交集地标节点的距离 Score1 减去 label_source 到地标节点的距离 Score_s1，并标记为 Score_sls；用 *t* 到交集地标节点的距离 Score2 减去 label_target 到地标节点的距离 Score_s2，并标记为 Score_slt；再求出同一社团内的节点 label_source 和 label_taget 的最短距离 Score_st；最后得到精确的最短距离 Score_exact = Score_sls + Score_slt + Score_st。

（11）最后输出标记 {源节点 *s* 编号；目标节点 *t* 的编号；经过的节点；最短距离；查询时间}。

10.6.4　性能比较分析

10.6.4.1　语言值处理的比较分析

语言值的处理分为多决策者的算法和单用户决策者的算法。在实验的设计中，边的数量由 1500 条变化到 7500 条，此时观察这两种算法，分别计算每个节点边的综合指数的时间，如图 10.14 所示。

通过图 10.14 可以得到，多决策者处理单个节点边的时间均值是 0.144 秒，标准差是 0.002236 秒；单决策者处理单个节点边的时间均值是 0.04791 秒，标准差是 0.002009 秒。通过比较发现：第一，多决策者所用的时间比单决策者的要多，这主要是多决策者的算法不但要融合不同的语言值，还要融合不同的决策者，所以算法相对于单决策者来讲要复杂一些；第二，标准差区别不大说明两者分别处理单一任务时的时间变化相似。

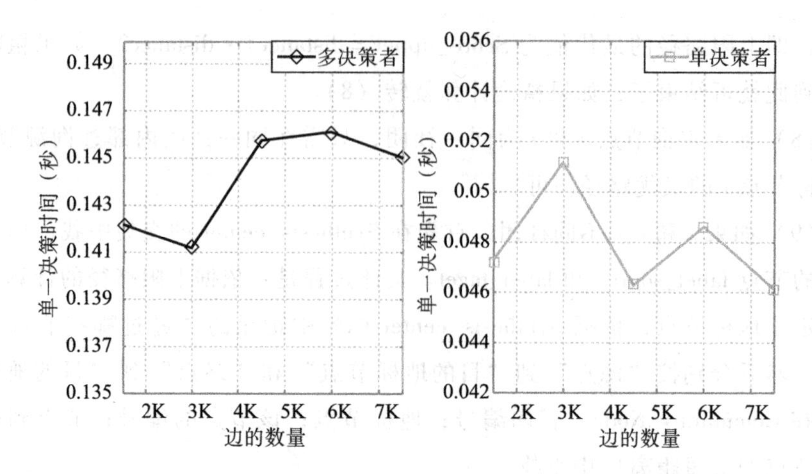

图 10.14　多决策者和单决策者的时间比较

10.6.4.2　近似计算准确率的分析

本算法查询的是近似的应急资源配置的最优路径，所以查询结果的准确率是很重要的指标。本部分的准确率 $\sigma = 1 - (|\tilde{d}| - |d|)/|d|$ ，其中，$\tilde{d}$ 为仓储到灾点的路径的近似最优值，d 为实际的最优值。在设计实验时本部分分别取 10K 条边到 30K 条边，然后分析在边数变化的情况下该算法的准确率。

通过图 10.15 发现，本章算法的准确率在 0.92 以上，近似计算的均值为 0.9542，标准方差为 0.02255，这说明在近似查询的离散程度较小，能较好地反映最优路径；上限查询的平均值为 0.8957，标准方差为 0.0217，这说明上限查询较好地起到了阈值的作用，实际上如果在要求不太精确的情况下，也能为用户提供快捷的结果。

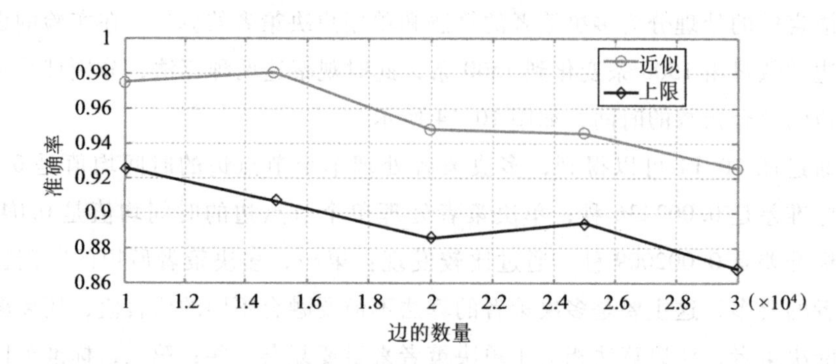

图 10.15　准确率的分析

参考文献

[1] Robert Geisberger, Peter Sanders, Dominik Schultes, et al. Contraction hierarchies Faster and simpler hierarchical routing in road networks [C]. Proceedings of the International Workshop of Experimental Algorithms 2008: pp. 319 - 333.

[2] Michael Rice, Vassilis J. Tsotras. Graph Indexing of Road Networks for Shortest Path Queries with Label Restrictions [C]. Proceedings of the International Conference on Very Large Data Bases. 2010, 4 (2): 69 - 80.

[3] Vincent D. Blondel, Jean - Loup Guillaume, Renaud Lambiotte, et al. Fast unfolding of communities in large networks [J]. Journal of Statistical Mechanics: Theory and Experiment. 2008 (10): 155 - 168.

[4] Jaynes E. T. Information Theory and Statistical Mechanics [J]. Physical Review, 1957, 106 (4): 620 - 630.

[5] Abbasbandy S., Hajjari T. A new approach for ranking of trapezoidal fuzzy numbers [J]. Computers & Mathematics with Applications, 2009, 57 (3): 413 - 419.

[6] Jin X., Mobasher B., Zhou Y. A Web recommendation system based on maximum entropy [C]. International Conference on Information Technology: Coding & Computing, 2005 (1): 213 - 218.

[7] 徐泽水，达庆利. 多属性决策的组合赋权方法研究 [J]. 中国管理科学，2002, 10 (2): 84 - 87.

[8] Wang, T. C., Lee, H. D., Developing a fuzzy TOPSIS approach based on subjective weights and objective weights [J]. Expert Systems with Applications, 2009, 36 (5): 8980 - 8985.

[9] 彭勃. 纯语言多属性群决策方法及其应用研究 [D]. 上海：上海理工大学，2014.

[10] 徐泽水. 纯语言多属性群决策方法研究 [J]. 控制与决策，2004, 17 (7): 778 - 786.

[11] 李明哲，金俊，石瑞银. 图论及其算法 [M]. 北京：机械工业出版

社 . 2010. 10.

[12] Gary Chartrand, Ping Zhang. Introduction to Graph Theory [M]. New York: McGraw - Hill Higher Education, 2005.

[13] Wang H. , He H. , Yang J. , et al. Dual labeling: Answering graph reachability queries in constant time [C]. Proceedings of the International Conference on Data Engineering, 2006: 75 - 75.

[14] 李锴，何永锋，吴纬，刘福胜等 . 基于节点重要度的复杂网络可靠性研究 [J]. 计算机应用研究，2017，35.

[15] Shannon C. E. A mathematical theory of communication [J]. Bell System Technical Journal, 1948. 27: 379 - 423.

[16] 姜丹 . 信息论与编码 [M]. 合肥：中国科学技术大学出版社，2002.

[17] 徐泽水 . 不确定多属性决策方法及应用 [M]. 北京：清华大学出版社，2004.

[18] 戴跃强，徐泽水，李琰，达庆利 . 语言信息评估新标度及其应用 [J]. 中国管理科学，2008，16 (2)：145 - 149.

[19] 李晓冰，徐扬，邱小平 . 不同语言值集下的多属性群决策方法 [J]. 计算机工程与应用，2011，47 (22)：27 - 32.

[20] 许叶军，达庆利 . 基于不同粒度语言判断矩阵的多属性群决策方法 [J]. 管理工程学报，2009，23 (2)：69 - 73.

[21] Robert Geisberger, Peter Sanders, Dominik Schultes, et al. Contraction hierarchies Faster and simpler hierarchical routing in road networks [C]. Proceedings of the International Workshop of Experimental Algorithms 2008: pp. 319 - 333.

[22] Robert Geisberger. Contraction hierarchies Faster and simpler hierarchical routing in road networks [D]. Karlsruhe: Universität Karlsruhe (TH). 2008.

[23] Dominik Schultes. Route Planning in Road Networks [D]. Karlsruhe: Universität Karlsruhe (TH), 2008.

[24] Ankita Likhyani, Srikanta Bedathur. Label Constrained Shortest Path Estimation [C]. In Proceedings of the 22nd ACM International Conference on Information and Knowledge Management. San Francisco, CA, USA. 2013: 1177 - 1180.

[25] San Francisco Road Network [EB/OL]. http: //www. datatang. com/

data/15935.

［26］ Beijing new Road network ［EB/OL］. http：//www. datatang. com/data/45422.

［27］ 张玉霞，刘卫锋，何霞. 语言多属性决策的一种组合方法 ［J］. 数学的实践与认识，2014，44 (23)：140 - 145.

［28］ Frank Tetzel. Don't Walk Twice：Path Sharing for Regular Path Queries on Large Graphs ［C］. In Proceedings of the 2017 ACM Sigmod international conference on Management of data.，Chicago，IL，USA. 2017：25 - 27.

第11章　复杂多属性应急资源配置图的 TOP – K 路径

11.1　应急资源配置 TOP – K 路径研究的目标和思路

当前，瞬息万变的信息世界，用户各种各样，个性化的需求导致复杂多属性决策优化查询技术成为迫切需要解决的问题。另外，仅仅提供某个决策的最优解已无法满足额外实际需要，而 TOP – K 最优路径技术是解决上述问题的有效技术。TOP – K 最优路径技术主要包括不允许节点重复的算法、可重复节点的算法、索引等。但这些技术主要建立在单属性的基础上，而对于复杂的多属性决策问题并没有过多的介绍。

分析了应急资源配置图道路中属性的复杂情况之后，有学者提出了三种不同的复杂属性的 TOP – K 路径处理技术。

第一种算法针对不确定性数据为主的混合多属性路径，提出用 TOPSIS 和分离路径技术相结合的算法解决应急资源配置 TOP – K 路径查询（简称 Tdp 算法）。它首先用 TOPSIS 技术和极值处理方法解决了复杂的混合多属性的路径决策问题，并算出每条路径的综合得分；其次，在分析了 Yen 算法后，提出了基于应急资源配置图分块双向最优路径思想的 TOP – K 路径技术；最后，通过对 Tdp 算法和 Yen 算法的比较分析，证实 Tdp 算法是改善了 TOP – K 的最优路径技术。

第二种算法针对应急资源配置图中道路的属性中存在大量的模糊数据的情况，提出了 FMPGA 算法。首先，本算法以实际的应急资源配置交通为例，详细地分析了实际应急资源配置交通的模糊数据的情况，用模糊多属性决策的算法得到了每条路径的综合得分；其次，详细分析了遗传算法的特点，提出了遗传算法和分离点思想相结合的TOP－K路径技术；再次，为防止遗传算法中因为交叉和变异产生的无效路径，引入移位的方法[1]，最后，通过对FMPGA算法和Yen算法的比较分析，证实FMPGA算法是改善了TOP－K的最优路径技术。

第三种算法针对决策用户对道路判断存在犹豫模糊语言的情况，提出了HTLCEOKP算法。首先，本算法以犹豫模糊语言集为对象，详细分析了犹豫模糊语言，结合TOPSIS得到了每条路径的综合得分；其次，详细分析了应急资源配置最优化路径的基础上，提出了标签、社团和分离点思想相结合的TOP－K路径技术；最后，通过实验和性能的比较分析，证实HTLCEOKP算法是有效的处理犹豫模糊语言的TOP－K应急资源配置的最优路径技术。

11.2　应急资源配置TOP－K路径的价值及定义

复杂多属性应急资源配置图TOP－K路径技术是最优化路径的延伸，它解决了人们对现实世界应急路径的选择。因为每个用户在决策源节点到目标节点的路径时受制于许多属性，这些属性有可能是道路方面的，也可能是决策用户自身的，还有可能是其他外在的属性。所以，决策用户在考虑应急资源配置路径的规划时，必须考虑这些纷繁复杂的属性后才能制定满足决策用户实际要求的路径。这些属性本身具有不同的特征，有些是精确值，有些是不确定值，我们必须多方考虑。另外，很多属性具有不确定的特点，例如实际道路中车辆的速度等。这又面临一个新的问题，即如何把这些不确定的属性量化并应用到路径的决策中，给出一个合理的路径评价结果。

在考虑这些复杂的属性之后，再根据复杂多属性应急资源配置图的情况对节点之间的每条路径做出评价。有了这些评价之后，应急资源配置图路径的规划又面临一个难题，就是决策用户对路径的规划有时也不止一条。所以，在考虑选出最优化路径后，决策用户还需要考虑一些备选路径，以便在最优路径出现状况后重新选择。而应急资源配置TOP－K路径技术恰恰能很好地解决这一问题。

针对上述的问题，笔者分别提出了针对混合的多属性、模糊数据和犹豫模糊语言的三个决策方案，很好地解决了应急资源配置图路径的复杂多属性的综合评价问题。同时，根据现有的应急资源配置图 TOP - K 路径技术提出了分块双向查询、修正的遗传算法和标签社团的三种方法，很好地解决了优化路径和备选路径的查询问题。经过与一些经典算法的比较，TOP - K 技术的确能改善优化路径的查询。

本章所用到的符号及说明如表 11.1 所示。

表 11.1 符号及说明

符号	说明
$\hat{a}$	区间数的表示方法
$\mu_A(x_0)$	x_0 对 A 的隶属度
p_i	第 i 条路径
Ω	候选优化的路径集合
Ψ	最优路径集合
D	分离点集合
$\kappa(G)$	图 G 的点连通度
S	语言术语集
H_S	S 上的一个犹豫模糊语言术语集
G_H	犹豫模糊语言术语集的语法规则
E_{G_H}	转换语言的函数

11.3 应急资源配置 TOP - K 路径分析

TOP - K 问题最早由 Hoffman 和 Pavley[2] 在 20 世纪 50 年代提出，具有广阔的应用背景[3,4]。TOP - K 问题的研究对于满足复杂多属性的最优路径问题等具有重要意义，多年来一直受业界的广泛关注。

11.3.1 复杂多属性应急资源配置决策分析

复杂多属性应急资源配置决策一般都涉及决策矩阵的规范化、各属性权重的确定和方案的综合排序三方面内容。属性按其性质分为定量和定性两种，决策方案的各属性取值有精确数、区间数、模糊数等形式。不确定性的属性决策问题在人们的日常生活及工作中普遍存在。由于客观事物的复杂性、不确定性以及用户或决策者思维的模糊性，在决策中，数据往往难以给出精确数值，而以不确定数的形式给出，这时就更凸显出处理不确定性属性数据的重要性。

另外，由于各属性值往往具有不同的量纲，为了便于决策，规范化处理不同的量纲也就成了复杂多属性决策前重要的一步，且规范化处理的方法不同也将对决策的结果有一定影响。多属性决策的常用方法有简单线性加权法、理想点法、层次分析法等。其中，理想点方法主要通过构造复杂多属性决策问题的正理想解和负理想解，计算各备选方案与正负理想解的距离，以靠近正理想解和远离负理想解两个基准作为评价依据来确定方案的排序。理想解具有直观的几何意义，对原始数据的利用比较充分，信息损失比较少，应用范围广，是一种有效的多属性决策方法。

但是，这些复杂多属性的决策技术在混合属性的处理上文献介绍得不多，尤其是语言值等不确定值和精确值的混合决策更是较少，对于界限不明的属性值的决策技术也较少提及。另外，这些复杂多属性应急资源配置的决策技术很少用在路径的查询中，尤其在 TOP－K 路径的优化技术方面更是少见。

11.3.2　复杂多属性应急资源配置 TOP－K 路径的分析

目前，TOP－K 路径主要包括节点不重复、节点重复、分离点、索引和剪枝等技术，也取得了很好的效果。这些技术一般考虑的是时间、费用等单属性的优化问题，但实际应急资源配置是多个因素共同影响的结果，不同节点之间的关系可以从多个角度来进行考察，因而描述这些关系的边就需要用多个属性来进行刻画。例如，在现实世界中距离的 TOP－K 路径不一定就是真正需要的结果，这是因为在实际的道路中有时间、距离、费用、道路的拥堵状况、车流量的大小、安全性、舒适性、拥挤程度、车道数、道路质量等级、行人及非机动车数量、交通事故率、行程费用、沿途景观等众多因素。另外，从驾驶人的角度考虑，理想 TOP－K 路径的确定过程应综合考虑出行的主要因素，并充分体现驾驶人的主动性等，尤其是驾驶员等决策用户在路径的判断时出现的犹豫模糊语言。因此，在描述该应急资源配置图模型中，边上的代价应该是多维的，进而任意两个节点间路径的评价应该也是多维的。所以，决策用户对 TOP－K 路径的选择应该是基于多维代价的综合考虑，仅仅依靠某一属性代价做出的最优路径选择并不明智。因此，如何根据用户的喜好，综合考虑各种复杂的属性约束，返回给决策用户满意的 TOP - K 应急资源配置路径成为一个重要的问题。

11.4 应急资源配置 TOP - K 路径理论及优化

11.4.1 应急资源配置 TOP - K 路径

如果在应急资源配置图 $G(V,E,W)$ 中，V 为应急资源配置图中节点的集合，E 为应急资源配置图中边的集合，W 为对应边的权值。假定 s 和 t 是应急资源配置图 G 中的两个节点，其中，s 为源点，t 为终点，从 s 到 t 的路径 p 由节点序列表示，即 $p = (s,v_1,v_2,\cdots,v_t,t)$ ，其中，$1 < t \leqslant n$ ，并且对于所有的 $j = (1,2,\cdots,h-1)$ ，都有 $(v_j,v_{j+1}) \in E$ 。权值 $w(p_k)$ 为 p_k 上所有边的权值之和，即 $w(p_k) = \sum (i,j) \in pw_{ij}$。

从 s 到 t 的路径集合用 P_{st} 表示。最优化路径问题是要找到应急资源配置图 G 中从 s 到 t 的具有最优权值的路径 p_{min} 。应急资源配置图 TOP - K 路径问题是对最优化路径问题的推广，它除了要确定最优路径之外，还要确定次优化路径、第三优化路径……直到第 k 条优化路径为止。

设应急资源配置图 TOP - K 路径集合记为 P_k ，其中，$P_k = \{p_1,p_2,\cdots,p_k\}$ ，且这些路径必须满足下面三个条件：第一，k 条应急资源配置路径是按次序产生的，即对于所有的 $i(i = 1,2,3,\cdots,k)$ ，p_i 是在 p_{i+1} 之前确定的；第二，k 条应急资源配置路径是按权值由小到大排列的，即对于所有的 $i(i = 1,2,3,\cdots,k)$ ，都有 $w_{p_i} \leqslant w_{p_{i+1}}$ ；第三，k 条应急资源配置路径是优化的，即对于所有的 $p \in P_{st} - P_k$ ，都有 $w(p_k) < w(p)$。

11.4.2 多属性决策理论

首先定义一个应急资源配置图 $G = (V,E,A,I)$ ，其中，V 是节点的集合，E 是边的集合，A 是现实世界的多属性值的集合，且 $A \subset R$ ，其中，$A = \{a_1,$

$a_2,\cdots,a_i,\cdots,a_n\}$，$a_i$ 为第 i 个属性，$I:E\to A$ 是一个函数过程，分配各个边 $e\in E$ 一个综合评价指数 $I(e)$。

一条从 u 到 v 的应急资源配置路径 $P(u,v)=\{u,v_1,\cdots,v_d,v\}$，其中，$\{u,v_1,\cdots,v_d,v\}\subseteq V$，$\{(u,v_1),\cdots,(v_d,v)\}\subset E$，如果边 e 是应急资源配置路径 P 的一条边，我们说 e 属于 P，标记为 $e\in P$。

如果应急资源配置图的每条边有多个属性，而且每个属性都对应一个值。另外，对于不确定的取值采用区间数来表示。这样，每个节点出边的各个属性构成的决策矩阵如公式（11.1）所示。

$$D=\begin{bmatrix} d_{11} & \cdots[d_{1i^*}^{down},d_{1i^*}^{up}]\cdots & d_{1i} & \cdots & d_{1n} \\ \vdots & \cdots & \vdots & \cdots & \vdots \\ d_{i1} & \cdots[d_{ii^*}^{down},d_{ii^*}^{up}]\cdots & d_{ii} & \cdots & d_{in} \\ \vdots & \cdots & \vdots & \cdots & \vdots \\ d_{m1} & \cdots[d_{mi^*}^{down},d_{mi^*}^{up}]\cdots & d_{mi} & \cdots & d_{mn} \end{bmatrix} \tag{11.1}$$

在公式（11.1）中，$M=\{1,2,\cdots,m\}$ 为出边的下标集合，$N=\{1,2,\cdots,n\}$ 为属性的下标集合，例如 $d_{i1},\cdots,[d_{ii^*}^{down},d_{ii^*}^{up}],\cdots,d_{ii},\cdots,d_{in}$ 为第 i 条出边的所有属性值。另外，$[d_{ii^*}^{down},d_{ii^*}^{up}]$ 表明第 i^* 个属性不是一个精确值，而是一个不确定值。此时 $D=\{d_{ij}\}_{m\times n}$ 为边的多属性决策问题的决策矩阵。

11.4.3　区间数理论

区间数本质是不确定的，它实际上是一个闭区间上所有实数所组成的集合。因为在应急资源配置图数据的路径上也有很多不确定性的属性，这些路径属性可以用区间数表示，例如应急道路的宽度。不同的应急道路等级决定了它的宽度是不同的，但按规定宽度应该有个下限和上限，所以可以考虑用区间数表示应急道路的宽度，即［下限，上限］。

【定义 11.1】

设 R 为实数域，闭区间 $\tilde{a}=[a^l,a^u]$ 为闭区间数，其中，$a^l,a^u\in R$，并且 $a^l\leqslant a^u$，a^l 和 a^u 分别表示区间数的下限和上限。当 $a^l=a^u$ 时，区间数就退化成精确数[5,6]。实数域上区间数的全体记为 $I(R)$，显然 $R\in I(R)$，即区间数是实数的推广，实数是区间数的特例。设两区间数 $\hat{a}=[a^{down},a^{up}]$，$\hat{b}=[b^{down}$，

b^{up}]，如果区间数相等，则满足 $a^{down}=b^{down},a^{up}=b^{up}$。

11.4.3.1 区间数的计算规则

假设应急资源配置图数据的路径属性有两个区间数 $\hat{a}=[a^l,a^u],\hat{b}=[b^l,b^u]$，区间数的加减乘除等计算规则如下：

加法规则：

$$\hat{a}+\hat{b}=[a^l+b^l,a^u+b^u] \tag{11.2}$$

减法规则：

$$\hat{a}-\hat{b}=[a^l-b^l,a^u-b^u] \tag{11.3}$$

乘法规则：

$$\hat{a}\cdot\hat{b}=[\min(a^l\cdot b^l,a^l\cdot b^u,a^u\cdot b^l,a^u\cdot b^u),\max(a^l\cdot b^l,a^l\cdot b^u,a^u\cdot b^l,a^u\cdot b^u)] \tag{11.4}$$

除法规则：

$$\hat{a}\cdot\hat{b}=[\min(a^l/b^l,a^l/b^u,a^u/b^l,a^u/b^u),\max(a^l/b^l,a^l/b^u,a^u/b^l,a^u/b^u)] \tag{11.5}$$

乘方规则：

$$(\hat{a})^n=[\min\{(a^l)^n,(a^u)^n\},\max\{(a^l)^n,(a^u)^n\}] \tag{11.6}$$

开方规则：

$$\sqrt[n]{\hat{a}}=\sqrt[n]{[a^l,a^u]}=[\sqrt[n]{a^l},\sqrt[n]{a^u}](a>0) \tag{11.7}$$

指数规则：

$$e^{\hat{a}}=[e^{a^l},e^{a^u}],\text{其中 } e>1,a>0 \tag{11.8}$$

对数规则：

$$\log_e^{\hat{a}}=[\log_e^{a^l},\log_e^{a^u}],\text{其中 } e>1,a>0 \tag{11.9}$$

相等规则：

$$\text{如果 } \hat{a}=\hat{b}\text{，则 } a^l=b^l,a^u=b^u \tag{11.10}$$

通过上述规则的计算，由这些应急资源配置图数据属性的区间数得到新的区间数。

11.4.3.2 区间数间的距离和排序

【定义 11.2】

设有两个区间数 $\hat{a}$ 和 $\hat{b}$，$x,y \in [0,1]$，$a_x = (1-x)a^{down} + xa^{up}$，$b_y = (1-y)b^{down} + yb^{up}$ 分别为其真值，将两区间数中每一点的差值考虑进去，定义 $d(\hat{a},\hat{b}) = \int_0^1\int_0^1 |a_x - b_y| d_x d_y$，显然 d 是 $\hat{a}$ 与 $\hat{b}$ 之间的度量。

在实际应用中，区间数之间的度量很多仅考虑两区间数的上下限值，但这一类方法的最大不足在于所定义的度量不能满足视觉的合理性[7]。例如：$\hat{a} = [-1,3]$，$\hat{b} = [1,3]$ 与精确数 $\hat{c} = [0,0]$，c 在 $\hat{a}$ 里而在 $\hat{b}$ 外，一般希望 $\hat{c}$ 与 $\hat{a}$ 的距离小于 $\hat{c}$ 与 $\hat{b}$ 的距离，但在实际应用中 $d(\hat{a},\hat{c}) = d(\hat{c},\hat{b}) = 2$。

【定义11.3】

区间数 $\hat{a} = [a^{down}, a^{up}]$ 的宽度定义为：$\Delta\hat{a} = a^{up} - a^{down}$。区间数的中点定义为：$m(\hat{a}) = \frac{1}{2}(a^{up} + a^{down})$，则两区间数 $\hat{a}$ 和 $\hat{b}$ 之间的距离[6]为：$d(\hat{a},\hat{b}) = |[m(\hat{a}) - m(\hat{b})]|$。

利用定义11.3得到 $d(\hat{a},\hat{c}) = 1$，$d(\hat{c},\hat{b}) = 2$，显然应该是 $\hat{c}$ 与 $\hat{a}$ 的距离小于 $\hat{c}$ 与 $\hat{b}$ 的距离，这也满足了视觉合理性。

【定义11.4】

设 $\hat{a} = [a^l, a^u]$，$\hat{b} = [b^l, b^u]$ 为任意两个区间数，记 $m_{\hat{a}} = a^u - a^l$，$m_{\hat{b}} = b^u - b^l$，则称 $p(\hat{a} \geqslant \hat{b}) = \max\{1 - \max\left(\frac{b^u - a^l}{m_{\hat{a}} + m_{\hat{b}}}, 0\right), 0\}$ 为 $\hat{a} \geqslant \hat{b}$ 的可能度，记 $\hat{a}$ 和 $\hat{b}$ 的次序关系为 $\hat{a} \geqslant_p \hat{b}$。

11.4.3.3　应急资源配置区间规范与不确定数据

由于应急资源配置交通中的实际交通流量、行车速度、行车安全性等路径评价指标是动态变化的，具有较大的不确定性和随机性，而决策用户对路径的个性化需求也会随时间、心情、目的的不同而发生变化，因此，交通路网的各评价指标在一定范围内是随机变化的，也就不能简单量化为一个精确值。因此，将应急资源配置交通路网的某些属性表达为一个区间数则更为合理。

设 $\hat{d}_{ij}$ 为第 i 条路径的第 j 个属性的区间属性值。例如，应急物流的时间的区间为 $[a'_j, a_j^u]$，a_j^l 为时间的下限，a_j^u 为时间的上限。关于区间属性值规范化的方法按照效益型或成本型处理：

对于路径效益型的属性值：

$$r_{ij}^{l} = \frac{d_{ij}^{l}}{\sqrt{\sum_{k=1}^{n}(d_{ij}^{l})^{2}}}, i = 1,2,\cdots,m; j = 1,2,\cdots,n \tag{11.11}$$

$$r_{ij}^{u} = \frac{d_{ij}^{u}}{\sqrt{\sum_{k=1}^{n}(d_{ij}^{u})^{2}}}, i = 1,2,\cdots,m; j = 1,2,\cdots,n \tag{11.12}$$

对于路径成本型的属性值：

$$r_{ij}^{l} = \frac{\frac{1}{d_{ij}^{l}}}{\sqrt{\sum_{k=1}^{n}(1/d_{ij}^{l})^{2}}}, i = 1,2,\cdots,m; j = 1,2,\cdots,n \tag{11.13}$$

$$r_{ij}^{u} = \frac{\frac{1}{d_{ij}^{u}}}{\sqrt{\sum_{k=1}^{n}(1/d_{ij}^{u})^{2}}}, i = 1,2,\cdots,m; j = 1,2,\cdots,n \tag{11.14}$$

但由公式（11.11）、公式（11.12）、公式（11.13）、公式（11.14）规范的区间数并没有改变区间数的性质，在和其他精确属性值的混合处理时，会造成一定的困难。所以，为了方便多种混合属性值的统一处理，本部分采用极值的处理方法，把区间的属性值转化为精确值。其中，$\hat{g}^{j}$ 为最优参考区间，$\hat{s}^{j}$ 为最劣参考区间，具体的处理方法见公式（11.15）和公式（11.16）。

对于路径效益型的属性值：

$$r_{ij} = \frac{d(\hat{d}_{ij},\hat{s}^{j}) - \min_{\forall i}[d(\hat{d}_{ij},\hat{s}^{j})]}{\max_{\forall i}[d(\hat{d}_{ij},\hat{s}^{j})] - \min_{\forall i}[d(\hat{d}_{ij},\hat{s}^{j})]} \tag{11.15}$$

对于路径成本型的属性值：

$$r_{ij} = \frac{\max_{\forall i}[d(\hat{d}_{ij},\hat{g}^{j})] - d(\hat{d}_{ij},\hat{g}^{j})}{\max_{\forall i}[d(\hat{d}_{ij},\hat{g}^{j})] - \min_{\forall i}[d(\hat{d}_{ij},\hat{g}^{j})]} \tag{11.16}$$

11.4.4 模糊数理论

1965 年，L. A. Zadeh 教授首次提出了模糊的概念[8]，由此模糊数学作为一个新的领域被广大研究人员所关注。例如，应急资源配置图数据路径属性中的道路的畅通与不畅通、决策用户对道路的熟悉与不熟悉等，这些属性表明研究目标之间没有绝对明确和永恒不变的界限。换句话说，模糊是指研究目标之间区分的不明确性。

11.4.4.1　模糊集合的理论

【定义 11.5】

论域 X 到闭区间［1，0］上的任意映射 μ_A 为：$X \to [0,1], x \to \mu_A(x)$ 都确定 X 上的一个模糊集合 A，μ_A 叫作 A 的隶属函数，$\mu_A(x)$ 叫作 x 对模糊集 A 的隶属度，记为：$A = \{[x, \mu_A(x)] \mid x \in X\}$，其中使 $\mu_A(x) = 0.5$ 的点 x_0 被称为模糊集 A 的过渡点，此点具有模糊性。

显然，模糊集合 A 完全由隶属函数 μ_A 来刻画，当时 $\mu_A(x) = \{0,1\}$ 时，A 退化为一个普通集。

（1）模糊集合的表示方法。当论域 X 为有限集时，记 $X = \{x_1, x_2, \cdots, x_n\}$，则论域 X 上的模糊集 A 有下列三种常见的表示形式：

①zadeh 表示法：

$$A = \sum_{i=1}^{n} \frac{\mu_A(x_i)}{x_i} = \frac{\mu_A(x_1)}{x_1} + \frac{\mu_A(x_2)}{x_2} + \cdots + \frac{\mu_A(x_n)}{x_n} \tag{11.17}$$

②序偶表示法：

$$A = \{[x_1, \mu_A(x_1)], [x_2, \mu_A(x_2)], \cdots, [x_n, \mu_A(x_n)]\} \tag{11.18}$$

③向量表示法：

$$A = \{\mu_A(x_1), \mu_A(x_2), \cdots, \mu_A(x_n)\} \tag{11.19}$$

假设图数据的路径中存在 10 条路径，分别用序号标注为｛1，2，3，4，5，6，7，8，9，10｝，道路通行良好条件的隶属度 $\mu_A(x_i)(i = 1,2,\cdots,10)$ 为｛0，0.3，0，1，1，0.7，0.8，0.4，0，1｝，则分别用上述方法表示的模糊集合为：$A = \left\{\frac{0}{1}, \frac{0.3}{2}, \frac{0}{3}, \frac{1}{4}, \frac{1}{5}, \frac{0.7}{6}, \frac{0.8}{7}, \frac{0.4}{8}, \frac{0}{9}, \frac{1}{10}\right\}$，$A = \{(1, 0), (2, 0.3), (3, 0), (4, 1), (5, 1), (6, 0.7), (7, 0.8), (8, 0.4), (9, 0), (10, 1)\}$，$A = \{0, 0.3, 0, 1, 1, 0.7, 0.8, 0.4, 0, 1\}$。

（2）隶属度的计算。隶属度是模糊数学的基本思想理论，所以隶属度函数是模糊数学中构建模糊模型的关键，隶属度计算的主要方法有如下几种。

①模糊统计方法：模糊统计方法是以模糊统计实验为基础的方法。模糊统计试验包含四个方面：第一，论域 X；第二，X 中的一个固定元素 x_0；第三，X 中一个随机变动的集合 A^*；第四，X 中一个以 A^* 作为弹性边界的模糊集合 A，对 A^* 的变动起制约作用，其中，$x_0 \in A^*$，或者 $x_0 \notin A^*$，致使 x_0 对 A 的关系是不确定的。

假设做 n 次模糊统计试验，则可计算出：

$$x_0 \text{ 对 } A \text{ 的隶属度频率} = \frac{x_0 \in A^* \text{ 的次数}}{n} \tag{11.20}$$

实际上，当 n 不断增大时，隶属频率趋于稳定，其频率的稳定值被称为 x_0 对 A 的隶属度，即：

$$\mu_A(x_0) = \lim_{x \to \infty} \frac{x_0 \in A^* \text{ 的次数}}{n} \tag{11.21}$$

②指派方法。指派方法主要是根据经验来确定隶属度函数。如果模糊集合是在实数范围内，此时的隶属度函数根据实际的条件选择符合矩形分布、梯形分布、正态分布、K 次抛物线分布、柯西分布等模糊分布的一种。在这些模糊分布中，又根据具体的情况又可以选择偏小型、中间型和偏大型的隶属度的函数。

例如，在应急资源配置道路通行能力的隶属度函数的计算中，因为城市的道路分为快速路、主干路、次干路、支路四个等级，其中快速路的通行能力为每车道 1800 车/小时，支路的通行能力为每车道 600 车/小时，可以考虑用梯形分布偏大型隶属度函数计算。

③例证法。例证法是根据已知的有限个 μ_A 的值，来估计论域 X 上的模糊子集 A 的隶属函数。例如，论域 X 是决策者对应急资源配置道路的熟悉程度，A 是“熟悉的道路”，可以看出，A 是道路的一个模糊子集。为了确定隶属度 μ_A，首先确定一个道路 p，然后用语言值集合中的一个来答复道路是否算“熟悉的道路”。例如，道路的语言值可分别描述为｛熟悉，比较熟悉，一般，不太熟悉，不熟悉｝，此时分别用数值集｛1，0.75，0.5，0.25，0｝来表示这些语言值。如果有 n 个不同的备选道路｛p_1，p_2，…，p_n｝，通过 n 次答复，就得到模糊子集 A 的隶属度函数。

11.4.4.2　模糊关系的理论

【定义 11.6】

设 U、V 为论域，则称乘积空间 $U \times V$ 上的一个模糊子集 $\tilde{R} \in (U \times V)$ 为从 U 到 V 的模糊关系。如果 $\tilde{R}$ 的隶属函数为 $\mu_{\tilde{R}}:(U \times V) \to [0,1],(x,y) \to \mu_{\tilde{R}}(x,y)$，则称隶属度 $\mu_{\tilde{R}}(x,y)$ 为 (x,y) 关于模糊关系 $\tilde{R}$ 的相关程度。

【定义 11.7】

设矩阵 $R = (r_{ij})_{m \times n}$，且 $r_{ij} \in [0,1](i = 0,1,\cdots,m;j = 0,1,\cdots,n)$，则称 R 为模糊矩阵。

【定义 11.8】

如果模糊关系 $\tilde{R} \in F(U \times V)$，而且满足：（1）自反性：$\mu_{\tilde{R}}(x,x) = 1$；（2）对称性：$\mu_{\tilde{R}}(x,y) = \mu_{\tilde{R}}(y,x)$；（3）传递性：$\tilde{R} \circ \tilde{R} = \tilde{R} \subseteq \tilde{R}$，则称 $\tilde{R}$ 是 U 上的一个模糊等价关系。

【定义 11.9】

设论域 $U = \{x_1,x_2,\cdots,x_n\}$，$I$ 为单位矩阵，如果模糊矩阵 $R = (r_{ij})_{n \times n}$ 满足：（1）自反性：$I \leqslant R$；（2）对称性：$R^T = R$；（3）传递性：$R \circ R \leqslant R[\vee_{k=1}^{m}(r_{ik} \wedge r_{kj}) \leqslant r_{ij};i,j = 1,2,\cdots,n]$，则称 R 为模糊等价矩阵。

【定义 11.10】

设 R 是 $n \times n$ 阶的模糊矩阵，如果满足 $R \circ R \leqslant R^2 \leqslant R$，则称 R 为模糊传递矩阵；称包含 R 的最小的模糊传递矩阵为传递闭包，记为 $t(R)$。

11.4.4.3　应急资源配置路径模糊多属性综合评价

应急资源配置路径的多个模糊属性需要综合考虑后得出的评价结果才科学合理。在模糊决策中，一般要选择合适的模糊合成算子，把应急资源配置路径属性权重值 W 与路径模糊关系矩阵 R 合成，最后得到各条应急资源配置路径的模糊综合评价 B。具体的模糊综合评价模型为：

$$B = W \circ R = (\omega_1,\omega_2,\cdots,\omega_m)\begin{pmatrix} r_{11} & r_{12} & \cdots & r_{1n} \\ r_{21} & r_{22} & \cdots & r_{2n} \\ \vdots & \vdots & \ddots & \vdots \\ r_{m1} & r_{m2} & \cdots & r_{mn} \end{pmatrix} = (b_1,b_2,\cdots,b_n) \tag{11.22}$$

$$b_j = (\omega_1 \underset{*}{\cdot} r_{1,j}) \underset{*}{+} (\omega_2 \underset{*}{\cdot} r_{2,j}) \underset{*}{+} \cdots + (\omega_n \underset{*}{\cdot} r_{n,j}), j = 1,2,\cdots,m \quad (11.23)$$

（1）路径模糊合成算子的分析。在应急资源配置路径模糊综合评价的过程中，将 W 与 R 合成常用的模糊合成算子有以下四种：

$M(\wedge, \vee)$ 的含义是：

$$b_j = \overset{m}{\underset{i=1}{\vee}} (\omega_i \wedge r_{ij}) = \max_{1 \leqslant i \leqslant m} \{\min(\omega_i, r_{ij})\}, j = 1,2,\cdots,n \quad (11.24)$$

其特点的是权向量的作用不明显，综合程度较弱，突出主要因素而忽略了次要因素。

$M(\cdot, \vee)$ 的含义是：

$$b_j = \overset{m}{\underset{i=1}{\vee}} (\omega_i \cdot r_{ij}) = \max_{1 \leqslant i \leqslant m} \{\omega_i \cdot r_{ij}\}, j = 1,2,\cdots,n \quad (11.25)$$

其特点是权向量的作用明显，综合程度较弱，突出主要因素而忽略了次要因素。

$M(\wedge, \oplus)$ 其含义是：

$$b_j = \min\left\{1, \sum_{i=1}^{m} \min(\omega_i, r_{ij})\right\}, j = 1,2,\cdots,n \quad (11.26)$$

其特点是权向量的作用不明显，综合程度强，考虑了所有因素，属于加权平均类型。

$M(\cdot, \oplus)$ 其含义是：

$$b_j = \min\left(1, \sum_{i=1}^{m} \omega_i r_{ij}\right), j = 1,2,\cdots,n \quad (11.27)$$

其特点是权向量的作用明显，综合程度强，考虑了所有因素，属于加权平均类型。根据应急资源配置图数据路径的特点，选择 $M(\cdot, \oplus)$ 算子合成权值和模糊关系矩阵。

11.4.5 犹豫模糊语言理论

人类个体对客观世界的认知是不同的，那么对同一个决策问题，决策用户很难给出一致的评价，最终可能处于一种优柔寡断的模糊状态，这就是犹豫模糊集，是模糊集的一种拓展形式。

【定义 11.11[9,10]】

设 X 是一个非空集合，称 $A = \{\langle x, h_A(x)\rangle \mid x \in X\}$ 为犹豫模糊集

(HFS)，其中，h_A（x）为区间［0，1］中的有限个点的集合，它表示非空集合 X 中的元素 x 隶属于犹豫模糊集 A 的可能度的集合，所以称 h_A（x）为犹豫模糊值，简记为 h。

【定义 11.12[9、10]】

设集合 $S = \{s_1, s_2, \cdots, s_g\}$ 为一个语言术语集，若 HS 是 S 中有限个有序的连续语言术语的集合，则称 HS 为 S 上的一个犹豫模糊语言术语集，简写为 $HFLTS$。

【定义 11.13[11]】

设集合 $S = \{s_1, s_2, \cdots, s_g\}$ 为一个语言术语集，H_S、H_S^1 和 H_S^2 是 3 个犹豫模糊语言术语集 $HFLTS$，则：

(1) H_S 的空 $H_S(\phi): H_S(\phi) = \{\}$；

(2) H_S 的满 $H_S(\phi): H_S(\zeta) = S$；

(3) H_S 的上界 $H_S^+: H_S^+ = \max(s_i)\{s_i \mid s_i \in H_S\}$；

(4) H_S 的下界 $H_S^-: H_S^- = \min(s_i)\{s_i \mid s_i \in H_S\}$；

(5) H_S 的补 $H_S^c: H_S^c = S - H_S = \{s_i / s_i \in S$ 并且 $s_i \notin H_S\}$；

(6) H_S^1 和 H_S^2 的并：$H_S^1 \cup H_S^2 = \{s_i \mid s_i \in H_S^1$ 或 $s_i \in H_S^2\}$；

(7) H_S^1 和 H_S^2 的交：$H_S^1 \cap H_S^2 = \{s_i \mid s_i \in H_S^1$ 并且 $s_i \in H_S^2\}$；

(8) H_S 的包络 $env(H_S): env(H_S) = \{H_S^-, H_S^+\}$。

【定义 11.14】

设集合 $S = \{s_1, s_2, \cdots, s_g\}$ 为一个语言术语集，$G_H = (V_N, V_T, I, P)$ 是与上下文无关的语法规则，其具体定义如下：

(1) V_N ＝｛<初始术语>，<组合术语>，<一元关系>，<二元关系>，<连接词>｝；

(2) V_T ＝｛小于，大于，介于，与，$s_1, s_2, \cdots, s_g$｝；

(3) $I \in V_N$；

(4) P ＝｛I::＝<初始术语> | <组合术语>

<组合术语>::＝<一元关系><初始术语> | <二元关系><初始术语><二元关系><初始术语>

<初始术语>::＝ $s_1 \mid s_2 \mid \cdots \mid s_g$

<一元关系>::＝小于 | 大于

<二元关系>::＝介于

<连接词>::=与}。

【定义 11.15】

设集合 $S=\{s_1,s_2,\cdots,s_g\}$ 为一个语言术语集，$E_{G_H}:ll\rightarrow H_S$ 是转换语言表示 ll 的函数，按照具体含义转换如下：

(1) $E_{G_H}(s_i)=\{s_i\mid s_i\in S\}$；

(2) E_{G_H}(小于 s_i) $=\{s_i\mid s_i\in S$,且 $s_j\leqslant s_i\}$；

(3) E_{G_H}(大于 s_i) $=\{s_i\mid s_i\in S$,且 $s_j\geqslant s_i\}$；

(4) E_{G_H}(介于 s_i 和 s_j) $=\{s_k\mid s_k\in S$,且 $s_i\leqslant s_k\leqslant s_j\}$。

11.5 混合多属性应急资源配置图的TOP-K路径查询

应急资源配置道路存在许多种属性，有些属性可以得到精确值，而有些属性因为情况的复杂，得到的属性值是不确定的。如果把这些值放在一起对道路是否最优做出判断，将是比较困难的事情。为此，在比较了许多综合决策的方法后，利用 TOPSIS 方法对这些数据进行处理，在处理过程中用极值的方法处理具有不确定性质的区间值，使区间值转换为精确值，这样做的目的是减少不确定值和精确值的差异性，方便处理。通过复杂多属性尤其是不确定数据的处理，大规模应急资源配置图中的每条边都有了综合得分，此时利用综合得分来解决仓储中心到灾点的 TOP-K 路径查询问题。

11.5.1 应急资源配置图的偏离路径算法

在应急资源配置路径 TOP-K 问题的研究中，偏离路径算法[12]的目标是要构建包含 K 个最优路径的伪树。伪树中包含根节点 S 到叶子节点 T 的重复节点，树中每个从根节点 S 到叶子节点的路径是 K 条最优路径之一，具体描述如图 11.1、图 11.2 所示。

在图 11.1 中，假设源点为节点 S，目的节点为 T，由偏离路径算法得到的路径树如图 11.2 所示。

图 11.2 所示的应急资源配置路径伪树中，节点 T 和 F 是重复节点，节点 E 和 S 是分离点，所构成的路径 $S\rightarrow B\rightarrow E\rightarrow T$、$S\rightarrow A\rightarrow C\rightarrow F'\rightarrow T'$ 和 $S\rightarrow$

$B \rightarrow E \rightarrow D \rightarrow F \rightarrow T''$ 为三条最优路径。

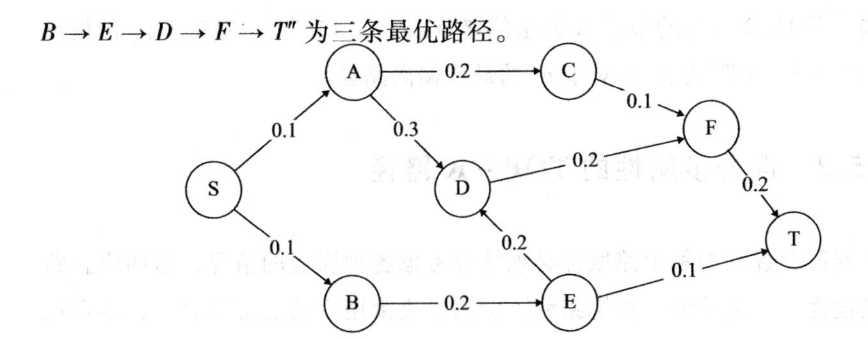

图 11.1　具有权值的原图

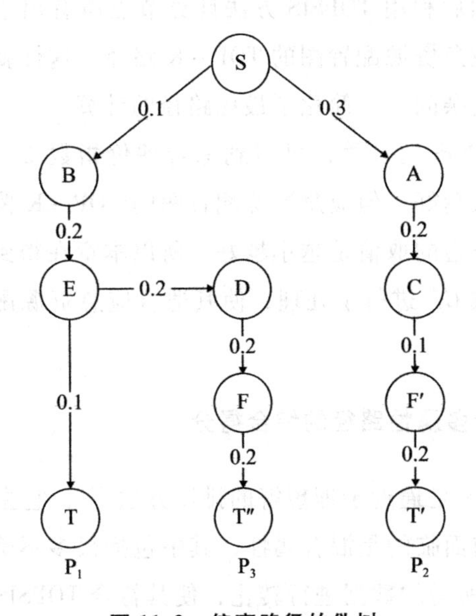

图 11.2　偏离路径的伪树

【定义 11.16】

偏离路径，假定存在从 s 到 t 的两条路径 $p_1 = (s, v_1, v_2, \cdots, v_n, t)$ 和 $p_2 = (s, u_1, u_2, \cdots, u_m, t)$，如果存在一个整数 i 满足以下四个条件：

(1) $I < n$ 和 $I < m$；

(2) $v_i = u_i (0 <= i <= I)$；

(3) $v_{I+1} \neq u_{I+1}$；

(4) $(u_{I+1}, u_{I+2}, \cdots, t)$ 是节点 u_{I+1} 到目标节点 t 的最优路径；则称 (u_I, u_{I+1}) 为 p_2 相对于 p_1 的偏离边，u_I 为 p_2 相对于 p_1 的偏离节点，路径 $(u_{I+1}, u_{I+2}, \cdots, t)$ 为 p_2 相对于 p_1 的最优偏离路径[13]。

例如，图 11.2 所示的节点 A 就是偏离节点，(s,A) 为 p_2 相对于 p_1 的偏离边，$A \to C \to F' \to T'$ 为 p_2 相对于 p_1 的最优偏离路径。

11.5.2 混合多属性的 TOP－K 路径

应急资源配置图的每个路段都必须综合考虑各种属性的情况，诸如应急路径中车辆速度、安全系数、预期路程、费用、决策用户的心态等属性，本章把仓储中心（源点）到灾点（目的地）的 TOP－K 路径的查询拆分成各个节点的路段选择问题，然后利用 TOPSIS 方法计算节点所有出边的综合得分，以综合得分为依据判断应急资源配置图的 TOP－K 路径。这样就在后续工作中不再考虑多属性造成的复杂问题，简化了最优路径的计算。

另外，通过 TOPSIS 的计算，可得到综合评价指数 C_i^* 。根据综合评价指数的特点，值是越大越好。但应急资源配置图的 TOP－K 偏离路径算法在优化路径的选取中，每条边的取值是越小越好。所以本章在得到综合评价指数的时候，对综合评价指数 C_i^* 进行了处理，使其适合应急资源配置图的 TOP－K 路径优化的要求。

11.5.2.1 混合多属性路径的综合得分

因为 TOPSIS 技术是逼近于理想解的排序方法[14]，它主要使用确定数据进行决策分析。但目前面临的是混合属性，其中包括很多不确定性的数据，这就需要对 TOPSIS 技术所需的数据进行转化，使其符合 TOPSIS 的要求，最终计算出混合属性的综合得分。

具体的应急资源配置图的路径综合得分的计算过程如下：

第一步　确定应急资源配置备选边的决策矩阵 $A = [a_{ij}]_{m \times n}$ ，其中满足 $1 \leq i \leq m$ ，$1 \leq j \leq n$ ，i 表示节点所连接的边的编号，j 表示同一条边的不同属性信息。

第二步　应急资源配置路径的评价指标体系分为成本型、效益型和区间型等。效益型数值越大越好，成本型数值越小越好，区间型数值主要针对不确定性的数据。另外，为了消除各项评价指标单位不同、量级间差异带来的影响，要对路径指标进行归一化处理，建立标准化初始决策矩阵。

①对于应急资源配置交通网络中的车辆速度、道路安全系数等效益型指

标，标准化表达式如公式（9.11）所示；

②对于应急资源配置交通网络中的距离、费用等成本性的指标，标准化表达式如公式（9.12）所示；

③对于表示不确定性的区间型数值，应用公式（11.15）所示的极值处理方法把区间数转化为精确值。

第三步　本章根据德尔斐法和决策用户的偏好设置了权重向量 $W=\{\omega_1,\omega_2,\cdots,\omega_n\}$，最后利用权重和标准化矩阵的乘积得到加权矩阵，如公式（9.13）所示。

第四步　根据加权判断矩阵获取边的正负理想解，我们也要考虑属性是成本型还是效益型。所以，通过公式（9.14）和公式（9.15）的计算后得到边的正负理想解方案为：$O^+=(b_1^+,b_2^+,\cdots,b_n^+)$，$O^-=(b_1^-,b_2^-,\cdots,b_n^-)$。

第五步　计算图中各边与理想值之间的欧氏距离。

$$Dis_i^* = \sqrt{\sum_{j=1}^{m}(b_{ij}-b_j^+)^2},j=1,2,\cdots,n \tag{11.28}$$

$$Dis'_i = \sqrt{\sum_{j=1}^{m}(b_{ij}-b_j^-)^2},j=1,2,\cdots,n \tag{11.29}$$

Dis_i^* 为第 i 条边和正理想解之间的距离，Dis'_i 为第 i 条边和负理想解之间的距离。本章在计算目标值与理想值之间的欧氏距离时，如遇到 $Dis'_i=0$ 的情况，就把 Dis'_i 设定为一个接近于 0 的极小值，这样做的目的就是防止计算综合评价指数的逆时出现无意义的现象。

第六步　计算各条边的综合评价指数。

$$C_i^* = \frac{Dis'_i}{Dis_i^*+Dis'_i},i=1,2,\cdots,m \text{ 和 } C_i^* \neq 0 \tag{11.30}$$

第七步　计算各条边的综合得分。

因为，在 Yen 算法的 TOP－K 的计算过程中，Dijkstra 算法是其计算最优路径的关键。为了匹配 Dijkstra 算法，本章将计算的综合评价指数求逆而得到综合得分，这样也方便 TOP－K 的计算。

$$I_i^* = \frac{1}{C_i^*},i=1,2,\cdots,m \text{ 和 } C_i^* \neq 0 \tag{11.31}$$

11.5.2.2　偏离路径算法计算应急资源配置 TOP－K 路径

在应急资源配置 TOP－K 路径的方法中，偏离路径算法的核心在于利用已

经求得的 $p_1,p_2,\cdots,p_k$ 的 k 个优化路径产生 p_{k+1} 。本章设置两个集合，候选优化的应急资源配置路径集合 Ω 和应急资源配置最优路径集合 Ψ。假设已经求得了前 k 条路径 $\{p_1,p_2,\cdots,p_k\}$ ，现在需要计算第 $k+1$ 条最优路径。

首先，取 p_k 中除了终止节点 t 之外的每个节点 v_i 作为可能的偏离节点，计算 v_i 到节点 t 的最优路径。在计算 v_i 到 t 的最优路径时，需要满足以下两个条件：第一，为了保证无环，该路径不能通过当前最优路径 p_k 上从 s 到 v_i 之间的任何节点；第二，为了避免与以前找到的路径重复，从节点 v_i 分出的边不能与以前找到的最优路径 $p_1,p_2,\cdots,p_k$ 上从 v_i 分出的边相同。

其次，在找到了 v_i 与 t 之间满足以上两个条件的最优路径后，将该最优路径与当前路径 p_k 上从 s 到 v_i 的路径拼接在一起，构成 p_{k+1} 的一条候选路径，并将其存储在候选路径集合 Ω 中。

最后，从候选路径集合 Ω 中选择最优的一条路径作为 p_{k+1} ，并将其放入结果列表 Ψ 中。以上过程不断重复，直到得到 K 条路径为止。

具体的过程如下所示：

（1）利用综合得分得到应急资源配置图 $G(V,E,I)$ ，计算应急资源配置图 $G(V,E,I)$ 的最优路径 p ，并写入 TOP－K 的候选路径集合 Ω，把源点写入分离点集合 D，k 的取值为 1；

（2）如果 $\Omega \neq \emptyset$ 并且 $k < K$ 成立，则执行以下（3）到（8）的循环，否则退出；

（3）从候选应急资源配置路径集合 Ω 选出源点到目的节点的最优路径 p_k ，存入优化结果列表 Ψ 中；

（4）设 p_k 中除目的节点的节点数量为 n_k ，$i \leqslant n_k$ ；

（5）以 p_k 的第 i 个节点为分离点 d_{ki} ，把 p_k 中源点 s 到分离点 d_{ki} 的节点集 $B_{s\to i}^k$ 移入集合 B 中，路径值放入 $H_{s\to i}^k$ 中；

（6）计算分离点 d_{ki} 到目的节点 t 的最优路径 $A_{i\to t}^k$ 和路径值 $P_{i\to t}^k, i=i+1$ ；

（7）求出路径 p_k 中所有分离点相关的路径值 $H_{s\to i}^k + P_{i\to t}^k$ 的最优值；

（8）从集合 B 中取出 $B_{s\to i}^k$ 和 $A_{i\to t}^k$ 组合构成新的备选路径，并移入候选路径集合 Ω，$k=k+1$。

11.5.2.3 对应急资源配置偏离路径算法的优化

在应急资源配置偏离路径算法的计算中，Di jkstra 算法是调用次数最多的，所以Di jkstra算法是否优化将对TOP－K的计算效率起到重要的作用。目前，Di jkstra算法求解两点间最优路径的所用时间为$O(m+n\log n)$，从某角度看，这种方法在求解应急资源配置TOP－K路径时要耗费很长的时间。本章利用分块的双向搜索算法提高了Di jkstra算法的效率，也提高了应急资源配置偏离路径算法的效率。

【定义11.17】

设G是一个非平凡的连通应急资源配置图，我们称$\kappa(G)=\min\{|v_1|\ v_1$是$G$的割点集或$G-v_1$的平凡图$\}$为$G$的点连通度，即$\kappa(G)$是使$G$不连通或成为平凡图所必须删除的节点的最小个数。$\lambda(G)=\min\{|E_c|\ E_c$是$G$的割边集$\}$为$G$的线连通度，即$\lambda(G)$是使$G$不连通所必须删除的边的最小条数。

【定理11.1】

对任何应急资源配置图G，都有$\kappa(G)\leq\lambda(G)$。

【证明】

假设G中有n个节点m条边。

若$\lambda(G)=0$，则$\kappa(G)=0$；

若$\lambda(G)=1$，则$\kappa(G)=1$；

若$\lambda(G)\geq n-1$，因$\kappa(G)=\leq n-1$，所以$\kappa(G)\leq\lambda(G)$。

若$\lambda(G)=\lambda$且$1<\lambda<(n-1)$，不妨设$\{e_1,e_2,\cdots,e_\lambda\}$是$G$中具有的最小割边集。这时$G-\{e_2,e_3,\cdots,e_\lambda\}$是连通图且$e_1$是它的一条割边。记$e_1$的两个端点为$u$和$v$，在$e_2,e_3,\cdots,e_\lambda$上各取一个不同于$u$和$v$的端点（重复不计），这样最多选取$\lambda-1$个节点，记它们构成的子集为$V_1$。当$G-V_1$不连通时，$\kappa(G)\leq|V_1|\leq\lambda-1<\lambda$；当$G-V_1$连通时，$e_1$是$G-V_1$的一条割边且$G-V_1$中至少有3个节点，因而$e_1$的至少一个端点是$G-V_1$的割点，将这个点增加到$E_1$中得到$E_2$，于是$G-E_2$不连通。所以$\kappa(G)\leq|E_2|\leq\lambda=\lambda(G)$。

这个证明表明：当$1<\lambda(G)=\lambda<(n-1)$时，在割边集$\{e_1,e_2,\cdots,e_\lambda\}$中有一种选法，使在$e_1,e_2,\cdots,e_\lambda$的每一条边上最多选取一个端点，从而得到$G$的一个割点集。

【推论11.1】

如果分离点到目的点有最优路径，则说明含有分离点和目的点的图G'是连通应急资源配置图，而且满足$\kappa(G')\geq1$并且$\lambda(G')\geq1$。

【证明】

第一，假设 $\kappa(G') = 0$ 并且 $\lambda(G') = 0$，说明图 G' 是非连通应急资源配置图，也就是说，分离点和目的点在 G' 中没有路径。

第二，$\kappa(G') = 1$ 并且 $\lambda(G') = 1$，说明图 G' 是连通应急资源配置图，且分离点和目的点在 G' 中有路径，而且这路径必经过该割点或割边。

第三，$\kappa(G') \geqslant 1$ 并且 $\lambda(G') \geqslant 1$，说明图 G' 是连通应急资源配置图，且分离点和目的点在 G' 中有路径，而且路径可能不止一条。

由上述可知，推论 11.1 成立。

【推论 11.2】

如果含分离点和目的点的图 G' 是连通应急资源配置图，把图 G' 分为块，且允许分块后的应急资源配置图 G_{b1}, G_{b2}, G_{n2} 存在割点和割边，在相邻两个块中寻找最优子路径，如果最优子路径含有相同的割点或割边，则把两个最优子路径组合后的路径为最优路径。

【证明】

第一，如果应急资源配置图 G' 中含有最优路径，则最优路径中必含有割点或割边；

第二，因为分解的依据是割点或割边，又因为相邻块都含有割点或割边。所以，在寻找最优路径时必访问到割点或割边；

第三，如果相邻块的最优子路径中含有相同的割点或割边，因为在每个块中的最优子路径是最优的结果 $r_1, r_2 \cdots\cdots$，那么这些最优子路径结果的和 $R = r_i + r_2 \cdots\cdots$ 是最优的。

由上述可知，推论 11.2 成立。

具体的分块双向搜索过程如下所示：

(1) 把应急资源配置图 G' 分解为块；

(2) 在每个块中寻找分离节点和割点（或割边的两个节点），割点（或割边的两个节点）和目标点的应急资源配置最优路径；

(3) 如果相邻块的应急资源配置最优子路径含有相同的割点（或割边的两个节点），则组合相邻块的最优路径，直到查出源节点到目的节点的最优路径。

有了分块的双向搜索，具体的应急资源配置 TOP - K 优化路径查询过程如下所示：

（1）用分块的双向搜索算法计算应急资源配置图 $G(V,E,I)$ 得到的最优路径 p 并写入 TOP - K 的候选路径集合 Ω，把源点写入分离点集合 D，k 的取值为 1；

（2）如果 $\Omega \neq \phi$ 和 $k < K$ 成立，则执行以下循环；

（3）从候选路径集合 Ω 选出源点到目的点的最优路径 p_k，存入优化结果列表 Ψ 中；

（4）设 p_k 中除目的点的节点数量为 n_k，当 $i \leqslant n_k$ 时执行（5）至（7）的循环；

（5）以 p_k 的第 i 个节点为分离点 d_{ki}，把 p_k 中源点 s 到分离点 d_{ki} 的节点集 $B_{s\to i}^{k}$ 移入集合 B 中，应急资源配置路径值放入 $H_{s\to i}^{k}$ 中；

（6）用分块的双向搜索算法计算分离点 d_{ki} 到目的点 t 的最优路径 $A_{i\to t}^{k}$ 和应急资源配置路径值 $P_{i\to t}^{k}, i = i + 1$；

（7）求出应急资源配置路径 p_k 中所有分离点相关的路径值 $H_{s\to i}^{k} + P_{i\to t}^{k}$ 的最优值；

（8）从集合 B 中取出 $B_{s\to i}^{k}$ 和 $A_{i\to t}^{k}$ 组合构成新的备选路径并移入候选路径集合 Ω，$k = k + 1$。

11.5.3　性能比较分析

数据集通过如下方式优化得到：首先，确定由每个地标产生 N 个节点，然后通过地标之间的连接关系产生 M 条边；其次，以应急资源配置图每条边之间的道路宽度、速度、道路安全系数和距离等作为约束条件。其中，道路宽度为区间性数据，速度、道路安全系数为效益性数据，距离为原始数据且为成本型数据。综合上述特点产生所需要的实验数据。

11.5.3.1　多属性决策的处理

因为应急资源配置路径的情况比较复杂，涉及道路宽度、速度、道路安全系数和距离等多种因素，但目前最优路径的计算主要涉及单属性的因素，而介绍多属性计算方法的论文比较少见。本章利用 TOPSIS 的区间数方法处理多属性的决策，有效地解决了属性为精确性和不确定性等情况的数据问题。最后把多个属性值转化为一个综合得分。这样做的目的是有利于计算应急资源配置 TOP - K 路径。

如图 11.3 所示，通过 TOPSIS 的处理，就能方便分离路径算法和 Yen 算法的计算。本章的实验设计主要通过两种情况来分析：

（1）假定节点数量固定，边的数量发生变化，通过图 11.3 左侧的子图可以看到，不管是 Yen 算法还是 Tdp 算法，随着边的数量的增加，查询的时间也增加，但 Tdp 算法的增长比 Yen 算法的增长缓慢一些，这说明 Tdp 算法的确提高了效率。

（2）假定边的数量固定，而节点的数量发生变化，通过图 11.3 右侧的子图可以看到，Tdp 算法的查询时间随着节点数量的增加而增加。

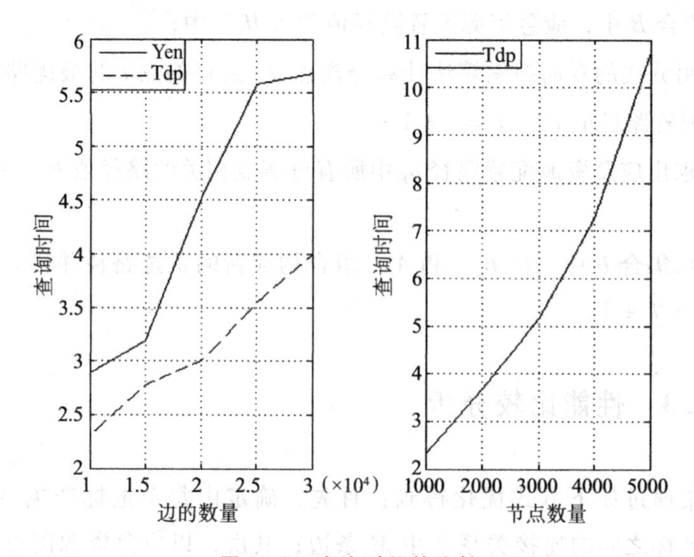

图 11.3 查询时间的比较

通过上述两种情况来看，随着节点数量和边数的增加，用 TOPSIS 方法处理后的查询时间都是增加的，只不过节点数量的增加导致查询时间的增加更明显一些，我们分析的结论是节点数量的增加将导致边的数量大量增加。

11.5.3.2 Yen 算法和 Tdp 算法的比较

Yen 算法计算应急资源配置 TOP－K 路径是偏离路径算法中十分重要的方法。Yen 算法的优点是易于理解，可以准确地找到应急资源配置图中任意两节点间的 TOP－K 路径，缺点是时间复杂度较高，主要原因是迪杰斯特拉算法（Di jkstra）对时间的消耗。因为在求 p_{k+1} 时，要将 p_k 上除了终止节点外的所有节点都视为偏离节点，从而在选择偏离节点寻找候选路径时多次调用迪杰斯特拉算法。所以，如果能改善迪杰斯特拉算法，将对应急资源配置 TOP－K 路径的计算产生很大影响。本章使用 Tdp 的分块双向算法改善迪杰斯特拉算法的计算效率，有以下几种情况：

（1）在设计实验时，设 TOP－K 的值为 10，节点数量为 1K 且保持不变，边的数量由 10K 增加到 30K。本章分别用 Yen 算法和 Tdp 算法查询 TOP－K 为 10 的最优路径。

从图 11.4 中可以看出，Yen 算法的计算时间和 Tdp 算法的计算时间相比较，Tdp 算法所消耗的时间一般是 Yen 算法消耗时间的 30% 左右。另外，Yen 算法的增长率也比 Tdp 算法的增长率要大，也就是说，随着边的数量的增加，Yen 算法的时间消耗和 Tdp 算法的时间消耗的差距越来越大。由此来看，Tdp 算法确实提高了 TOP－K 路径的效率。

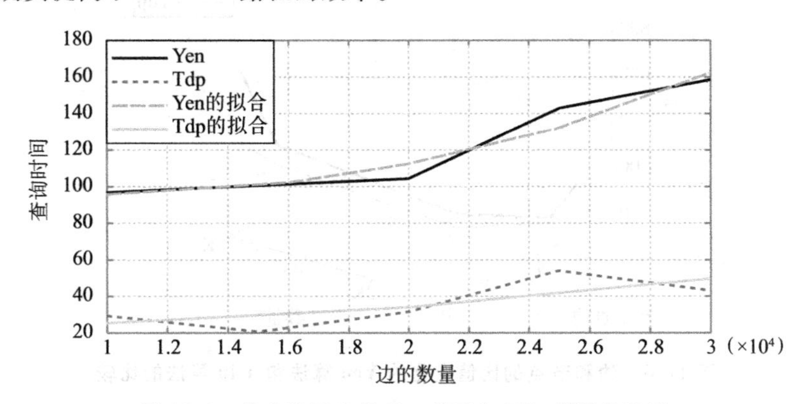

图 11.4　节点数固定的 Yen 算法和 Tdp 算法的比较

（2）在设计实验时，设 TOP－K 的值为 10，节点数量由 1K 增加到 6K，边的数量由 4K 增加到 10K。本章分别用 Yen 算法和 Tdp 算法查询 TOP－K 为 10 的最优路径，最后得到相关的查询时间。

由图 11.5 可以看出，Yen 算法和 Tdp 算法相比，Tdp 算法所构成的三维趋势整体比 Yen 算法的弱。在每个由节点数、边的数、查询时间所构成的三维坐标中的时间值中，Tdp 算法的时间值比 Yen 算法的都要小，也就是说，随着边和节点数量的变化，Tdp 算法查询的时间效率比 Yen 算法要高。

由图 11.6 可以看出，Yen 算法和 Tdp 算法相比较，在每个由边和节点的比值、节点数、查询时间所构成的三维坐标中的时间值中，Tdp 算法的时间值比 Yen 算法的都要小，也就是说，随着边和节点的比值的变化，Tdp 算法查询的时间效率比 Yen 算法要高。

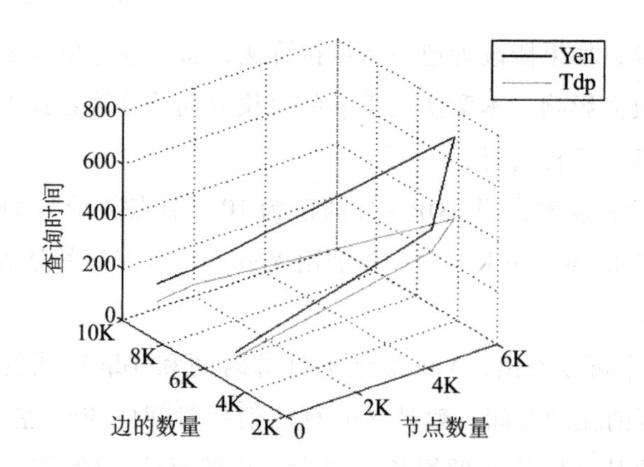

图 11.5 节点数量和边数变化的 Yen 算法和 Tdp 算法的比较

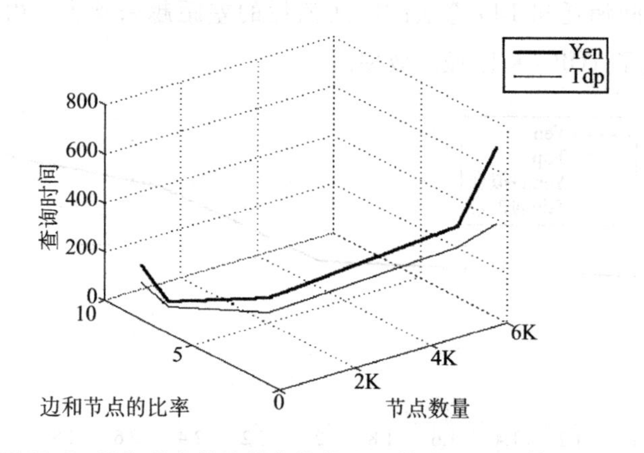

图 11.6 边和节点的比值变化的 Yen 算法和 Tdp 算法的比较

通过上述比较分析，节点数量变化或节点和边的数量都变化的情况下，本章所提的 Tdp 算法的时间效率都比 Yen 算法的要高，也就是说，Tdp 算法的确能改善 TOP－K 的性能。

11.5.3.3 Tdp 算法的分析

本章的 Tdp 算法在一定程度上改善了 TOP－K 算法的效率。但是，因为现实的情况是复杂多变的，也就是说，节点和边的情况是不确定的，所以本章针对这些情况设计了 3 个方案来讨论 Tdp 算法的效率。

（1）节点的数量不变，而边的数量发生变化。实验中边的数量由 10K 增加到 30K，节点数量不发生变化。用 Tdp 算法查询 TOP－K 路径，结果如图 11.7 所示。

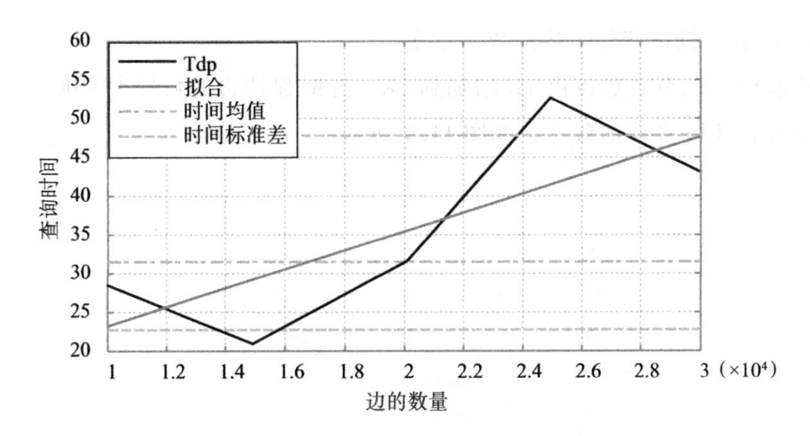

图 11.7　Tdp 算法的效率

图 11.7 中所示时间的标准偏差为 12.59，边的数量由 10K 增加到 30K 所需时间的平均值为 31.17，这就说明，虽然边在增加，但时间值的离散程度不大。再从拟合的线性回归的趋势来看，边数越多，所需的时间就越多。但从标准偏差为 12.59 来看，时间增加的趋势较弱。所以，由此来看，Tdp 算法在边数越多时，处理的效果越好。

（2）本方案中关注时间和边的比率、边的数量之间的关系。此时，比率的均值为 0.001865，标准偏差为 0.0006147。由此说明，边的数量在 10K 增加到 30K 时，处理边的时间为 1 ~ 2 毫秒，因为标准偏差又很小，所以处理边的时间的变化范围相对很小。另外，拟合的线性回归趋势是随着边的数量的增加而减小的，说明处理边的时间随着边数的增加而相对减少。具体如图 11.8 所示。

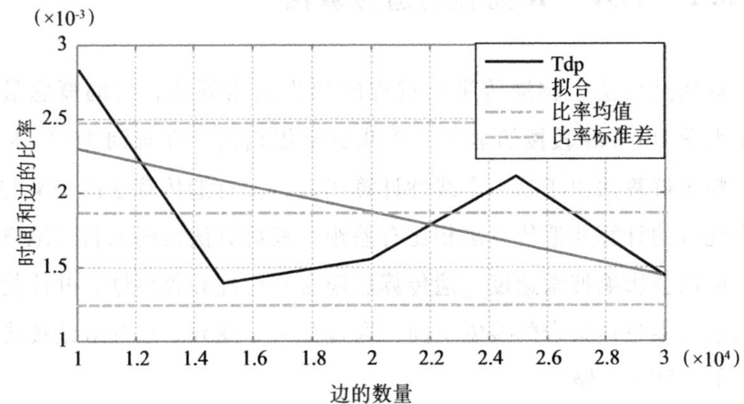

图 11.8　Tdp 算法边和时间的比率

（3）节点数量变化，边的数量不变。

实验中选取节点数量由1K增加到5K，此时保持边的数量为10K。在这种条件下分析Tdp算法的效率，如图11.9所示。

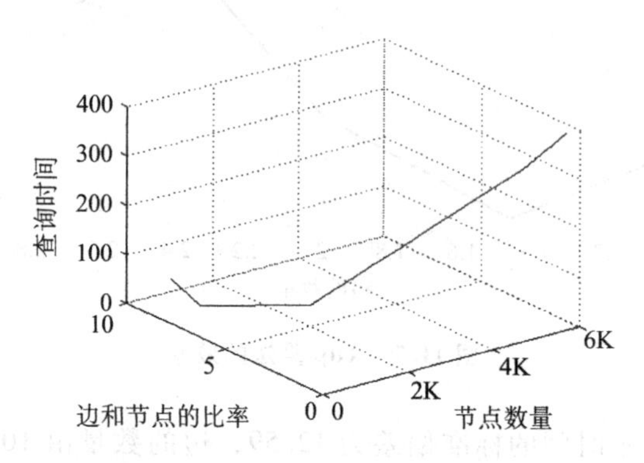

图11.9 边和节点变化的Tdp算法

本章求出边和节点的比值。然后把节点数量、比值和查询时间建立三维图。在图中，随着边和节点比值的不断减小，节点数量的不断增加，查询时间会有所增加，这也符合实际情况。

11.6 模糊属性的应急资源配置TOP-K路径查询

11.6.1 TOP-K路径的遗传算法

遗传算法是模仿生物遗传进化过程的随机搜索算法，它的概念最早是由Michigan大学Holland教授的学生J. D. Bagley提出的。在查询TOP-K路径的算法中，粒子群算法由于是一个线性计算函数，没有遗传算法的交叉与变异运算，与次优解的计算和遗传算法相比有差距。蚁群算法是蚂蚁盲目地选择下一个节点，所以会影响搜索速度。遗传算法隐含并行性和鲁棒性，并能把问题的解空间映射成染色体集合的搜索空间，通过交叉、变异、选择等遗传进化操作得到问题的TOP-K路径。

应急资源配置图数据TOP-K路径的遗传算法不是针对单条路径的查询，

而是对一组路径进行搜索。其中，路径种群的每条路径对应的就是一个染色体，而每一个染色体是应急资源配置优化路径问题的一个解。这些由路径构成的染色体通过不断交叉和变异从而进化，每次交叉变异产生的下一代路径染色体被称为子代。另外，在图数据路径的遗传算法中使用适应度函数来衡量路径中的每一个个体是否达到最优解或者次优解[15]。

应急资源配置路径遗传算法的主要步骤是选择、交叉和变异。这些步骤有各自的特点和处理过程，具体的描述如下：

(1) 应急资源配置路径的选择操作。应急资源配置路径的选择是对种群路径优胜劣汰，通过应急资源配置路径适应度函数的计算，函数值越大的路径被选中的概率越大。

(2) 应急资源配置路径的交叉操作。应急资源配置优化路径遗传算法中，首先，采取随机配对的原则；其次，将两个应急资源配置路径染色体的部分基因相互交叉，由此生成新的应急资源配置路径。与选择算子简单复制适应度值大的路径相比，交叉和变异是产生新应急资源配置路径的两个主要操作。

(3) 应急资源配置路径的变异。应急资源配置遗传算法中的变异运算，是指将路径中的染色体编码中的某些基因值用其他等位基因值来代替形成的一个新路径。一般来讲，交叉运算是产生新应急资源配置路径的主要方法，同时，它的操作决定了遗传算法对应急资源配置路径的全局搜索能力，而变异操作仅仅是产生新应急资源配置路径的辅助操作，但它的重要性在于影响遗传算法的局部搜索能力。总之，在应急资源配置路径染色体交叉与变异的共同作用下，将极大地改善应急资源配置路径的全局搜索和局部搜索的效率，从而帮助遗传算法能够很好地完成应急资源配置路径寻优的工作。

11.6.2　遗传算法解决模糊属性的应急资源配置图 TOP – K 路径

11.6.2.1　应急资源配置路径模糊属性的决策分析

应急资源配置的属性很多是模糊和不确定的，这时就需要用模糊条件下的决策方法，而路径的模糊决策就是应用模糊数学的合成理论，通过多个模糊属性条件对应急资源配置决策路径的隶属等级状况进行综合的评价。所以，在此处考虑把影响每条路径的多个不同属性处理为综合得分，这样在查询应急资源配置TOP－K路径时，只关注每条应急资源配置路径的综合得分就可以了，简化了计算的复杂程度，具体的步骤为：

(1) 应急资源配置路径评价集合 E。设 $E = \{e_1, e_2, \cdots, e_n\}$ 是用户对应急资源配置路径做出的评语集合，其中，n 为评语的标度且为奇数，e_j 是第 j 条应急资源配置路径评价结果 $j = 1,2,\cdots,n$。本章在讨论应急资源配置路径时，以实际应急资源配置交通为例，依据应急资源配置道路的运行特性和交通参与者的心理状况，将路径评价集合划分为 E = {失望、不满意、一般、较为满意、满意}。

满意，是指交通参与者可以自由驾驶，很少受到路径因素的影响；

较为满意，是指应急资源配置交通参与者自由驾驶受到一定的影响，但能顺畅通行；

一般，是指应急资源配置交通参与者的驾驶自由度降低，车辆受到道路因素的影响，车辆缓慢行驶；

不满意，是指应急资源配置交通参与者的自由驾驶受到很大约束，车辆在应急资源配置道路因素的影响下十分缓慢地行驶，心理满意度较低；

失望，是指应急资源配置交通参与者不能自由驾驶，受应急资源配置道路因素的影响，车辆很长时间处于等待或低速行驶状态。

(2) 应急资源配置路径属性指标和隶属度。应急资源配置路径的属性指标一般表示为 $A = \{a_1, a_2, \cdots, a_m\}$，其中，$m$ 是评价属性的个数。另外，如果属性指标存在数量多且类型复杂的情况时，可以按类型将应急资源配置路径属性指标分为若干类，由此满足 $A = A_1, A_2, \cdots, A_q$，其中，对任意的 $i \neq j, i = 1, 2, \cdots, q$ 和 $j = 1, 2, \cdots, q$，都有 $A_i = \{a_{i1}, a_{i2}, \cdots, a_{iq}\}, A_i \cap A_j = \phi$。我们称 $\{A_1, A_2, \cdots, A_q\}$ 是 A 的一个划分，每一个 A_i 称为属性指标的一个类。

另外，对应急资源配置路径状态的判断要有一定的属性指标数据，不同的应急资源配置路径状态，其路径属性指标数据是不同的。同时，应急资源配置交通决策用户的不同目的将影响指标数据的选取，符合要求的指标数据能准确地反映出路径状态的变化。所以在综合考虑应急资源配置路径的实际影响因素和驾驶参与者的实际心理倾向性后，确定的属性指标是 A = {道路通行能力，路径宽度，平均速度，路径饱和度，决策用户心理倾向}。

①道路通行能力，是道路所能承担车辆通过的能力。因为城市的道路分为

快速路、主干路、次干路、支路四个等级，其中快速路的通行能力为每车道 1800 车/小时，按快速路单向 4 车道计算，总的通行能力为 7200 车/小时；另外，支路的通行能力为每车道 600 车/小时，按要求单向两车道计算，支路总的通行能力为 1200 车/小时，所以通行能力的隶属度函数为：

$$\mu_{traffic\ capacity} = \begin{cases} 0, & x \leqslant 1200 \\ \dfrac{x - 1200}{7200 - 1200}, & 1200 < x < 7200 \\ 1, & x \geqslant 7200 \end{cases} \tag{11.32}$$

②路径宽度，包括车行道与人行道宽度，不包括人行道外侧沿街的城市绿化等用地宽度。城市道路等级分为快速路、主干路、次干路、支路，在各级道路的规定中最宽的是快速路，宽度不小于 40 米，最窄的是支路，宽度不小于 14 米。

因为其数值越大越好，所以其隶属度函数为：

$$\mu_{with} = \begin{cases} 0, & x \leqslant 14 \\ \dfrac{x - 14}{40 - 14}, & 14 < x < 40 \\ 1, & x \geqslant 40 \end{cases} \tag{11.33}$$

③道路平均速度，是车辆通过某条路径时平均的快慢程度。在城市道路的快速路中的时速上限为 60 千米/时，取其一半值为平均速度的参考值。另外，城市支路的时速的上限为 30 千米/时，取其一半值为参考下限。所以其隶属度函数为：

$$\mu_{average\ speed} = \begin{cases} 0, & x \leqslant 15 \\ \dfrac{x - 15}{30 - 15}, & 15 < x < 30 \\ 1, & x \geqslant 30 \end{cases} \tag{11.34}$$

④路径饱和度，是该路径的实际交通流量与该路径的饱和通行能力的比值。一般根据饱和度值将道路拥挤程度、服务水平分为四级：当路径饱和度介于 0 至 0.6 之间时，道路交通顺畅，服务水平好；当路径饱和度介于 0.6 至 0.8 之间时，道路稍有拥堵，服务水平较高；当路径饱和度介于 0.8 至 1.0 之间时，道路拥堵，服务水平较差；当路径饱和度大于 1.0 之时，道路严重拥堵，服务水平极差。

所以其隶属度函数为：

$$\mu_{Road\ saturation} = \begin{cases} 1, & x \leqslant 0.6 \\ \dfrac{1-x}{1-0.6}, & 0.6 < x < 1 \\ 0, & x \geqslant 1 \end{cases} \tag{11.35}$$

⑤决策用户的心理倾向是自己对道路的熟悉程度和心理偏好的心理活动。因为是心理活动，决策用户喜欢用诸如“好”“很好”“差”等自然语言表达自己的意见，所以决策用户心理倾向的域定义为{最好的选择，很好的选择，一般的选择，较差的选择，最坏的选择}。为了便于处理，本章把自然语言描述的阈值用数字来表示，让决策用户对路径打分，当打分数值介于0.8和1之间时，定义为最好的选择；当打分数值介于0.6和0.8之间时，定义为很好的选择；当打分数值介于0.4和0.6之间时，定义为一般的选择；当打分数值介于0.2和0.4之间时，定义为较差的选择；当打分数值小于0.2时，定义为最坏的选择。所以其隶属度函数为：

$$\mu_{psychological\ disposition} = \begin{cases} 0, & 0.2 \leqslant x \\ \dfrac{x-0.2}{0.8-0.2}, & 0.2 < x < 0.8 \\ 1, & x \geqslant 0.8 \end{cases} \tag{11.36}$$

（3）路径属性隶属度的计算。路径属性隶属度计算的主要目的是构建模糊关系矩阵 R。一般从单个路径属性出发进行隶属度的计算，本质是确定路径属性在评价集合中的隶属程度，当逐个对路径属性量化以后，也就得到了模糊关系矩阵。

$$R = \begin{pmatrix} r_{11} & r_{12} & \cdots & r_{1n} \\ r_{21} & r_{22} & \cdots & r_{2n} \\ \vdots & \vdots & \ddots & \vdots \\ r_{m1} & r_{m2} & \cdots & r_{mn} \end{pmatrix} \tag{11.37}$$

其中，r_{ij} 表示某条路径从属性 a_i 角度来看对模糊子集 e_j 的隶属度。

（4）应急资源配置路径属性权重值的确定。应急资源配置路径属性权重值反映了路径各个属性的重要程度，它的大小主要由决策用户当时的心理状态或实际情况决定。一般来讲，权重值对模糊评价的结果影响很大，所以不同的属性权重值的分配会产生完全不同的评价结果。一般设 $W = \{\omega_1, \omega_2, \cdots, \omega_n\}$ 为路径属性权重分配的模糊矢量，其中，ω_i 表示路径中第 i 个属性的权重值，

而且满足 $0 < \omega_i$ 和 $\sum \omega_i = 1$。因为决策用户心理倾向是用自然语言描述的属性，所以用主观赋权法的德尔斐法获取属性的权向量。

（5）应急资源配置路径多属性的合成。本章根据应急资源配置路径的特点选择 $M(\cdot, \oplus)$ 算子合成权值和模糊关系矩阵，最后得到综合评价指数。

11.6.2.2　遗传算法查询模糊属性的应急资源配置 TOP - K 路径

（1）遗传算法求解应急资源配置 TOP - K 路径的分析。目前，遗传算法在求解优化路径时，有以下几点值得关注：第一，一般的遗传算法关注单一属性的路径，而对复杂多属性的问题很少提及，尤其是模糊数据表示的属性更是少；第二，适应度函数对遗传算法的收敛速度、复杂度和最优化影响很大，所以适应度函数的设计和选取应尽可能简单，使计算的时间尽可能少；第三，在求解 TOP - K 路径时，应考虑减少已知的优化路径参与新的选择，以及交叉、变异的过程，提高算法的效率；第四，因为简单交叉后可能会产生路径图中本不存在的路径，所以应尽量减少这种无效路径。

（2）修正的遗传算法查询模糊属性的 TOP - K 应急资源配置路径。针对上述的分析，本章对遗传算法求解 TOP - K 应急资源配置路径做了以下改进：第一，本章把模糊的多属性数据的决策结果直接导入本修正算法；第二，把 Yen 等人的分离点算法思想和遗传算法相结合，提高了遗传算法的效率；第三，用适应度函数在分析了导入的决策数据后，采用源点到目标点路径长度的倒数，这个做法既简单又有效率；第四，引入移位的方法[1]减少无效路径的产生。具体的步骤如下：

①设应急资源配置路径综合得分图 $G = (V, E, I)$，V 表示节点的集合，E 表示边的集合，I 表示各边赋予综合得分的集合。用自然数表示图的节点，从源节点 v_s 到目标节点 v_t 的路径用所经过节点的顺序连接表示。

②适应度函数的选取在有效的基础上越简单越好。因为求的是 TOP - K 应急资源配置路径，而应急资源配置路径状态越好，综合得分应该越小。而对越小的综合得分，其逆的值就越大，这恰恰符合适应度函数的要求。所以适应度函数如公式（11.38）所示：

$$f_{fitness} = \frac{1}{correctvalue + pathscore} \tag{11.38}$$

公式（11.38）中 *correctvalue* 是对综合得分和 *pathscore* 的修正，以免出现

过小甚至为零的情况。

③选择与复制，一般是根据轮盘赌的方法产生的，然后和适应度值比较。如果大于当前适应度值，就认为是优化的应急资源配置路径染色体，选择该路径染色体为下一代路径染色体。

④交叉操作一般担心出现路径图中没有的无效路径，所以用循环移位的方法减少无效路径的产生。首先，在两个应急资源配置路径染色体 *chromosome*1 和 *chromosome*2 中任意产生不包括源点和目标点的序号 i 和 j，在两个路径染色体中分别截取两个序号 i 和 j 的序号为交叉域 *cross* - *domain*1 和 *cross* - *domain*2。其次，把应急资源配置路径染色体 *chromosome*1 和 *cross* - *domain*2 中的序号比较，如果有相同的序号就置空，同理，把应急资源配置路径染色体 *chromosome*2 和 *cross* - *domain*1 中的序号比较并置空。再次，分别把两个应急资源配置路径染色体 *chromosome*1 和 *chromosome*2 移位，直至将第一个为空的序号移到交叉域的第一位置，然后把所有空位移到交叉域中，非空位后移。最后，交换两个路径染色体 *chromosome*1 和 *chromosome*2 的交叉域 *cross* - *domain*1 和 *cross* - *domain*2 中的值，得到新的应急资源配置路径染色体。

⑤应急资源配置路径染色体编码为无重复编码，所以采取随机的方法产生两个序号 i 和 j，并交换两个序号的值，产生新的应急资源配置路径染色体。

⑥当产生最优应急资源配置路径后，为求次优应急资源配置路径至 k 优路径，本章参考了 Yen 等人的分离路径算法。具体步骤是：首先，把最优路径中除源点以外的节点依次删去；其次，返回到第二步，求删去节点后的源点到目标点的最优路径，并把这些优化应急资源配置路径存储到优化路径集中。

⑦对优化路径集排序，输出 k 个优化应急资源配置路径。

11.6.3 性能比较分析

因为应急资源配置道路的多属性因素的影响，本章选出有代表性的道路通行能力、路径宽度、平均速度、路径饱和度、决策用户心理倾向等因素进行实验。这些属性在实际应用中并没有特定的数据，却具有不完全性、不确定性和模糊性的特征。每条应急资源配置路径的这些属性具体在实验中都构成了一个数据子集，而每个节点的 N 条路径就构成了数据子集的矩阵。如果从全局的角度考虑，则这些全局数据集是由每个节点的数据子集矩阵构成。另外，这些属性取值的量纲还不一致，放在一个矩阵里处理还面临数据标准化的问题。所以，这些数据的处理就会给传统的仅仅考虑单个属性的 TOP - K 应急资源配置路径的计算造成很大的困难。本章提出的模糊属性遗传算法的 TOP - K 应急资源配置路径查询（简称 FMPGA 算法）采用了模糊决策分析和修正的遗传算法相结合的技术，它有效地解决了这些困难，并能从全局的角度反馈 TOP - K 应急资源配置路径。

11.6.3.1　Yen 算法和 FMPGA 算法的比较

在这两个算法的比较中，因为 Yen 算法本身并不能处理多属性的模糊数据，所以本章把这些多属性的模糊数据通过模糊决策分析转化为单一的综合得分数据。这样就能利于 Yen 算法得到有效的查询结果。

在处理数据时，我们选取的应急资源配置图中边的数量由 5K 条逐渐增加到 125K 条。这些边的数据分别由 Yen 算法和 FMPGA 算法计算，得到的 TOP - K 路径的时间如图 11.10 所示。

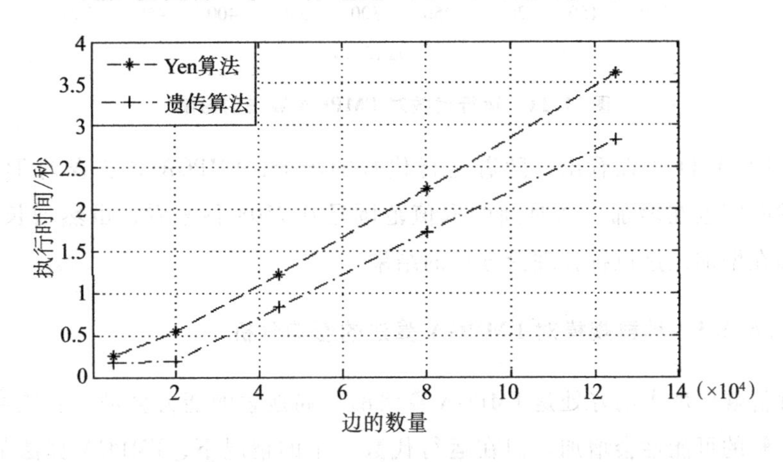

图 11.10　Yen 算法和 FMPGA 算法的比较

由图 11.10 可以看出，FMPGA 算法的查询时间比 Yen 算法的要少，而且 FMPGA 算法所用的平均时间是 1.15 秒，Yen 算法是 1.579 秒。另外，从增长的趋势来看，随着边数的增加，Yen 算法的增长比 FMPGA 算法的增长要快。所以，FMPGA 算法比 Yen 算法的确有了一定的改善。

11.6.3.2 运行代数对 FMPGA 算法的影响分析

在遗传算法中，运行代数的多少直接决定了选择运算、交叉运算、变异运算和计算新群体的适应度函数值等遗传算法算子的执行次数。所以，理论上讲，在边的数量一定的情况下，执行的运行代数越大，时间的消耗就越多。在分析 FMPGA 算法和运行代数关系时，选取的边的数为 20K 条，运行代数分别取 100、200、300、400 和 500。具体的结果如图 11.11 所示。

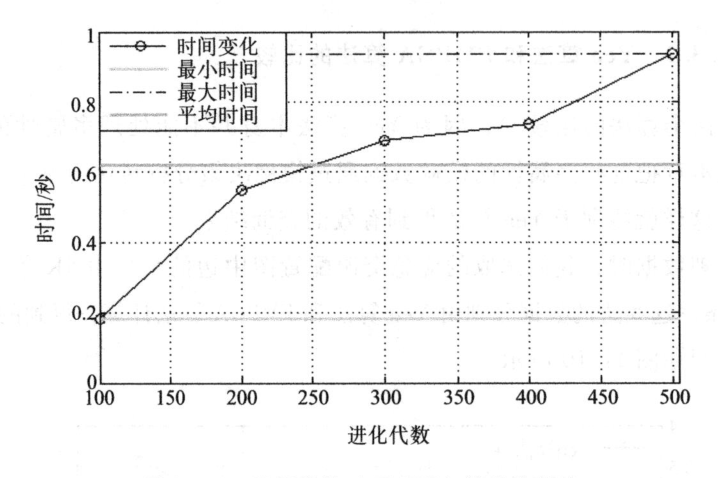

图 11.11 运行代数对 FMPGA 算法的影响

由图 11.11 可以看出，随着运行代数的增加，FMPGA 算法查询 TOP－K 路径的时间也在增加。从时间的取值范围是 0.7508 秒来看，虽然增长缓慢，但的确在增加，这也符合理论分析的结果。

11.6.3.3 种群规模对 FMPGA 算法的影响分析

种群规模增大的好处是 FMPGA 算法的全局搜索的能力会进一步提高，得到最优解的可能性会增加。但在运行代数一定的情况下，FMPGA 算法的查询时间，也就是收敛到最优解的时间将会加长。本章在边的数量为 20K 条的情况下，把种群的数量由 50 逐步增加到 250，FMPGA 算法的查询时间如图 11.12 所示。

如图 11.12 所示，随着种群数量的逐步增加，FMPGA 算法的查询时间由 0.1837 秒增加到 0.9282 秒，时间的取值范围是 0.7445 秒。从图中的增长趋势来看，在运行代数一定的情况下，随着种群数量的增加，寻优时间的确增加了。

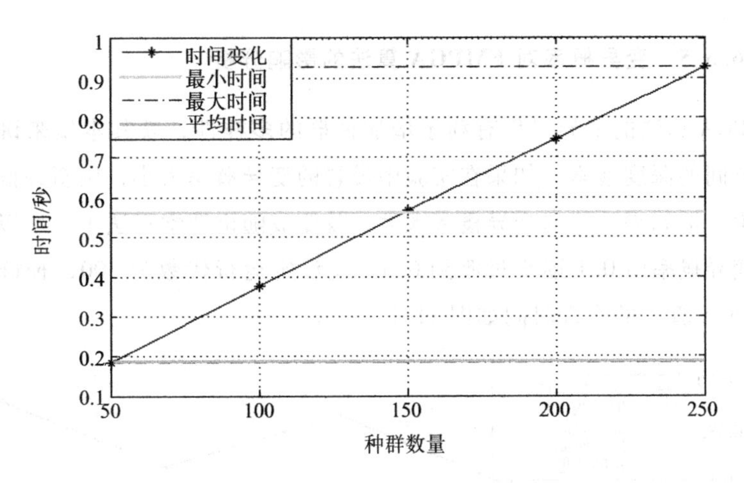

图 11.12　种群规模对 FMPGA 算法的影响

11.6.3.4　交叉概率对 FMPGA 算法的影响分析

FMPGA 算法交叉的目的是产生新的解，本质是对问题解的空间的广度搜索。但要注意，交叉概率太大的话，种群中的解更新更快，容易破坏已有的高适应度的解，可能会变成随机算法；太小的话，概率太小，交叉操作很少进行，会使搜索停滞不前，造成算法的不收敛。本章分别把交叉概率由 0.2 逐步增加到 0.8。还设定运行代数为 300，种群规模为 50，具体如图 11.13 所示。

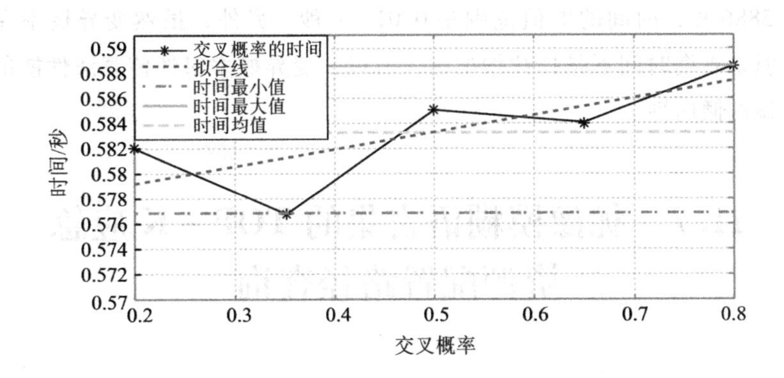

图 11.13　交叉概率对 FMPGA 算法的影响

由图 11.13 可以看出，FMPGA 算法的查询最短时间为 0.5768 秒，最长时间为 0.5886 秒，时间的取值范围是 0.01185 秒。随着交叉概率的逐渐增加，查询时间不是持续增加，交叉概率对遗传算法性能的影响趋向性不明显。

11.6.3.5 变异概率对 FMPGA 算法的影响分析

FMPGA 算法的变异操作有利于增加种群的多样性，就其本质来讲是对问题解的空间的深度搜索。如果在实验中设置的变异概率太小，则新种群模式就很难产生。但如果设置的变异概率太大，就变成随机搜索算法了。所以，本章设置的变异概率由 0.1 逐步过渡到 0.3，还设定运行代数为 300，种群规模为 50。FMPGA 算法的查询时间如图 11.14 所示。

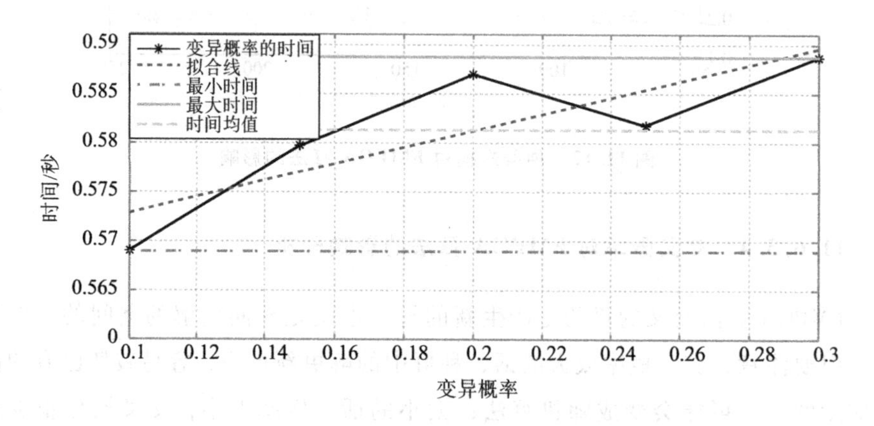

图 11.14 变异概率对 FMPGA 算法的影响

由图 11.14 可以得到，FMPGA 算法的查询最短时间为 0.5689 秒，最长时间为 0.5886 秒，时间的取值范围是 0.01971 秒。另外，虽然变异概率在逐渐增加，但是查询时间不是持续增加的，所以，变异概率对遗传算法性能的影响没有明显的倾向性。

11.7 犹豫模糊语言集的 TOP－K 应急资源配置路径查询

11.7.1 基于 TOPSIS 方法的犹豫模糊语言的应急资源配置路径评价

使用 TOPSIS 方法来处理犹豫模糊语言为背景的应急资源配置路径评价问

题，路径的评价初始语言术语集为 S = ｛s_1 = 最差，s_2 = 差，s_3 = 比较差，s_4 = 有点差，s_5 = 一般，s_6 = 可以，s_7 = 比较好，s_8 = 好，s_9 = 最好｝。另外，本章使用极值的方法简化了犹豫模糊语言的评价过程，提高了计算的效率。

本章的方法也考虑了决策用户判断属性的主观权重，同时，为了使判断更加合理，也可以通过信息熵技术解决属性的客观权重，最后综合这两个权重信息。

（1）语言决策矩阵的建立。对于应急资源配置路径的多属性评价问题，设 $P = \{p_1, p_2, \cdots, p_n\}$ 是有待评价的 n 条路径，$A = \{a_1, a_2, \cdots, a_m\}$ 是评价路径的 m 个属性集，d_{ij}是第 i 个应急资源配置路径在第 j 个属性下的属性值：

$$D = \begin{bmatrix} d_{11} & \cdots & d_{1i} & \cdots & d_{1n} \\ \vdots & \cdots & \vdots & \cdots & \vdots \\ d_{i1} & \cdots & d_{ii} & \cdots & d_{in} \\ \vdots & \cdots & \vdots & \cdots & \vdots \\ d_{m1} & \cdots & d_{mi} & \cdots & d_{mn} \end{bmatrix} \tag{11.39}$$

【例 11.1】

设应急资源配置路径的属性是 A = ｛熟不熟悉，路径宽度，拥堵程度，决策用户心理倾向｝。经决策用户对路径的评价，得到路径的犹豫模糊语言评价矩阵，如表 11.2 所示。

表 11.2　　语言决策矩阵

路径	a_1	a_2	a_3	a_4
p_1	介于差和有点差	介于可以和比较好	好	介于一般和可以
p_2	差	介于有点差和一般	介于有点差和可以	介于一般和比较好
p_3	介于比较差和一般	介于一般和比较好	介于比较好和好	好

表 11.2 中的 a_i（i = 1，2，3，4）为犹豫语言的属性，p_i（i = 1，2，3）为有待决策的路径。

（2）转换为犹豫模糊语言评价矩阵。本章通过定义（11.13）和定义（11.14）所描述的转换规则，把语言决策矩阵[10]转换为犹豫模糊语言评价矩阵 HD：

$$HD = \begin{bmatrix} hd_{11} & \cdots & hd_{1i} & \cdots & hd_{1n} \\ \vdots & \cdots & \vdots & \cdots & \vdots \\ hd_{i1} & \cdots & hd_{ii} & \cdots & hd_{in} \\ \vdots & \cdots & \vdots & \cdots & \vdots \\ hd_{m1} & \cdots & hd_{mi} & \cdots & hd_{mn} \end{bmatrix} \tag{11.40}$$

【例 11.2】

利用 $E_{G_H}:ll \rightarrow H_S$ 把表 11.2 所示的语言决策矩阵转换为犹豫模糊语言评价矩阵，如表 11.3 所示。

表 11.3　犹豫模糊语言评价矩阵

路径	a_1	a_2	a_3	a_4
p_1	$\{s_2, s_3, s_4\}$	$\{s_7, s_8\}$	$\{s_8\}$	$\{s_5, s_6\}$
p_2	$\{s_2\}$	$\{s_4, s_5\}$	$\{s_4, s_5, s_6\}$	$\{s_5, s_6, s_7\}$
p_3	$\{s_3, s_4, s_5\}$	$\{s_5, s_6\}$	$\{s_7, s_8\}$	$\{s_8\}$

表 11.3 中的 a_i（$i=1, 2, 3, 4$）为犹豫语言的属性，p_i（$i=1, 2, 3$）为有待决策的应急资源配置路径。

（3）计算犹豫模糊语言评价矩阵 hd_{ii} 的包络，建立犹豫模糊语言包络矩阵。

（4）利用公式（11.15）和公式（11.16）把包络矩阵的区间数转换为精确数。

（5）依据精确数，利用公式（11.10）、公式（11.11）和公式（11.12）的信息熵技术求各个属性的客观权重。

（6）根据客观权重和主观权重，利用 $w_{总j} = \sqrt{w_{主} \times w_j}$ 求出属性的组合权重 $W = \{\omega_1, \omega_2, \cdots, \omega_n\}$，利用权重和精确数矩阵的乘积得到加权矩阵，如公式（11.13）所示。

（7）根据加权判断矩阵，通过公式（11.14）和公式（11.15）的计算后得到边的正负理想解方案为：$O^+ = (b_1^+, b_2^+, \cdots, b_n^+)$，$O^- = (b_1^-, b_2^-, \cdots, b_n^-)$。

（8）利用公式（11.28）和公式（11.29）计算图中各边与理想值之间的欧氏距离，为防止出现零的情况，如果遇到 $Dis'_i = 0$ 的情况，就把 Dis'_i 设定为一个接近于 0 的极小值。

（9）利用公式（11.30）计算各条边的综合评价指数 C_i^*。

（10）利用公式（11.31）计算各条边的综合得分 I_i^*。

11.7.2　地标社团TOP-K应急资源配置路径查询

经过对犹豫模糊语言路径的综合评价以后，首先通过地标社团的方法求出最优应急资源配置路径，然后利用偏离路径算法的思想求出前 k 条优化应急资源配置路径。

偏离路径算法的思想是利用已经求得的前 k 个优化应急资源配置路径 p_1，$p_2,\cdots,p_k$ 产生第 $k+1$ 条优化路径 p_{k+1}，在求解的过程中，本章设置了候选优化的路径集合 Ω 和最优应急资源配置路径集合 Ψ，具体的过程如下：

（1）利用第10章介绍的LCEOP算法创建Community_Node标签和Synthesis_center标签；

（2）通过标签和社团内部的查询得到源节点到目标节点的最优路径 P_o；

（3）在最优应急资源配置路径 P_o 的基础上，取 P_o 中除了终止节点 t 之外的每个节点 v_i 作为可能的偏离节点，在地标Community_Node中查找偏离节点 v_i 到节点 t 的交集以确定地标节点所在的社团；

（4）依据Synthesis_center标签确定社团的两个最外层的节点label_source和label_taget；

（5）在标签中获取偏离节点 v_i 到label_source的最优综合得分Score_sls和终止节点到label_taget的最优综合得分Score_slt，计算label_source和label_taget的最优综合得分Score_st，并在标签Out_path中记录；

（6）在找到了偏离节点 v_i 与 t 之间的最优应急资源配置路径后，将该最优应急资源配置路径与当前路径 p_k 上从 s 到偏离节点 v_i 的路径拼接在一起，构成 p_{k+1} 的一条候选应急资源配置路径，并将其存储在候选应急资源配置路径集合 Ω 中；

（7）从候选应急资源配置路径集合 Ω 中选择最优的一条路径作为 p_{k+1}，并将其放入结果列表 Ψ 中；

（8）以上过程不断重复，直到得到 K 条应急资源配置路径为止。

11.7.3　性能比较分析

针对犹豫模糊语言所描述的应急资源配置TOP-K路径的查询（简称

HTLCEOKP)，首先要解决的是犹豫模糊语言集的综合评价问题；其次，要求出源节点到目标节点的最优应急资源配置路径；最后，利用分离路径的思想求出所需的 k 条应急资源配置优化路径。

11.7.3.1 犹豫模糊语言集的综合得分

在设计犹豫模糊语言集的综合得分的实验中，本章分为两种情况：第一，边的数量由 100K 变化到 500K，然后统计单条应急资源配置路径的综合得分的计算时间；第二，节点的数量由 34K 变化到 167K，统计在单个节点处的综合得分的计算时间。

如图 11.15 所示，左子图为边的数量的变化对综合得分计算的影响，由左子图可以看出，当 100K 变化到 500K 时，单个应急资源配置路径的综合得分由 1.5851 毫秒变化到 2.5344 毫秒。从趋势来看是有所增加，大约增加了 1 毫秒。右子图是节点数量的变化对综合得分计算的影响，由左子图可以看出，当 34K 变化到 167K 时，单个节点的平均计算时间由 4.7553 毫秒变化到 7.6032 毫秒。从趋势来看是有所增加，而且比单个边增加得明显，这也很正常，因为 1 个节点可能连接几条边。

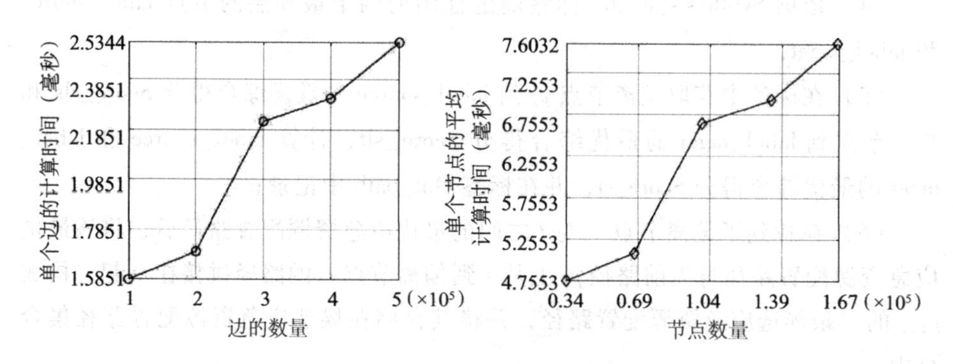

图 11.15 边和节点对计算综合得分的影响

11.7.3.2 最优应急资源配置路径的比较分析

因为分离点算法的初始条件是得到源节点到目标节点的最优应急资源配置路径，其他 K 个最优应急资源配置路径都以这个最优应急资源配置路径为依据，所以最优应急资源配置路径是值得关注的。本章采取 HTLCEOKP 算法计算最优应急资源配置路径，而我们要比较的是传统的最优路径和 Takuya Akiba

等人在 2013 年 Sigmod 上的精确路径算法[16]。

在设计实验时，本章使用的是 Takuya Akiba 等人提供的算法程序。为了实验的比较，本章取边的数量由 10K 增加到 30K，图中③的柱形是传统算法的结果，图中①的柱形是 HTLCEOKP 算法的结果，②的柱形是 Takuya Akiba 等人提供的剪枝标签算法的结果。另外，为了体现实验的合理性，本章做了 7 个节点对的查询，具体如图 11.16 所示。

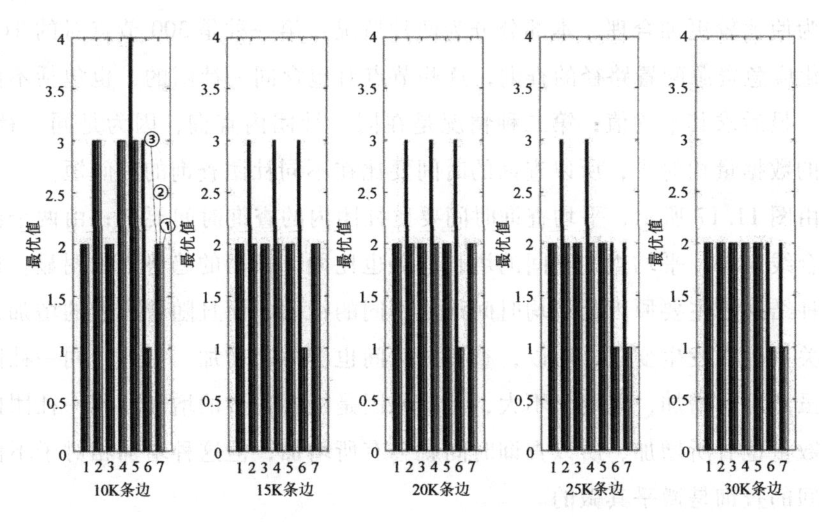

图 11.16　最优路径的比较分析

由图 11.16 所示，在 10K 条边时，传统最优应急资源配置路径的第 5 个查询对是 4，第 6 个查询对是 3；另外两种算法在第 2、第 4 和第 5 的查询对的最优值是 3，第 6 个查询对是 1，第 7 个查询的节点对的最优值是 2。当边数增加到 15K 时，传统最优路径的第 2、第 4、第 6 个查询对是 3；另外两种算法在第 2、第 4 和第 5 的查询对的最优值都变成了 2，第 6 个查询对是 1。当边数是 20K 时，传统最优应急资源配置路径的第 2、第 4、第 6 个查询对是 3；另外两种算法最优值保持不变。当边数增加到 25K 时，传统最优应急资源配置路径的第 2 和第 4 查询对是 3，第 6、第 7 个查询对为 2；其他两种算法在第 2、第 4 和第 5 的查询对的最优值都变成了 2，第 6 个查询对是 1，第 7 个查询的节点对的最优值也变成了 1。当边数变为 30K 时，传统最优应急资源配置路径的第 2 和第 4 查询对是 2；另外两种算法相对于 25K 都没有发生变化。

通过这些分析发现，传统的最优路径算法随着边数的增加，其最优值也在收敛，但相对于 HTLCEOKP 算法和 Takuya Akiba 等人的算法，传统算法的效果略差一些。另外，HTLCEOKP 算法和 Takuya Akiba 等人的算法在结果上一致，这说明 HTLCEOKP 算法的结果取得了很好的效果，为后续的 TOP－K 计算打下了良好的基础。

11.7.3.3 标签社团 TOP－K 优化应急资源配置路径的分析

在设计查询时间的这个实验时，本部分取边的数量由 10K 增加到 30K。另外，为使比较更加合理，本部分分为两种情况：第一种是 300 节点对的 TOP－K 优化应急资源配置路径的查询，这些节点对包含同一社团的，也包括不同社团的，最后求其平均值；第二种情况是在同一社团内查询，因为是同一社团，查询的数据量相对少，所以查询的时间要比在不同社团查询的时间短。

由图 11.17 所示，平均查询时间要比社团内的查询时间要长；由两个曲线的拟合线来看，平均查询时间的增长趋势也比同一社团的趋势更加明显。造成这两种结果的主要原因是平均时间涉及不同的社团，而且随着边数的增加，社团的关系也在发生变化，所以，查询的时间也会不断增加。另外，同一社团的时间虽然有所增加，但变化不大，主要原因是随着边数的增加，同一社团内的节点数量也有所增加，所以查询时间就会有所增加，但这种增加相对于不同社团之间的查询是微乎其微的。

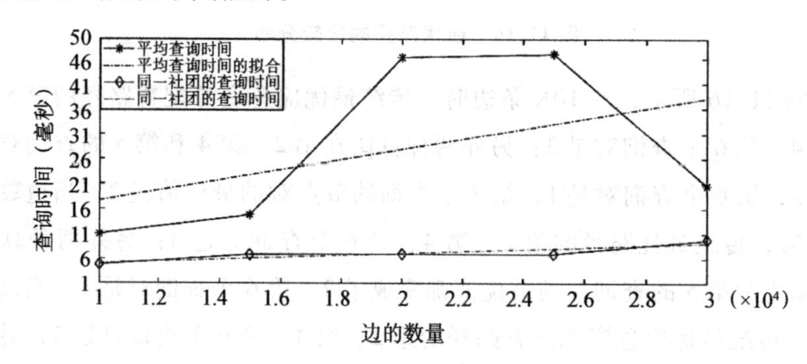

图 11.17 标签社团 TOP－K 优化路径的时间分析

参考文献

[1] 康晓军，王茂才．基于遗传算法的最短路径问题的求解［J］．计算机工程与应用，2008，44（23）：22－23.

[2] Hoffman W., Pavley R. A method of solution of the N-th best path problem [J]. Journal of the ACM, 1959, 6 (4): 506-514.

[3] Androutsopoulos K. N., Zografos K. G. Solving the k-shortest path problem with time windows in a time varying network [J]. Operation Research Letters. 2008, 36 (6): 692-695.

[4] Wang Z. P., Li G., Ren J. W. A new search algorithm for transmission section based on k shortest paths [J]. Transaction of China Electrotechnical Society. 2012, 27 (4): 193-201.

[5] Moore R. E. Method and application of interval analysis [M]. London: Prentice-Hall 1979.

[6] PENG An-hua, XIAO Xing-ming. Normalization Methods for Attribute Values in Fuzzy Multi-attribute Decision Making With Interval Numbers. Machine Design and Research. 2011. 27 (6): 5-8.

[7] LI Weixiang, ZHANG Guangming, LI Bangyi. The Weights Determination of Extended PROMETHEE Ⅱ Method Based on Interval Numbers. Chinese Journal of Management Science. 2010. 18 (3): 101-106.

[8] Zadeh L. A. Fuzzy sets, information and control [J]. Information and Control, 1965, 8 (3): 338-353.

[9] Rosa M. Rodríguez, Luis Martı'nez, Francisco Herrera. A group decision making model dealing with comparative linguistic expressions based on hesitant fuzzy linguistic term sets [J]. Information Sciences, 2013, 241 (12): 28-42.

[10] 张伟业，魏翠萍．基于犹豫模糊语言信息的EDAS决策方法[J]．曲阜师范大学学报，2017，43（1）：10-15.

[11] Rosa M. Rodríguez, Luis Martı'nez, Francisco Herrera. Hesitant Fuzzy Linguistic Term Sets for Decision Making [J]. IEEE Transactions on Fuzzy Systems, 2012, 20 (1): 109-119.

[12] Yen J. Y. Finding the k shortest loopless paths in a network [J]. Management Science, 1971, 17 (11): 712-716.

[13] Jin R., Xiang Y., Ruan N., et al. 3-hop: a high-compressionindexing scheme for reachability query [C]. Proceedings of the ACM Sigmod international conference on Management of data, 2009: 813-826.

[14] 司守奎，孙玺菁 . 数学建模算法与应用 [M]. 北京：国防工业出版社，2015. 3.

[15] Ma Jingyan, Zhang Kehong. Research on TSP solution based on genetic algorithm of Logistic equation [C]. Proceedings of the International Conference on Computer Science & Network Technology. Changchun, China. December 29 – 31, 2012: 738 – 742.

[16] Takuya Akiba, Yoichi Iwata, Yuichi Yoshida. Fast Exact Shortest – Path Distance Queries on LargeNetworks by Pruned Landmark Labeling [C]. Proceedings of the ACM Sigmod international conference on Management of data, New York, USA. 2013: 349 – 360.

第12章 应急资源配置图数据的展望与路径

12.1 应急资源配置知识图谱

12.1.1 应急资源配置知识图谱总结

近年来，大规模突发公共卫生灾害频繁发生，已经给中国乃至全球人民的健康和社会经济发展带来了巨大影响，也对应急资源配置所涉及的物资资源、人力资源、财政资源、信息资源等方面的科学合理配置提出了极大的挑战。由此看来，做好甘肃省突发公共卫生事件应急资源的优化配置与决策是灾害发生时减少人员伤害和财产损失的前提条件。本课题组根据甘肃省的空间布局、交通状况、医疗资源，结合知识图谱技术和甘肃省的医疗卫生实际，构建了基于知识图谱的突发公共卫生事件应急资源配置决策体系，具体来讲有如下几方面的研究工作。

（1）在突发公共卫生事件应急相关理论与应用研究方面，首先对突发公共卫生事件、知识图谱、应急物流及其功能需求等方面的理论展开研究；其次，分类分析了应急物资资源、应急人力资源、应急财力资源、应急信息资源等的配置理论；最后，对突发公共卫生事件决策模式所涉及的多源异构、智能化决策、应急决策的模式进行了研究，并在此基础上，提出了应急知识图谱的四个应用功能。

（2）在研究应急资源配置的基础上，本课题组提出应急物资资源、应急人力资源、应急财力资源、应急信息资源等方面的具体配置方法，并在此基础上对公共卫生事件的应急资源配置的现状、热点进行分析研究，由此找出我国应急资源配置尤其是甘肃省在应急资源配置方面的不足，为应急资源知识图谱决策体系的构建打下坚实的基础。

（3）在甘肃物流和应急资源等情况的基础上，对甘肃省突发公共卫生事件应急资源中的现状进行分析，并提出了甘肃省应急医疗资源配置优化策略的重点和难点，为甘肃省突发公共卫生事件资源配置知识图谱决策体系的构建奠定了基础。

（4）在研究了构建突发公共卫生事件应急资源知识图谱策略的基础上，结合甘肃的实际情况，通过多源异构数据的知识抽取、知识融合、知识计算推理、知识存储，构建了甘肃省突发公共卫生事件应急资源配置知识图谱，并依据知识图谱实现了智能化的决策和相关制度完善，并改善了甘肃省应急资源配置的不足，为甘肃省突发公共卫生事件资源配置提供了新的选择。

（5）在甘肃省突发公共卫生事件应急资源配置知识图谱的基础上，对甘肃省突发公共卫生事件知识图谱的功能、资源供应商的遴选策略、资源供应链进行了分析，提出了具体的应急医疗资源知识图谱模糊多属性决策模型，其中包括突发公共卫生事件的数据特征分析与理论，以及基于 TOPSIS 方法的多因素模糊决策研究、甘肃省突发公共卫生应急仓储中心的选择、基于效率的突发公共卫生应急资源配送研究、甘肃省突发公共卫生应急仓储中心的选择等方面提出了具体方法，提升了研究内容的质量，也为减少人民群众的损失提供极大的帮助。

12.1.2 应急资源配置知识图谱的展望

应急资源配置知识图谱在应急减灾领域的应用仍有待开发。

（1）应急减灾领域的应急资源配置知识图谱构建的自动化程度不足。由于应急资源配置工作对数据资源和实体关系的准确性有着极高的要求，在实体识别、关系抽取等方面仍需大量专家知识的参与，因此，目前应急资源配置知识图谱的构建大多采用自上而下的人工建模方法。这种方法耗时耗力，受主观因素影响较大，对专家知识有着很大的依赖。虽然已有采用机器学习等自动化方法创建的知识图谱，但其精度有待进一步提升，可靠性有待检验。

（2）海量结构化和非结构化的数据给应急资源配置知识图谱的存储和快

速构建带来挑战。大数据时代的到来也带来了数据爆炸，海量结构化和非结构化的数据都在实时产生，这对现有应急资源配置数据库的数据存储能力、读写速度、查询速度都构成了巨大挑战，也给应急资源配置知识图谱构建工具的使用带来挑战，亟须采用并行计算、云计算等新技术来提高知识图谱的存储和快速构建能力。

（3）应急资源配置领域知识图谱在实际应用中仍存在不足。如何更快掌握灾情状态，提供丰富的灾情信息和应急响应服务，如何有效地统一管理各类应急信息，如何提高对灾害发展趋势的预测精确度，挖掘出灾害的时空格局、演化规律、活动模式和内在机理等这些问题仍有待进一步拓展和深化。

12.2　应急资源配置路径

12.2.1　应急资源配置路径总结

应急资源配置路径查询技术是图数据里重要的技术之一，有非常广阔的应用范围。针对大规模应急资源配置路径查询中所面临的复杂多个属性、不确定性和大数据量等因素造成的各种挑战，我们可以从路径的可达性、最优化和 TOP－K 路径开展研究工作，总结如下：

首先，针对研究背景，本书阐述了路径查询技术在信息学科、交通运输和区位规划等领域的基础作用；通过简述多属性决策和路径查询的概念、发展历史和现状，梳理了复杂多属性路径查询的脉络；总结了复杂多属性应急资源配置路径查询的研究热点，并且阐述了本书主要的研究内容、思路及研究意义。

在复杂多属性的应急资源配置可达性查询研究方面，本书主要围绕多属性路径的评价和应急资源配置路径可达性查询的优化展开。

第一，在应急资源配置路径的研究中，一般研究只是关注了边或节点的影响因素，两者同时关注的研究很少，本书利用虚拟节点的技术综合考虑了节点和边的各种属性因素的影响。

第二，决策用户本身对属性就有一定的条件要求，如果多个属性不满足条件中的任何一个，就可以将此路径忽略，所以可以利用筛选技术将不符合条件的边排除后减少查询时的数据量。

第三，多个属性对应急资源配置路径的影响可能不同，所以本书利用主成分分析技术计算各个属性的权值，这样就能合理地评价各个属性对路径判断的影响。

第四，一般，在路径的查询处理上，各位学者是把图转化为树后还要破环，这些技术的确加速了路径的查询，但它是以牺牲信息的完整性为代价的，本书利用环收缩技术改善了这个情况。

第五，本书通过大量的理论分析，采用间隔标签技术有效地解决了应急资源配置可达性的查询问题，但也有结论和实际不一致的现象，约束的多标签技术既能解决不一致的现象，也能减少标签的数量。

通过实验分析，本书提出的这些技术在应急资源配置路径可达性查询信息的全面性、约束性和完整性以及结果的准确性方面都有了很好的改进。

在复杂多属性应急资源配置最优路径的查询研究方面，本书主要关注影响应急资源配置路径的混合属性和纯语言值等两种情况。

第一，对于混合属性这种情况来说，因为其属性值包含不同类型的属性，各个属性值的量纲也有不同，各个属性值对路径影响的大小也有不同，所以本书针对这些复杂的属性数据，利用标准化、信息熵和德尔斐法等技术有效地解决了主客观相结合的应急资源配置路径的综合评价问题，并在此基础上提出了分块、收缩分层和双向搜索相结合的应急资源配置查询算法。通过实验的分析，本书提出的复杂多属性路径查询的优化算法能很好地解决混合属性的路径评价问题，也能有效地实现应急资源配置最优化路径的查询。

第二，对于纯语言值的情况来说，因为语言描述本身就含有不确定性，而且不同的语言值有不同的语言标度，所以本书利用语言评价值的转换技术和LWAA算子的聚合技术，对路径不同语言特征的多个属性进行了综合评价，在此基础上，本书利用标签和社团技术改善了应急资源配置最优路径的查询。通过实验的分析，本书提出的纯语言路径查询的优化算法能很好地解决语言值的路径评价问题，也能有效地提高应急资源配置最优化路径的效率。

在复杂多属性TOP-K应急资源配置路径的查询研究方面，根据应急资源配置路径属性的取值有确定值也有不确定值的情况，本章把路径的多种属性分为三种情况。

第一种主要分析了确定值和不确定值相混合的情况。针对这种情况，主要是把不确定值用极值处理的方法转化为确定值，利用 TOPSIS 技术计算应急资源配置各个路径的综合得分，然后利用分离点和图的分解技术有效地实现了混合多属性的 TOP－K 路径查询。经过实验分析，所提出的算法能合理评价各个多属性路径，也节省了很多查询时间。

第二种主要分析了应急资源配置路径的模糊属性，因为应急资源配置中实际道路的属性值是变化的，在某个时间段内不是确定的值，所以本书利用模糊多属性决策的技术对路径进行评价，然后比较分析了不同的智能算法。利用遗传算法和分离点算法实现了模糊属性的 TOP－K 应急资源配置路径查询。经过实验分析，本书的算法能有效地实现模糊属性应急资源配置路径的查询，也得到了全局最优解。

第三种主要分析了决策用户对路径判断的犹豫模糊语言属性。针对这种不确定的情况，本书利用犹豫模糊语言的转换、信息熵、德尔斐和 TOPSIS 等技术对路径进行评价，然后分析了 TOP－K 应急资源配置路径的处理方法，利用分离点算法、标签和社团技术实现了 TOP－K 应急资源配置路径查询。经过性能分析，本书的算法能有效地实现犹豫模糊语言 TOP－K 应急资源配置路径查询。

12.2.2　应急资源配置路径的展望

随着应急资源配置路径查询越来越广泛地融入人们的工作和生活中，更为复杂且实用的应急资源配置路径查询必将会逐步体现出来，这必将引起人们更多的研究热情。在研究过程中，我们将会面临更多更复杂更新的关键技术问题，通过对图数据路径查询的分析，本书对未来的研究工作进行了展望。

（1）随着紧急事件的日益频发，影响应急资源配置路径查询的因素将会越来越多，而且也会越来越复杂，所以如何处理多个属性产生的庞大的决策数据，如何利用多个属性之间的关系和所起作用的不同，来减少决策数据的规模，是未来研究工作的方向之一。

（2）随着不同紧急事件的发生，受多属性因素影响的决策者和受灾者的心态指标和偏好等心理现象必将引起研究人员的注意，其研究结果对应急资源配置路径查询的影响也会越来越深入。如何根据决策者和受灾者表述并结合路径的多个属性得到应急资源配置优化路径，是未来的研究方向之一。

（3）随着应急资源配置等图数据规模的不断扩大，如何结合机器学习、知识图谱等人工智能技术，针对即时的、动态的路径情况，在满足多用户需要的条件下，得到快速准确的路径查询结果，是未来研究的方向之一。

（4）不断变化的应急资源配置图的数据具有动态性、随机性的特点，这就造成许多路径的属性只能通过一些近似的办法得到属性值，这些值可能与实际的值有一定的误差，如何利用人工智能、近似推理等技术分析这些数据的特点，并实现路径的智能动态诱导，是未来的研究方向之一。